职业教育建筑类专业“互联网+”创新教材

混凝土结构施工图平法识读

第2版

主　编　孙学礼　战东升

副主编　韩克银　朱贺嫘　秦贝贝

杨晓玲　李继续

参　编　姜　坤　曲彩虹　徐晓丽

蒋永光　张　霞　徐志朋

机械工业出版社

CHINA MACHINE PRESS

本书主要内容包括绪论，混凝土结构施工图设计总说明识读，梁施工图平法识读，板施工图平法识读，柱施工图平法识读，剪力墙施工图平法识读，楼梯施工图平法识读，基础施工图平法识读，钢筋平法识图及翻样排布图绘制技能训练，建筑工程结构图识图技能训练，柱、梁配筋图绘制。

本书可作为职业院校建筑工程技术和工程造价等专业教学用书，也可作为相关企业建筑工程技术人员参考用书。使用本书时，可根据技能考试的要求灵活选择学习内容。

为方便读者学习，本书配有电子课件、习题答案、附录图纸、训练习题和一套模拟题（依据山东省春季高考技能考试真题编写），凡使用本书作为教材的老师可登录机械工业出版社教育服务网 www.cmpedu.com 注册下载。教师也可加入"机工社职教建筑 QQ 群：221010660"索取相关资料，咨询电话：010-88379934。

图书在版编目（CIP）数据

混凝土结构施工图平法识读/孙学礼，战东升主编. —2 版. —北京：机械工业出版社，2023.5（2024.12 重印）

职业教育建筑类专业"互联网+"创新教材

ISBN 978-7-111-72863-4

Ⅰ.①混⋯　Ⅱ.①孙⋯②战⋯　Ⅲ.①混凝土结构-建筑制图-识图-职业教育-教材　Ⅳ.①TU204

中国国家版本馆 CIP 数据核字（2023）第 049045 号

机械工业出版社（北京市百万庄大街 22 号　邮政编码 100037）

策划编辑：沈百琦　　　　　　责任编辑：沈百琦
责任校对：潘　蕊　葛晓慧　　封面设计：马精明
责任印制：郜　敏

北京新华印刷有限公司印刷

2024 年 12 月第 2 版第 3 次印刷

184mm×260mm · 19.25 印张 · 476 千字

标准书号：ISBN 978-7-111-72863-4

定价：55.00 元

电话服务　　　　　　　　　　网络服务

客服电话：010-88361066　　机　工　官　网：www.cmpbook.com
　　　　　010-88379833　　机　工　官　博：weibo.com/cmp1952
　　　　　010-68326294　　金　书　网：www.golden-book.com
封底无防伪标均为盗版　　机工教育服务网：www.cmpedu.com

第2版前言

党的二十大报告指出"坚持面向世界科技前沿、面向经济主战场、面向国家重大需求、面向人民生命健康,加快实现高水平科技自立自强。以国家战略需求为导向,集聚力量进行原创性引领性科技攻关,坚决打赢关键核心技术攻坚战。"钢筋工程是建筑施工领域核心技术,混凝土结构施工图平法识读是建筑专业学生和施工技术人员必过的门槛。

本书在第 1 版基础上,以工程图纸(混凝土结构施工图)为载体,依据教育部职业院校相关专业教学标准、2023 年《山东省春季高考统一考试招生专业类别考试标准》中的建筑专业专业技能考试说明、22G101《混凝土结构施工图平面整体表示方法制图规则和构造详图》系列图集、国家现行结构设计规范及建筑钢筋工岗位技能最新要求,结合工程实际进行调整修订。

本书第 2 版采纳了工程一线钢筋技术人员的意见和建议,理论与实践相结合,对框架梁、框架柱等构件钢筋按工程预算和施工翻样两方面进行了计算,增加了以平法识图为基础的习题,并且紧密结合山东省春季高考土建类技能考试要求,增加了钢筋平法识图及翻样排布图绘制技能训练、结构图识图技能训练以及柱和梁配筋图绘制等内容。书后配套小型工程图纸和山东省春季高考技能考试模拟题,图纸中构件类型涵盖了本书的主要学习内容,书中的计算例题来自配套图纸,使理论学习与技能训练融为一体。

本次修订,结合内容实际,切实贯彻党的二十大精神进教材、进课堂、进头脑要求,具体体现及本书特色如下:

1. 落实立德树人根本任务

每个项目开篇均增加了项目分析,介绍本项目内容,分析本项目学习与岗位要求、自身素养修炼的联系,并且正面鼓励学生,以此激发学生的学习兴趣,不断提升自我修养(技能、素养),向能工巧匠看齐。

2. 体现产教融合、校企合作、"双元"育人

本次修订特邀请行业专家与一线教师一起研讨教材结构、内容以及适用性等问题,并根据行业现行标准和新的课程标准对教材进行了全面修订,确保教材内容紧跟行业发展。

3. 体现"互联网+职业教育""推进教育数字化"

本次修订配套的立体化数字资源,以二维码形式镶嵌在书中相应位置,读者可扫码观看,适合当前职业院校学生自主学习以及数字化教学使用。

本书按 78 学时编写,各项目学时分配见下表(供参考):

教学内容		学时数	备注
绪论		1	必学
项目一	混凝土结构施工图设计总说明识读	10	必学
项目二	梁施工图平法识读	20	必学
项目三	板施工图平法识读	10	必学
项目四	柱施工图平法识读	12	必学
项目五	剪力墙施工图平法识读	(18)	选学
项目六	楼梯施工图平法识读	6	必学
项目七	基础施工图平法识读	6	必学
项目八	钢筋平法识图及翻样排布图绘制技能训练	8	必学
项目九	建筑工程结构图识图技能训练	(4)	选学
项目十	柱、梁配筋图绘制	2	必学
	综合训练及机动时间	3	
合计		78(100)	

本次修订由烟台理工学校孙学礼、战东升任主编；由山东省淄博市工业学校韩克银，烟台理工学校朱贺嫘、秦贝贝、杨晓玲和临沂科技职业学院李继续任副主编；参与编写的还有莱州市全盛建设项目管理有限公司姜坤，烟台理工学校曲彩虹、徐晓丽、蒋永光、张霞和徐志朋。全书由孙学礼统稿。

本书在编写过程中参阅和借鉴了许多优秀书籍、图集和有关国家标准，并得到了有关领导和专家的帮助，在此一并感谢。由于作者的学识和经验有限，书中难免存有纰漏或未尽之处，敬请批评指正。

编 者

第1版前言

本书以国家建筑标准设计图集 16G101-1、16G101-2、16G101-3 和现行结构设计规范为基础，以《2018 年山东省普通高等学校招生考试（春季）考试说明》中的土建类（土建方向）专业技能考试说明及建筑钢筋工岗位技能要求为依据，以实例的混凝土图纸为载体进行编写。

本书内容系统，实用性强，便于理解，将理论与实践相结合，对框架梁、框架柱等构件钢筋分工程预算和施工翻样两方面进行了计算，计算实例详细，各项目（除项目八、项目九外）都有复习思考题，可供读者练习使用。

本书由烟台理工学校王松军、孙学礼担任主编，烟台理工学校徐志朋、孙玺敏、蒋永光担任副主编，姜坤、曲彩虹、徐晓丽、杨晓玲、战东升参与编写。具体分工：王松军负责编写项目一、二，孙学礼负责编写项目三、四，徐志朋负责编写项目五、六，孙玺敏负责编写项目七、八，蒋永光负责编写项目九、十，姜坤、曲彩虹、徐晓丽、杨晓玲、战东升参与全书图片处理、文字校对、内容整理工作。特别感谢莱州市全盛建设项目管理有限公司总监、高级工程师、注册造价师姜坤对本书的技术支持。全书由王松军统稿。

由于编者的学识和经验有限，难免存有纰漏或未尽之处，敬请批评指正。

编　者

主要符号说明

符号	释义
l_{ab}	非抗震构件受拉钢筋基本锚固长度
l_a	非抗震构件受拉钢筋锚固长度
l_l	非抗震构件受拉钢筋绑扎搭接长度
l_{abE}	受拉抗震钢筋基本锚固长度
l_{aE}	受拉抗震钢筋锚固长度
l_{lE}	受拉抗震钢筋绑扎搭接长度
h_c	计算柱钢筋时为柱截面长边尺寸（圆柱为截面直径）。在计算梁钢筋判断变截面时，h_c 为柱截面沿框架方向的长度
c	混凝土保护层厚度
h_b	框架柱梁节点中梁的高度
H_n	所在楼层的柱净高
d	钢筋直径
l_w	钢筋弯折长度
l_n	梁跨净长
l_c	约束边缘构件沿墙肢的长度
λ_v	配箍特征值

本书微课视频清单

序号	名称	图形	页码	序号	名称	图形	页码
01	框架梁上部通长筋和架立钢筋		28	09	剪力墙竖向钢筋搭接构造		118
02	梁水平加腋		31	10	地下室外墙钢筋		132
03	框架梁中间支座附近钢筋构造		35	11	阶形独立基础		149
04	框架梁端部支座附近钢筋构造		35	12	钢筋条形基础		160
05	梁顶面高差较大时构造		40	13	筏板基础钢筋		176
06	板加强带构造		78	14	桩基础螺旋箍筋加工		179
07	柱顶钢筋构造		96	15	三桩承台		180
08	剪力墙端部有暗柱时的钢筋构造		114				

目　录

目录

绪论

一、混凝土结构发展概况

从秦代开始至元、明、清时期，砖石结构技术与工艺逐步得到普及，木构架的整体性得到加强，许多优秀的工程得以保留下来，如故宫博物院内的建筑，表明当时我国建筑技术和工艺已达到了相当高的水平。

1867 年，法国工程师艾纳比克在巴黎博览会上看到莫尼尔用铁丝网和混凝土制作的花盆、浴盆和水箱后，受到启发，设法把这种材料应用于房屋建筑上。1879 年，他开始制造钢筋混凝土楼板，后来发展为整套建筑使用由钢筋箍和纵向杆加固的混凝土结构梁。几年后，他在巴黎建造公寓大楼时采用了经过改善迄今仍普遍使用的钢筋混凝土柱、横梁和楼板。1884 年，德国建筑公司购买了莫尼尔的专利，进行了第一次钢筋混凝土的科学实验，研究了钢筋混凝土的强度、耐火能力、钢筋与混凝土的黏结力。1895 年至 1900 年，法国用钢筋混凝土建成了第一批桥梁和人行道。1918 年艾布拉姆发表了著名的计算混凝土强度的水灰比理论，钢筋混凝土开始成为改变这个世界的重要材料，以后，相继出现了轻集料混凝土、加气混凝土及其他混凝土，各种混凝土外加剂也开始使用。

进入 21 世纪，我国在钢筋混凝土技术方面，基础工程施工中推广了大直径钻孔灌注桩、静压桩、旋喷桩、水泥搅拌桩、地下连续墙等技术，主体结构施工中应用粗钢筋焊接与机械连接技术、高强混凝土、预应力混凝土、泵送混凝土等多项施工技术。

2017 年，我国又推出了装配式混凝土结构新技术和工艺，目前许多技术与工艺已居世界前列，成为了世界建造大国。

二、G101 系列平法图集和目前状况

混凝土结构施工图平面整体表示方法（简称平法）是把结构构件的尺寸和钢筋等，按照平面整体表示方法、制图规则，整体直接表达在各类构件的结构平面布置图上，再与标准构造详图相配合，即构成一套完整的结构施工图的方法。它改变了传统的那种将构件从结构平面布置图中索引出来，再逐个绘制配筋详图的烦琐方法，是混凝土结构施工图设计方法的重大改革；与传统方法相比，可使图纸量减少65%~80%，设计质量通病也大幅度减少。在以往施工中，逐层验收梁的钢筋时需反复查阅大宗图纸，现在只要一张图就包括了一层梁的全部数据，因此大受施工和监理人员的欢迎。

山东大学教授陈青来通过长期研究实践，发明了"平法"，1991 年10月首次运用于济宁工商银行营业楼项目，1995 年7月通过了建设部组织的"建筑结构施工图平面整体设计方法"科研成果鉴定。

1996 年，建设部颁布（建设〔1996〕605 号）文件，正式批准由陈青来主编的96G101

《混凝土结构施工图平面整体表示方法制图规则和构造详图》向全国出版发行，G101 系列图集自此应运而生。此后，经过实践和修订，陆续出版 00G101 系列平法图集、03G101 系列平法图集。

唐山大地震、汶川大地震等自然灾害给我们国家和人民造成了极大的损失，同时也给我们建筑业更多的警醒和反思。根据地震的破坏情况，借鉴国外的经验，我国陆续修订出版了 11G101 系列平法图集、16G101 系列平法图集，以及修改和颁布其他相关的建筑规范和标准，极大地推动了建筑业的健康和快速高水平发展。2022 年 5 月，我国修订出版了 22G101 系列平法图集，至此，平法识图理论体系更为完善。

通常来说平法图集是进入建筑行业的门槛，因为识读建筑施工图相对容易，但识读建筑结构施工图不仅要掌握结构理论，而且必须掌握平法知识。

目前，我国 90% 以上的新建建筑结构形式都是混凝土结构。结构安全关系到人民的生命和财产安全，建筑结构质量标准和规范要求是建筑领域的最低要求。令人担心的是，有一部分建筑从业者看不懂结构图纸、滥竽充数，还有一些企业在工程上简化施工工艺、以次充好、弄虚作假，导致一个个质量问题的出现，甚至引发工程事故发生，造成了人民生命财产的损失。另一方面，也有很多优秀企业在严格按照规范和标准施工的同时，加强管理，潜心钻研施工技术，提高施工标准和要求，精细化施工，形成了企业自己的核心工法和专利技术，建起了一个个精品工程、优质工程，赢得了社会的认可，树立了良好的形象，并因此不断发展壮大。从这些方面来说，质量是企业发展永恒的主题，质量更是企业发展的生命力。

三、建筑结构施工图平法识读研究对象、学习任务和学习方法

1. 本课程的研究对象

建筑结构部分从基础到上部主体结构施工完毕，如何正确识读建筑结构图纸，确保按图纸施工，从而保证工程质量，是本课程的学习重点。

本书从图纸识读和平法学习的规律入手，划分了混凝土结构施工图设计总说明识读、梁施工图平法识读、板施工图平法识读、柱施工图平法识读、剪力墙施工图平法识读、楼梯施工图平法识读、基础施工图平法识读等内容，为适应技能训练需要，根据工程实际和技能训练要求，增加了钢筋平法识图及翻样排布图绘制技能训练、建筑工程结构图识图技能训练、柱梁钢筋图绘制 3 个项目内容，使理论学习与技能训练相结合，以提高识读图纸能力。

2. 本课程的学习任务

本课程作为建筑专业的专业基础课程，根据专业培养目标，要求学生掌握各个结构构件的平法理论知识，能够识读结构图纸，并进行钢筋计算，为今后进一步学习专业课程打下基础。

3. 本课程的学习方法

建筑结构施工图平法识读课程来源于实践又服务于实践，涉及理论面广、实践性强，所以在学习中必须坚持理论联系实际的学习方法，除了上课或自学基本理论、基本知识外，还要经常参观工程施工现场，理论与实践相结合，动手制作钢筋模型，提高建筑结构施工图的识读能力。

项目一 混凝土结构施工图设计总说明识读

 项目分析

良好的开端等于成功的一半。

当接到一个混凝土工程施工任务（如附录工程），首先要识读的就是该工程施工图纸，最先要识读的就是混凝土结构施工图设计总说明，设计总说明主要介绍本工程的图纸目录、工程概况（结构类型等）、建筑物主要荷载取值、主要结构材料、工程施工要点等很多内容，为工程施工提供技术标准和施工依据，因此要仔细识读，掌握标准要求。设计总说明里面的要求是针对本工程具体情况提出的，当要求高于国家规范要求时，应按本工程施工要求执行。熟读了上述内容，才能更好地识读图纸。

 任务目标

1. 了解混凝土结构体系及构件关系，了解地震和结构抗震的基本知识，了解各类标准及主要结构材料。
2. 掌握混凝土保护层最小厚度和受拉钢筋锚固长度的确定方法，掌握三种钢筋连接方式及箍筋、梁钢筋、柱钢筋的构造要求。

 能力目标

1. 能够根据图纸确定受拉钢筋锚固长度和混凝土保护层最小厚度。
2. 能够按规范要求进行钢筋的施工。
3. 能够正确识读结构施工图设计总说明。

任务 1　混凝土结构类型及构件关系

一、建筑结构的概念

建筑结构是指建筑物中用来承受荷载和其他间接作用（如温度变化引起的伸缩、地基不均匀沉降等）并起骨架作用的体系。在房屋建筑中，组成结构的构件有基础、柱、墙、梁、板、屋架等。

二、混凝土结构分类

混凝土结构是以混凝土为主要材料的结构，具有强度高、耐久性好、耐火性好、可模性好、整体性好、易于就地取材等优点，缺点是自重大、抗拉强度低。混凝土结构已成为应用最普遍的结构形式，广泛应用于住宅、厂房、办公楼等多层和高层建筑，也大量应用于桥梁、水利等工程。

混凝土结构根据承重体系不同，可分为框架结构、剪力墙结构、框架-剪力墙结构、框支剪力墙结构、筒体结构和悬挂结构等。本书主要学习框架结构，选学剪力墙结构。

1. 框架结构

框架结构是指由梁和柱刚接相连而成的承重体系结构。框架结构在建筑上能够提供较大的空间，平面布置灵活，对设置会议室、开敞式办公室、阅览室、商场和餐厅等都十分有利，所以常用于综合办公楼、旅馆、医院、学校、商场等建筑。

框架结构在竖向荷载作用下，框架梁主要承受弯矩和剪力，框架柱主要承受轴力和弯矩，在水平荷载作用下，表现出刚度小、水平侧移大的特点。在地震设防区，由于地震作用大于风荷载，框架结构的层数要比非地震设防地区层数少，且地震设防烈度越高，场地地质越差，框架的楼层越少，如图1-1所示。

2. 剪力墙（抗震墙）结构

采用钢筋混凝土墙体作为承受水平荷载及竖向荷载的结构体系，称为剪力墙结构。由于剪力墙墙体同时也作为房屋的维护和分隔构件，限制了房屋空间的利用，布置不够灵活，因此适用于较小开间的建筑，广泛应用于住宅、公寓和旅馆等建筑。

现浇钢筋混凝土剪力墙结构整体性好、刚度大，墙体既承担水平构件传来的竖向荷载，又承担风力或地震作用传来的水平荷载，在水平荷载作用下侧向变形小，比框架结构有更好的抗侧能力，可建造较高的建筑物，如图1-2所示。

图 1-1 框架结构

图 1-2 剪力墙结构

3. 框架-剪力墙（抗震墙）结构

在框架结构中设置部分剪力墙，使框架和剪力墙两者结合起来，取长补短，共同承受竖向荷载和水平荷载作用，这种体系称为框架-剪力墙结构。采用这种结构体系，空间布置较为灵活，还可将楼梯间、电梯间和管道通道做成剪力墙，相连形成框架-剪力墙-筒体结构，建筑的承载能力、侧向刚度和抗扭能力都比单片剪力墙有较大的提高。

框架-剪力墙结构中，由于剪力墙刚度大，剪力墙将承受大部分水平力，是抗侧力的主体，框架柱则承受竖向荷载，提高了较大的使用空间，同时也承受部分水平力。两者协同工作，承载力大大提高，因此这种结构形式可用来建造高层建筑。

三、混凝土结构构件关系

厘清建筑物各个结构构件的关系非常重要，各构件有相关联的支座，整个系统有明确的层次性、关联性、相对完整性。

建筑物各构件主要有基础、柱、墙、梁、板、楼梯等构件。各构件之间的关联性如下：柱墙与基础关联，柱墙以基础为支座；梁与柱关联，梁以柱为支座；板与梁关联，板以梁为支座。明确了这一点，就知道了两种构件相连时，是支座构件的节点处贯通节点布置箍筋，不是支座的构件在节点处不布置箍筋。

构件纵筋在支座处锚固或贯通，当锚固时，其锚固形式按实际受力需求分为刚性锚固和半刚性锚固，框架柱在基础、框架梁在框架柱中的锚固均为刚性锚固，次梁在主梁中的锚固则为半刚性锚固。锚固性质不同，纵筋的要求也不一致。

四、建筑等级分类

建筑按照使用年限可分为四类，见表1-1。

表1-1　建筑分类等级

类别	设计使用年限	示　例
1	5	临时性结构
2	25	易于替换结构构件的建筑
3	50	普通建筑和构筑物
4	100	纪念性建筑和特别重要的建筑

任务2　地震与结构抗震的基本知识

一、地震、震级及烈度的概念

1. 地震

地震是由某种原因引起的强烈地动，是一种地质现象。地震的成因有三种：火山地震、塌陷地震和构造地震。火山地震是由于火山爆发，地下岩浆迅猛冲出地面时而引起的地动。塌陷地震是由于石灰岩层地下溶洞或古旧矿坑的大规模崩塌而引起的地动。以上两种地震，释放能量小，影响范围和造成的破坏程度也较小。构造地震是由于地壳运动推挤岩层，造成地下岩层的薄弱部位突然发生错动、断裂而引起的地动，此种地震破坏性大，影响面广，而且发生频繁，占破坏性地震的95%以上。房屋结构抗震主要是研究构造地震。

2. 震级

震级是按照地震本身强度而定的等级标度，用以衡量某次地震的大小，用符号 M 表示。

一次地震只有一个震级，目前我国使用的是国际通用的里氏震级标准，震级范围在 1~10 级之间。一般说来，$M<2$ 级的地震，人是感觉不到的，称为无感地震或微震；M 在 2~5 级之间的地震称为有感地震；$M>5$ 级的地震，对建筑物构成不同程度的破坏，统称为破坏性地震；$M≥7$ 级的地震称为强烈地震或大震；$M≥8$ 级的地震称为特大地震。例如，2008 年 5 月 12 日我国四川省汶川地震等级为 8 级，2011 年 3 月 11 日日本东海岸发生的地震为 9 级。

3. 地震烈度

地震发生后，距震中越近破坏程度越大，距震中越远破坏程度越小，各地区的破坏程度通常用地震烈度来描述，地震烈度是指某一地区的地面及建筑物遭受一次地震影响的强弱程度。世界上多数国家采用 1~12 度的等级烈度。地区基本地震烈度是指该地区今后一定时间内，在一般场地条件下可能遭遇的最大地震烈度。

二、地震的破坏作用

（一）建筑物的破坏现象

1. 结构丧失整体性

在强烈地震作用下，构件连接不牢，支撑长度不够和支撑失稳，造成结构丧失整体性而被破坏。

2. 强度破坏

未考虑抗震设防或抗震设防不足的结构，在具有多向性的地震力作用下，构件会因强度不足而被破坏，如地震时砖墙发生交叉斜裂缝，钢筋混凝土柱被剪断、压碎等，如图 1-3、图 1-4 所示。

图 1-3 砖墙发生交叉斜裂缝

图 1-4 钢筋混凝土柱被剪断、压碎

3. 地基失效

在强烈地震作用下，地基承载力可能下降甚至丧失，也可能由于地基饱和砂层液化而造成建筑物沉陷、倾斜或倒塌。

（二）次生灾害

次生灾害是指地震时给排水管网、燃气管道、供电线路造成的破坏，以及对易燃、易爆、有毒物质、核物质容器的破裂，引起的水灾、火灾、污染、瘟疫、堰塞湖等严重灾害。

这些次生灾害造成的损失有时比地震直接造成的损失还大，如 2011 年 3 月 11 日，日本地震引发海啸和核泄漏事故等。

三、抗震设防

（一）抗震设防烈度

抗震设防烈度是按国家规定的权限批准作为一个地区抗震设防依据的地震烈度。抗震设防烈度采用国标《建筑抗震设计规范》（附条文说明）（GB 50011—2010）（2016 年版）的数据。国标规定，抗震设防烈度为 6 度及以上地区的建筑，必须进行抗震设计。现行抗震设计规范适用于抗震设防烈度为 6、7、8、9 度地区建筑工程的抗震、隔震、消能减震设计。抗震设防烈度大于 9 度地区的建筑及行业有特殊要求的工业建筑，按相关规定执行。我国现行抗震设防的基本思想是"小震不坏、中震可修、大震不倒"。

（二）建筑抗震设防分类

《建筑工程抗震设防分类标准》（GB 50223—2008）根据对各类建筑抗震性能的不同要求，将建筑分为四类。

1. 甲类（特殊设防类）

使用上有特殊设施，涉及国家公共安全的重大建筑工程和地震时可能发生严重次生灾害等特别重大灾害后果，需要进行特殊设防的建筑，简称甲类。例如，三级医院中承担特别重要医疗任务的门诊、医技、住院用房的建筑，设防标准应按高于本地区抗震设防烈度提高一度的要求加强其抗震措施。

2. 乙类（重点设防类）

地震时使用功能不能中断或需尽快恢复的生命线相关建筑以及地震时可能导致大量人员伤亡等重大灾害后果而需要提高设防标准的建筑，简称乙类。例如，县级市及以上的疾病预防与控制中心、人流密集的大型多层商场、中小学教学用房等建筑，应按高于本地区抗震设防烈度一度的要求加强其抗震措施。

3. 丙类（标准设防类）

按标准要求进行设防的建筑，例如居住建筑，应按本地区抗震设防烈度确定其抗震措施和地震作用，达到在遭遇高于当地抗震设防烈度的预估罕遇地震影响时不致倒塌或发生危及生命安全的严重破坏的抗震设防目标。

4. 丁类（适度设防类）

使用上人员稀少且震损不致产生次生灾害，允许在一定条件下适度降低要求的建筑，简称丁类。例如，不致产生次生灾害的仓库。设防标准是允许比本地区抗震设防烈度的要求适当降低其抗震措施，但抗震设防烈度为 6 度时不应降低。

例如，汶川大地震后许多震后重建项目，特别是公共建筑，是按照重新修订的设防标准、设计规范、施工规范来进行设计和施工的，四川省雅安市芦山区域调整为 8 度设防。2013 年 4 月芦山区域发生"4.20"7.0 级强烈地震，灾后重建项目没有一栋建筑倒塌，有些框架结构的填充墙体开裂，还有的部分垮塌，这些情况都属正常，因为主体结构是完好的，特别是人群集中的学校、医院等新建公共建筑，经受住了此次地震的考验，达到了设防要求，如图 1-5、图 1-6 所示。

图 1-5 芦山某学校 "4.20" 震后照片 (1)　　　　图 1-6 芦山某学校 "4.20" 震后照片 (2)

建筑设计时, 应结合本地区的抗震设防烈度和建筑物的重要性, 调整拟建建筑的设防标准 (设防烈度), 确定抗震等级。

(三) 抗震等级

抗震等级是依据我国抗震规范和高层规程综合考虑建筑抗震重要性类别、地震作用 (包括区分设防烈度和场地类别)、结构类型 (包括区分主、次抗侧力构件) 和房屋高度等因素, 对钢筋混凝土结构划分不同的抗震级别。抗震等级的高低, 体现了对抗震性能要求的严格程度。不同的抗震等级有不同的抗震计算和构造措施要求, 从四级到一级, 抗震要求依次提高; 高层规程中还规定了抗震等级更高的特一级。抗震等级确定方法见表 1-2 (本表只列举抗震墙部分)。

表 1-2 抗震等级分类

结构类型		设防烈度						
		6		7		8		9
框架结构	高度/m	≤30	>30	≤30	>30	≤30	>30	≤25
	框架	四	三	三	二	二	一	一
	大跨度框架	三		二		一		
框架-剪力墙结构	高度/m	≤60	>60	≤60	>60	≤60	>60	≤50
	框架	四	三	三	二	二	一	一
	剪力墙	三		二		一		
剪力墙结构	高度/m	≤80	>80	≤80	>80	≤80	>80	≤60
	剪力墙	四	三	三	二	二	一	一

注: 房屋高度是指室外地面到主要屋面板板顶的高度 (不包括局部突出屋顶部分); 表中 "框架" 不包括异形柱框架; "大跨度框架" 是指跨度不小于 18m 的框架结构。

任务 3　相关国家标准及混凝土结构常用材料

一、国家建筑规范和标准图集介绍

1. 主要国家规范和规程

《工程结构通用规范》GB 55001—2021

《建筑与市政工程抗震通用规范》GB 55002—2021

《混凝土结构通用规范》GB 55008—2021

《混凝土结构设计规范》（2015 年版）GB 50010—2010

《建筑抗震设计规范》（附条文说明）（2016 年版）GB 50011—2010

《高层建筑混凝土结构技术规程》JGJ 3—2010

《建筑结构制图标准》GB/T 50105—2010

《G101 系列图集常见问题答疑图解》（23G101-11）

2. 22G101 系列平法图集

建筑结构施工图平面整体设计方法（简称平法），概括来讲，是把结构构件的尺寸和配筋等，按照平面整体表示方法制图规则，整体直接表达在各类构件的结构平面布置图上，再与标准构造详图相配合，即构成一套完整的结构设计施工图纸。之前广泛使用的 16G 系列平法图集，是依据汶川地震后国家修编的一系列国家规范和标准编写；22G 系列图集是结合 16G 6 年使用过程中出现的问题重新修订出版的。新修订的国家建筑标准设计图集共三本，分别是22G101-1《混凝土结构施工图平面整体表示方法制图规则和构造详图（现浇混凝土框架、剪力墙、梁、板）》、22G101-2《混凝土结构施工图平面整体表示方法制图规则和构造详图（现浇混凝土板式楼梯)》、22G101-3《混凝土结构施工图平面整体表示方法制图规则和构造详图（独立基础、条形基础、筏形基础、桩基础）》，于 2022 年 5 月 1 日正式施行。

22G 系列图集适用于抗震设防烈度为 6~9 度地区的现浇钢筋混凝土框架、剪力墙、框架-剪力墙和部分框支剪力墙等主体结构施工图的设计，以及各类结构中的现浇混凝土板、地下室结构，部分现浇混凝土墙体、柱、梁、板结构施工图的设计。

二、混凝土结构常用材料

国家系列建筑新规范和标准颁布实施后，建筑领域广泛应用了高强高性能材料。

1. 混凝土

混凝土按标准抗压强度（以边长为 150mm 的立方体为标准试件，在标准养护条件下养护 28 天，按照标准试验方法测得的具有 95% 保证率的立方体抗压强度）划分的强度等级，称为标号，分为 C20、C25、C30、C35、C40、C45、C50、C55、C60、C65、C70、C75、C80 共 13 个等级。C60 以上为高强度混凝土。

素混凝土结构构件的混凝土强度等级不应低于 C20；钢筋混凝土结构构件的混凝土强度等级不应低于 C25；采用 500MPa 及以上等级钢筋的钢筋混凝土结构构件混凝土强度等级不应低于 C30。

2. 钢筋

（1）新规范的钢筋主要品种见表 1-3。

表 1-3　钢筋主要品种

牌号	钢筋品种	符号	强度等级 /MPa	公称直径 /mm	下屈服强度 /MPa	抗拉强度 /MPa
HPB300	普通热轧光圆钢筋	Φ	300	6~14	300	420
HRB400 HRBF400	普通热轧带肋钢筋 细晶粒热轧带肋钢筋	Φ Φ^F	400	6~50	400	540

（续）

牌号	钢筋品种	符号	强度等级 /MPa	公称直径 /mm	下屈服强度 /MPa	抗拉强度 /MPa
HRB500 HRBF500	普通热轧带肋钢筋 细晶粒热轧带肋钢筋	Φ Φ^F	500	6~50	500	630
HRB600	普通热轧带肋钢筋		600	6~50	600	730

注：H—热轧钢筋，P—光圆钢筋，B—钢筋，R—带肋钢筋，F—细晶粒钢筋。

（2）在有抗震设防要求的结构中，对材料的要求分为强制性要求和非强制性要求两种。

按一、二、三级抗震等级设计的框架和斜撑构件（这类构件包括框架梁、框架柱、框架中楼梯的梯段等）中的纵向受力普通钢筋强屈比、超强比和均匀伸长率方面必须满足下列要求：

1）强屈比：钢筋的抗拉强度实测值与屈服强度实测值的比值不应小于1.25，这是为了保证在构件大变形下具有必要的强度潜力。

2）超强比：钢筋屈服强度实测值与标准值的比值不应大于1.30，这是为了保证按设计要求实现"强柱弱梁""强剪弱弯"的效果，不会因钢筋强度离散性过大而受到干扰。

3）均匀伸长率：钢筋在最大拉力下的总伸长率实测值不应小于9%，这是为了保证在抗震大变形条件下，钢筋具有足够的塑性变形能力。其他普通钢筋应满足设计要求，宜优先采用延性、韧性和焊接性较好的钢筋。

（3）在《钢筋混凝土用钢 第2部分：热轧带肋钢筋》（GB/T 1499.2—2018）中还提供了牌号带"E"的钢筋：HRB400E、HRBF400E、HRB500E、HRBF500E。这些牌号带"E"的钢筋在强屈比、超强比和均匀伸长率方面均满足上述要求，抗震结构的关键部位及重要构件宜优先选用。

任务4　确定混凝土保护层最小厚度

混凝土保护层是指最外层钢筋（箍筋、构造筋、分布筋等）外边缘至混凝土表面的距离。《混凝土结构设计规范》（GB 50010—2010）规定了耐久性（使用年限和环境类别）基本要求，不仅要求混凝土的保护层厚度，特别还对混凝土的水胶比、混凝土强度等级、氯离子含量和碱含量等耐久性的主要影响因素做出了明确规定。最小保护层厚度关系到结构的安全和耐久性，它的主要影响因素是建筑物工程所处环境的环境类别。

一、建筑物工程所处环境类别的确定

混凝土的环境类别见表1-4。

表1-4　混凝土的环境类别

环境类别	条　件
一	1. 室内干燥环境 2. 无侵蚀性静水浸没环境
二 a	1. 室内潮湿环境 2. 非严寒和非寒冷地区的露天环境 3. 非严寒和非寒冷地区与无侵蚀性的水或土壤直接接触的环境 4. 严寒和寒冷地区的冰冻线以下与无侵蚀性的水或土壤直接接触的环境

环境类别	条　件
二 b	1. 干湿交替环境 2. 水位频繁变动环境 3. 严寒和寒冷地区的露天环境 4. 严寒和寒冷地区的冰冻线以上与无侵蚀性的水或土壤直接接触的环境
三 a	1. 严寒和寒冷地区冬季水位变动区环境 2. 受除冰盐影响环境 3. 海风环境
三 b	1. 盐渍土环境 2. 受除冰盐作用环境 3. 海岸环境
四	海水环境
五	受人为或自然的侵蚀性物质影响的环境

注：混凝土结构环境类别是指混凝土结构暴露表面所处的环境条件。

（1）室内干燥环境是指构件处于常年干燥、低湿度的环境；室内潮湿环境是指构件表面经常处于结露或湿润状态的环境。

（2）严寒地区是指最冷月平均温度≤-10℃、日平均气温≤-5℃的天数不少于145d的地区；寒冷地区是指最冷月平均温度-10~0℃、日平均气温≤-5℃的天数为90~145d的地区。

（3）海岸环境和海风环境宜根据当地情况，考虑主导风向和结构所处迎风、背风部位等因素的影响，根据调查研究结果和工程经验确定。

（4）受除冰盐影响环境是指受到除冰盐、盐雾影响的环境；受除冰盐作用环境是指被除冰盐溶液溅射的环境以及使用除冰盐的洗车房、停车楼等建筑。

（5）干湿交替环境是指混凝土表面经常交替接触到大气和水的环境。

二、根据所处环境类别确定设计使用年限

按照平面和杆状构件两类确定混凝土保护层最小厚度，并由设计人员在图纸中明确，见表1-5。

表1-5　混凝土保护层最小厚度　　　　（单位：mm）

环境类别	墙、板	梁、柱、基础梁（顶面和侧面）	独立基础、条形基础、筏形基础（顶面和侧面）
一	15	20	—
二 a	20	25	20
二 b	25	35	25
三 a	30	40	30
三 b	40	50	40

注：1. 表中混凝土保护层厚度适用于设计使用年限为50年的混凝土结构。

2. 构件中受力钢筋的保护层厚度不应小于钢筋的公称直径。

3. 一类环境中，设计使用年限为100年的结构最外层钢筋的保护层厚度不应小于上表中数值的1.4倍；二、三类环境中，设计使用年限为100年的结构应采取专门的有效措施。

4. 混凝土强度等级≤C25时，表中保护层厚度数值应增加5mm。

5. 钢筋混凝土基础宜设置混凝土垫层，基础底部钢筋保护层的厚度应从垫层顶面算起，且不应小于40mm；无垫层时，不应小于70mm。

6. 桩基承台及承台梁：承台底面钢筋保护层的厚度，当有混凝土垫层时，不应小于50mm；无垫层时，不应小于70mm；此外尚不应小于桩头嵌入承台内的长度。

项目一　混凝土结构施工图设计总说明识读

【例1-1】 当建筑地上地下所处环境不同对保护层厚度要求也不同时,可对地下竖向构件采取什么措施?

采取外扩附加保护层的方法,使柱主筋在同一位置不变,如图1-7所示。当对地下室外墙采取可靠的建筑防水做法或防护措施时,与土壤接触面的保护层厚度可适当减少,但不应小于25mm。

【例1-2】 当梁、柱、墙中局部钢筋的保护层厚度大于50mm时,宜对保护层混凝土采取什么措施?

采取有效的构造措施进行拉结,防止混凝土开裂剥落、下坠,可采取在保护层内设置防裂、防剥落的钢筋网片的措施。钢筋网片的保护层厚度不应小于25mm,其直径不宜大于8mm,间距不应大于150mm。保护层厚度不大于75mm时可设Φ4@150的网片钢筋,如图1-8所示。

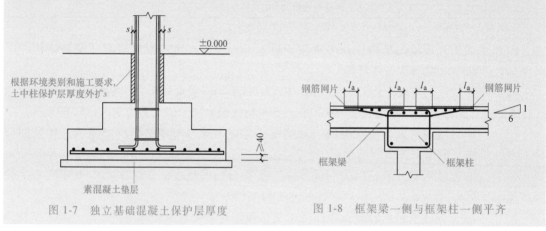

图1-7　独立基础混凝土保护层厚度　　　图1-8　框架梁一侧与框架柱一侧平齐

任务5　确定受拉钢筋锚固长度

一、受拉钢筋锚固长度

受拉钢筋锚固长度是指受力钢筋依靠其表面与混凝土的黏结作用而达到设计承受应力所需的长度。钢筋混凝土结构中钢筋能够受力,主要是依靠钢筋和混凝土之间的黏结锚固作用,任何一根受力钢筋都包括两部分,一是受力净长,二是锚固长度,因此钢筋的锚固是混凝土结构受力的基础。纵向受拉钢筋的锚固长度与钢筋种类、直径、结构抗震等级和混凝土强度有关。钢筋的强度越大,纵向受拉钢筋的锚固长度越长;混凝土抗拉强度越大,纵向受拉钢筋的锚固长度越短;结构抗震等级越高,纵向受拉钢筋的锚固长度越长。受拉钢筋锚固常见符号及说明见表1-6。

表1-6　常见符号及说明

代号	构件	含　义	用　处
l_{ab}	非抗震构件	受拉钢筋基本锚固长度	钢筋弯锚时,核算平直段长度
l_a		受拉钢筋锚固长度	确定非抗震构件钢筋是否直锚

代号	构件	含 义	用 处
l_{abE}	抗震构件	受拉抗震钢筋基本锚固长度	钢筋弯锚时，核算平直段长度
l_{aE}		受拉抗震钢筋锚固长度	确定抗震构件钢筋是否直锚

在国家规范中，将框架柱、框架梁、剪力墙设为抗震构件，基础、板、非框架梁、悬挑梁、楼梯等设为非抗震构件。设计部门有时根据工程实际将部分基础、板、非框架梁、悬挑梁、楼梯设为抗震构件。

受拉钢筋基本锚固长度 l_{ab}、l_{abE} 的确定是根据拔出实验，考虑钢筋种类、抗震等级和混凝土强度等级，确定受拉钢筋的锚固长度，见表 1-7、表 1-8。目前 22G 图集已经给出了各种情况下的锚固长度。

表 1-7 受拉钢筋基本锚固长度 l_{ab}（四级抗震 l_{abE}）

钢筋种类	混凝土强度等级							
	C25	C30	C35	C40	C45	C50	C55	≥60
HPR300	34d	30d	28d	25d	24d	23d	22d	21d
HRB400、HRBF400、RRB400	40d	35d	32d	29d	28d	27d	26d	25d
HRB500、HRBF500	48d	43d	39d	36d	34d	32d	31d	30d

注：d 指钢筋直径。

表 1-8 抗震设计时受拉钢筋的基本锚固长度 l_{abE}

钢筋种类	抗震等级	混凝土强度等级							
		C25	C30	C35	C40	C45	C50	C55	≥60
HPR300	一、二级（l_{abE}）	—	35d	32d	29d	28d	26d	25d	24d
	三级（l_{abE}）	36d	32d	29d	26d	25d	24d	23d	22d
HRB400 HRBF400	一、二级（l_{abE}）	—	40d	37d	33d	32d	31d	30d	29d
	三级（l_{abE}）	42d	37d	34d	30d	29d	28d	27d	26d
HRB500 HRBF500	一、二级（l_{abE}）	—	49d	45d	41d	39d	37d	36d	35d
	三级（l_{abE}）	—	45d	41d	38d	36d	34d	33d	32d

注：1. HPR300 钢筋末端应做 180°弯钩。

2. 当锚固钢筋保护层厚度不大于 5d 时，锚固钢筋长度范围内应设置横向构造钢筋，其直径不应小于 d/4（d 为锚固钢筋最大直径）；对梁、柱等构件间距不应大于 5d，对墙、板等构件间距不应大于 10d，且均不应大于 100mm（d 为锚固钢筋最小直径）。

3. 一般情况下，受拉钢筋锚固长度 l_a 等于受拉钢筋基本锚固长度 l_{ab}，受拉抗震钢筋锚固长度 l_{aE} 等于抗震设计时受拉钢筋基本锚固长度 l_{abE}，当有下列情况时，l_a 和 l_{aE} 在表 1-7、表 1-8 基础上应乘以表 1-9 中的修正系数。

4. l_a 和 l_{aE} 计算值不应小于 200。

5. 混凝土强度等级应取锚固区的混凝土强度等级。

项目一 混凝土结构施工图设计总说明识读

表 1-9 受拉钢筋锚固长度 l_a、受拉抗震钢筋锚固长度 l_{aE} 修正系数 ξ_a

锚固条件		ξ_a	原　因	说　明
带肋钢筋（HRB500、HRBF500）的公称直径大于 25mm		1.10	考虑粗直径带肋钢筋相对肋高减少，锚固作用降低	多于一项时，连乘
环氧树脂层带肋钢筋		1.25	钢筋表面光滑，对钢筋不利	
施工过程中易受扰动的钢筋		1.10	降低与混凝土的黏结锚固	
保护层厚度	3d	0.8	中间时按内插值，d 为锚固钢筋直径	
	5d	0.7		

二、纵向钢筋弯钩

纵向钢筋弯钩如图 1-9 所示。

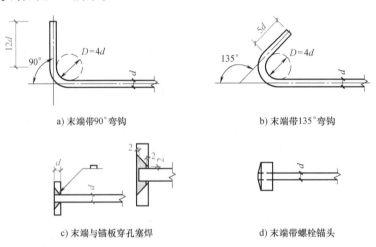

a) 末端带90°弯钩　　　　　　　　b) 末端带135°弯钩

c) 末端与锚板穿孔塞焊　　　　　　d) 末端带螺栓锚头

注：1. 当纵向受拉普通钢筋末端采用弯钩或机械锚固措施时，包括弯钩或锚固端头在内的锚固长度（投影长度）可取为基本锚固长度的 60%。
2. 焊缝和螺纹长度应满足承载力的要求；钢筋锚固板的规格和性能应符合现行行业标准规定。
3. 钢筋锚固板（螺栓锚头或焊端锚板）的承压净面积不应小于锚固钢筋截面积的 4 倍；钢筋净间距不宜小于 4d，否则应考虑群锚效应的不利影响。
4. 受压钢筋不应采用末端弯钩的锚固形式。
5. 500MPa 级带肋钢筋末端采用弯钩锚固措施时，当直径 $d \leqslant 25mm$ 时，钢筋弯折的弯弧内直径不应小于钢筋直径的 6 倍；当直径 $d > 25mm$ 时，钢筋弯折的弯弧内直径不应小于钢筋直径的7倍。
6. 本书构造详图中标注的钢筋端部弯折段长度 15d 均为 400MPa 级钢筋的弯折段长度。500MPa 级带肋钢筋，当 $d \leqslant 25mm$ 时，端部弯折段长度为16d，当 $d > 25mm$ 时，端部弯折段长度为16.5d。

图 1-9 纵向钢筋弯钩

任务6 钢筋连接方式

钢筋连接方式主要有机械连接、绑扎搭接和焊接连接三种。

连接接头设置时应遵循以下原则：

（1）接头应尽量设置在受力较小处，应避开结构受力较大的关键部位。抗震设计时避开梁端、柱端箍筋加密区范围，如必须在该区域连接，则应采用机械连接。

（2）在同一跨度或同一层高内的同一受力钢筋上宜少设连接接头，不宜设置 2 个或 2 个以上的接头。

（3）接头位置宜互相错开，在连接范围内，接头钢筋面积百分率应限制在一定范围内。

（4）在钢筋连接区域应采取必要的构造措施，在纵向受力钢筋搭接长度范围内应配置横向构造钢筋或箍筋。

（5）轴心受拉及小偏心受拉杆件（如桁架和拱的拉杆）的纵向受力钢筋不得采用绑扎搭接。

（6）当受拉钢筋的直径 $d>25$mm 及受压钢筋的直径 $d>28$mm 时，不宜采用绑扎搭接。

一、机械连接

机械连接利用钢筋与连接件的机械咬合作用或钢筋端面的承压作用实现钢筋连接，受力可靠，但机械连接接头连接件的混凝土保护层以及连接件间的横向净距将减小，如图 1-10、图 1-11 所示。

（1）钢筋机械连接的连接区段长度为 $35d$，d 为连接钢筋的较小直径，如图 1-11 所示，连接接头中点位于规范规定的连接区段长度内（$35d$）均属于同一连接区段。同一连接区段内纵向钢筋连接接头面积百分率是指该区内有连接接头的纵向受力钢筋截面面积与全部纵向受力钢筋截面面积的比值。不同直径钢筋机械连接时，接头面积百分率按较小直径计算，并符合规范要求，同一构件内不同连接钢筋计算连接区段长度不同时取大值。

图 1-10　机械连接（直螺纹连接）

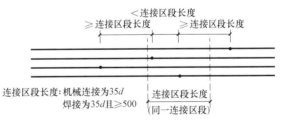

图 1-11　同一连接区段纵向受拉钢筋机械连接、焊接接头

（2）纵向受力钢筋机械连接接头保护层：条件允许时，钢筋连接件的混凝土保护层厚度应符合钢筋的最小保护层厚度要求；条件不允许时，连接件保护层不得小于 15mm。连接件之间的横向净距不宜小于 25mm。

二、绑扎搭接

绑扎搭接是利用钢筋与混凝土之间的黏结锚固作用实现传力，如图 1-12 所示，连接方便，但对于直径较粗的受力钢筋，绑扎搭接长度较长，且连接区域容易发生过宽的裂缝。

（1）纵向受拉钢筋绑扎搭接长度的确定，如图 1-13 所示。

1）连接接头中点位于规定的连接区段长度内均属于同一连接区段。

2）同一连接区段内纵向钢筋搭接接头面积百分率是指该区内有连接接头的纵向受力钢筋截面面积与全部纵向受力钢筋截面面积的比值，应符合表 1-10 的规定。

图 1-12 纵向钢筋绑扎搭接接头

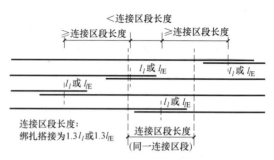

图 1-13 同一连接区段内纵向钢筋绑扎搭接接头

表 1-10 同一连接区段内纵向钢筋搭接接头面积百分率

纵向受拉钢筋绑扎搭接长度 l_l、l_{lE}			1. 当不同直径的钢筋搭接时，l_l、l_{lE} 按直径较小的钢筋计算
抗震		非抗震	2. 在任何情况下 $l_l \geqslant 300$mm
$= \xi_1 l_{aE}$		$= \xi_1 l_a$	3. 式中 ξ_1，当纵向受拉钢筋搭接接头面积百分率为表中的中间值时，可按内插取值
纵向受拉钢筋搭接长度修正系数 ξ_1			
纵向受拉钢筋搭接接头面积百分率（%）	≤25	50	100
ξ_1	1.2	1.4	1.6

3）d 为相互连接两根钢筋中较小直径，按较小钢筋直径计算搭接长度及接头面积百分率，同一构件内不同钢筋连接区段长度不同时取大值。

（2）纵向受力钢筋采用绑扎搭接时，位于同一连接区段内的受拉钢筋搭接接头面积百分率要求：

1）梁类、板类及墙类构件，不宜大于 25%。

2）柱类构件，不宜大于 50%。

3）当工程中需要增大受拉钢筋搭接接头面积百分率时，梁类构件不宜大于 50%；板类、墙类及柱类构件，可根据实际情况放宽。

4）梁、板受弯构件，按一侧纵向受拉钢筋面积计算搭接接头面积百分率，即上部、下部钢筋分别计算；柱、剪力墙按全截面钢筋面积计算搭接接头面积百分率。

5）搭接钢筋接头除应满足接头百分率的要求外，宜间隔式布置，不应相邻连续布置。例如，钢筋直径相同，接头面积百分率为 50% 时，隔一搭一，接头面积百分率为 25% 时，隔三搭一。

（3）梁柱绑扎搭接区箍筋应加密，直径不小于 $d/4$（d 为搭接钢筋最大直径），间距不应大于 100mm 及 5d（d 为搭接钢筋最小直径）；当受压钢筋直径大于 25mm 时，尚应在搭接接头两个端面外 100mm 的范围内各设置两道箍筋。

三、焊接连接

焊接连接是利用热熔融金属实现钢筋连接，如图 1-14 所示。该方法节省钢筋，接头成本低；缺点是焊接接头往往需人工操作，因而连接质量的稳定性较差。具体要求如下：

（1）细晶粒热轧带肋钢筋和直径大于 28mm 的热轧带肋钢筋焊接应经过试验确定。

（2）电阻点焊用于钢筋焊接骨架和钢筋焊接网；闪光对焊不同直径钢筋焊接时径差不

图 1-14　焊接连接（电渣压力焊）

得超过 4mm；电渣压焊和气压焊不同直径钢筋焊接时径差不得超过 7mm；不同直径钢筋焊接时，接头百分率计算同机械连接。

任务 7　箍筋、梁钢筋、柱钢筋构造

一、箍筋、拉筋常见构造

箍筋弯钩要求如图 1-15 所示。

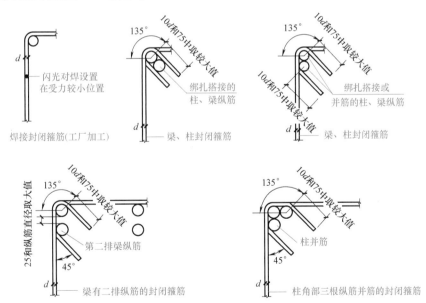

图 1-15　箍筋弯钩要求

非焊接封闭箍筋末端应设弯钩，弯钩做法及长度要求如下：

（1）非框架梁以及不考虑抗震作用的悬挑梁，箍筋及弯钩的平直段长度可为 5d；当其受扭时，应为 10d。

（2）对有抗震设防要求的结构构件，箍筋弯钩的弯折角度为 135°，弯折后平直段长度不应小于箍筋直径 10 倍和 75mm 两者中的较大值。

（3）圆形箍筋（非螺旋箍筋）搭接长度不应小于其受拉锚固长度 l_{aE}（l_a），末端均应做 135°弯钩，弯折后平直段长度不应小于箍筋直径 10 倍和 75mm 两者中的较大值。

（4）拉筋用于梁、柱复合箍筋中单肢箍筋时，两端弯折角度均为 135°，弯折后平直段长度同箍筋。

（5）拉筋用作剪力墙分布钢筋的拉结时，可采用一端 135°另一端 90°弯钩，宜同时勾住外侧水平及竖向分布钢筋。

二、梁和柱纵筋间距构造

梁上部、梁下部及柱纵筋间距构造要求如图 1-16 所示。

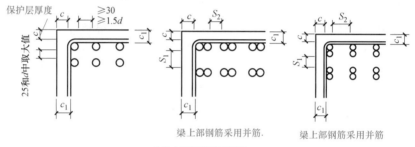

a) 梁上部纵筋间距要求

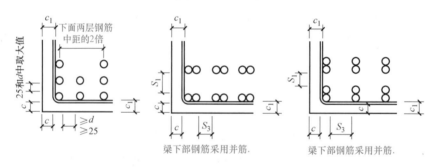

b) 梁下部纵筋间距要求

c) 柱纵筋间距要求

图 1-16 梁上部、梁下部及柱纵筋间距构造要求

（1）梁上部纵筋间距 ≥30mm 且 ≥1.5d，上下两排间距 ≥25mm 且 ≥d，d 为钢筋最大直径。

（2）梁下部纵筋两层钢筋之间间距 ≥25mm 且 ≥d，最上一层钢筋之间间距是下层钢筋中距的 2 倍，上下两排间距≥25mm 且≥d，d 为钢筋最大直径。

（3）柱钢筋之间间距≥50mm。

【例 1-3】 如图 1-17 所示，请选择梁纵筋构造有误的一项，该梁环境类别为一类，梁的混凝土标号为 C25。（ ）

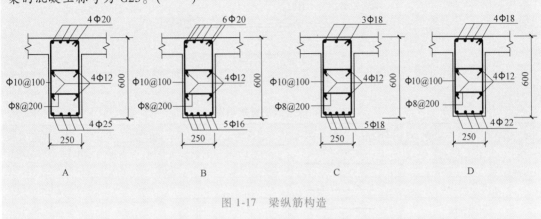

图 1-17 梁纵筋构造

三、螺旋箍筋构造

螺旋箍筋构造如图 1-18、图 1-19 所示。

圆形箍筋的搭接长度不应小于其受拉锚固长度，且两末端均应作不小于 135°的弯钩，弯折后平直段长度不应小于箍筋直径的 10 倍和 75mm 的较大值。

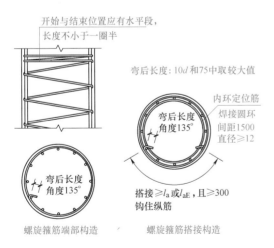

图 1-18 螺旋箍筋构造

图 1-19 螺旋箍筋

四、钢筋弯折构造和图例

钢筋弯折构造如图 1-20 所示。

钢筋弯折图例见表 1-11。

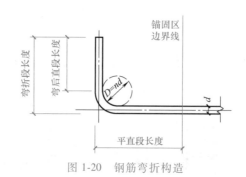

图 1-20 钢筋弯折构造

表 1-11 钢筋弯折图例

名称	图例	说明
钢筋端部截断		表示长、短钢筋投影重叠时,短钢筋的端部用45°斜划线表示
钢筋搭接连接		—
钢筋焊接		—
钢筋机械连接		—
端部带锚固板的钢筋		—

任务8 结构施工图的识读方法及钢筋计算规则

一、结构施工图的识读方法

在阅读建筑施工图后,初步建立了所建房屋的立体感,然后才能按照结构图纸顺序识读结构施工图。先初步看一遍,再详细识读每一张图纸,并核对建筑施工图同一部位的表示,正确理解设计人员的设计意图和要表示的内容,当图纸与图集不一致时,应以图纸为准。

结构施工图的识读方法可归纳为"图样与说明对照看,结施和建施结合看,其他设施图参照看",结构施工图识读顺序和内容如下:

(1)结构设计总说明(包括图纸目录)。

(2)基础图,包括基础平面图和基础详图。

(3)结构平面布置图,包括楼层结构平面布置图和屋面结构平面布置图。

(4)柱(墙)、梁、板配筋图。

(5)结构构件详图,包括楼梯结构详图和其他详图。

(一)结构设计总说明(包括图纸目录)

识读内容:结构类型、抗震设防情况、地基情况、结构选材(品种、规格、强度等级)、构造要求、施工要求、选用标准图集等。

(二)基础图识读

1.基础结构平面图的识读

(1)了解图名、比例。

(2)结合建筑平面图,了解基础平面图的定位轴线及轴线间的相互关系,重点明确垫层、基础、基础梁、墙体与轴线的位置关系，是对称轴线还是偏轴线，如果是偏轴线，要特别注意轴线两边的具体尺寸大小。这是基础施工放线和开挖基坑的依据。

（3）注意特殊构件与轴线的位置关系及尺寸大小，如构造柱、扶壁柱。

（4）了解剖切符号编号和位置，了解基础的种类和基础的平面尺寸。

（5）结合文字说明，进一步明确基础的材料要求、施工要求等内容。

2. 基础详图的识读

基础详图实质上是基础断面图的放大图，详细表达基础的形状、尺寸、材料和构造。

（1）了解图名、比例。

（2）结合基础平面图，了解轴线与基础墙、大放脚、基础圈梁等各部位的位置关系。

（3）了解垫层、基础、基础圈梁、墙体的断面形状、所用材料要求和配筋等情况。

（4）了解基础防潮层的位置和做法。

（5）了解基础断面的详细尺寸和室内外地面、基础底标高。

（6）了解施工要求及说明。

（三）楼层、屋面结构平面图识读

（1）了解图名（楼层或标高层）、比例。

（2）结合建筑平面图，了解梁板等主要构件的平面位置和结构标高尺寸（结构层楼面标高是指建筑图中的各层地面和楼面标高值扣除建筑面层及垫层做法厚度后的标高，结构层号与建筑层号应一致）。

（3）了解现浇板的配筋情况和板的厚度或预制板的规格、数量和布置情况。

（四）柱（墙）梁板配筋图识读

柱（墙）梁板配筋图主要包括配筋图、预埋件详图及文字说明。根据配筋图，结合图纸采用的规范构造详图，理解每一根钢筋的级别、直径、形状、尺寸、数量及摆放位置。

填充墙图纸部分主要看墙体、构造柱、圈梁的位置及要求。

（五）结构构件详图识读

楼梯结构详图由楼梯结构平面图和楼梯结构剖面图组成。

（1）楼梯结构平面图。主要识读楼梯各构件如楼梯梁、梯段板、平台板等的平面位置、代号、尺寸大小，平台板的配筋及结构标高。

（2）楼梯结构剖面图。主要识读构件的竖向布置与构造，梯段板和楼梯梁的配筋和截面尺寸。

【综合练习】

根据附录 A 图纸，进行结构施工图初步识读。

二、钢筋计算规则

目前建筑行业钢筋计算主要有两种计算方法。

（一）用于工程预决算的 2013 工程量清单规则计算方法

1. 举例

项目名称：现浇构件钢筋。

项目编码：010515001。

项目特征：钢筋种类、规格。

计量单位：t。

工程量计算规则：按设计图示钢筋（网）长度（面积）乘以单位理论质量计算。

工程内容：钢筋制作、运输，钢筋安装，焊接（绑扎）。

2. 部分预算定额规定

（1）钢筋工程，应区别现浇、预制构件、不同品种和规格，分别按设计长度乘以单位重量，以"吨"计算。

（2）除设计（包括规范规定）标明的搭接外，其他施工搭接不计算工程量，在综合单价中综合考虑。说明：计算钢筋工程量时，设计规定钢筋搭接长度的，按设计图规定的搭接长度计算，一般水平钢筋（盘圆钢筋除外）每大于9m需计算一个搭接接头。

（3）现浇构件中固定钢筋位置的支撑钢筋，双层钢筋用的铁马凳筋，伸出构件的锚固钢筋按钢筋计算，并入钢筋工程量内。

（4）机械连接按照连接方式、螺纹套筒种类、规格等特征，以"个"计算。

（二）钢筋下料计算方法

钢筋下料计算应在设计图示钢筋长度基础上，考虑弯曲伸长值（量度差值）进行计算。本书所有例题除钢筋翻样计算外，均按预算规则进行计算。

复习思考题

一、填空题

1. 根据承重体系不同，混凝土结构分为 _____、_____、_____、_____、_____。

2. 我国现行抗震设防的基本思想是 _____、_____、_____。

3. 混凝土保护层厚度是指 _____ 钢筋外边缘至 _____ 表面的距离。室内正常环境下混凝土强度等级为 C30 的板、梁的保护层最小厚度分别为 _____ mm、_____ mm。基础底面钢筋的保护厚度，有混凝土垫层时，应从 _____ 算起，且不应小于 _____ mm。

4. 当混凝土强度等级为 C25、受拉钢筋为 HPB300、直径 $d \leqslant 25$mm 时，该受拉钢筋锚固长度 l_a 为 _____，三级抗震锚固长度 l_{aE} 为 _____，且该钢筋末端应做 _____ 弯钩。

5. 直径 $d \geqslant 28$mm 的受力钢筋连接应采用 _____，机械连接接头相互错开，其连接区段的长度为_____。焊接连接接头相互错开，其连接区段长度为_____，且不小于_____mm。

6. 纵向受拉钢筋的锚固长度与_____、_____、_____和_____有关。

二、选择题

1. 钢筋混凝土框架结构教学楼卫生间的环境类别属于（　　）。

 A. 一   B. 二 a   C. 二 b   D. 三 a

2. 教学楼抗震设防类别取（　　）。

 A. 甲类   B. 乙类   C. 丙类   D. 丁类

3. 钢筋混凝土框架柱，室内正常环境下强度等级为 C25 的混凝土保护层最小厚度为（　　）。

 A. 20mm   B. 25mm   C. 30mm   D. 40mm

4. 某三级框架梁，其下部配置纵向受拉钢筋 4⏀20，混凝土为 C25，该纵向受拉钢筋抗震锚固长度为（　　）。

 A. 700mm   B. 800mm   C. 840mm   D. 940mm

5. 某混凝土板，混凝土强度等级为 C25，纵向受力钢筋为 ⏀10@150，当同一区段搭接接头面积百分率小于 25% 时，其绑扎搭接长度为（　　）。

 A. 360mm   B. 400mm   C. 408mm   D. 460mm

6. 受拉钢筋抗震锚固长度不应小于（　　）mm。

 A. 200   B. 300   C. 400   D. 600

7. 纵向受拉钢筋锚固长度任何情况下不得小于（　　）mm。

 A. 250   B. 350   C. 400   D. 200

8. 当纵向受拉钢筋在施工中受扰动时，锚固长度查表数据应乘以（　　）系数。

 A. 1.1   B. 1.2   C. 1.3   D. 1.4

9. 当受拉钢筋直径大于（　　）不宜绑扎搭接。

 A. 25   B. 18   C. 22   D. 28

10. 22G101-1 图集中适用于抗震设防烈度为（　　）级。

 A. 6～9   B. 6～8   C. 1～10   D. 8

11. 当钢筋直径大于 25mm 时锚固长度需要考虑的系数是（　　）。

 A. 0.7   B. 0.8   C. 1.1   D. 1.25

12. （　　）时 $l_a = l_{aE}$。

 A. 四级抗震   B. 三级抗震   C. 二级抗震   D. 一级抗震

三、简答题

1. 什么是框架结构、剪力墙结构、框架-剪力墙结构？

2. 什么是震级、地震烈度、抗震设防烈度？

3. 我国抗震规范和高层规程综合考虑哪些因素来划分不同的抗震等级？

4. 当梁、柱、墙中钢筋的保护层厚度大于 50mm 时，宜对保护层混凝土采取什么构造措施？

5. 什么是受拉钢筋锚固长度？各类受拉钢筋锚固长度都有哪些用途？

项目一 混凝土结构施工图设计总说明识读

6. 钢筋连接接头设置时应遵循哪些原则?

7. 纵向受力钢筋采用绑扎搭接时，位于同一连接区段内的受拉钢筋搭接接头面积百分率有哪些要求?

8. 梁和柱纵筋间距构造有哪些要求?

9. 非焊接封闭箍筋末端应设弯钩，弯钩做法及长度要求有哪些?

10. 结构施工图内容和识读顺序有哪些?

1

CHAPTER

项目二　梁施工图平法识读

项目分析

栋梁一般比喻担负国家重任的人。在建筑上，框架梁的重要性仅次于框架柱。

框架梁是平法最先研发的对象，它受力虽然弱于框架柱，但它与框架柱、剪力墙统称为建筑的抗震构件，钢筋种类也最多，但有规律性，学习上要结合工程现场或微课视频逐一认识各个种类钢筋所处的位置及锚固方法，进行适当的计算验证，巩固所学知识。

任务目标

1. 了解悬挑梁、框支梁、井字梁构造详图。

2. 掌握梁施工图的表示方法，掌握楼层框架梁、屋面框架梁、非框架梁标准构造详图。

能力目标

能够识读梁结构施工图，并计算楼层框架梁、屋面框架梁、非框架梁各类钢筋。

梁的施工图，应先看图上各结构层的顶面标高及相应的结构层号，对于轴线未居中的梁，应标注与其定位轴线的尺寸（贴柱边的梁可不标注）。

任务 1　梁施工图的表示方法

梁平法施工图的表示方法可分为平面注写方式和截面注写方式。

一、平面注写方式

梁的平面注写方式是在梁平面布置图上，分别在不同编号的梁中各选一根梁，在其上注写截面尺寸和配筋具体数值，用此方式来表达梁平法施工图，如图 2-1 所示。

平面注写包括集中标注与原位标注，集中标注表达梁的通用数值，原位标注表达梁的特殊数值。当集中标注中的某项数值不适用于梁的某部位时，则将该项数值原位标注，施工时，优先取值原位标注。

（一）集中标注

梁集中标注的内容，有五项必注值及一项选注值，规定如下：

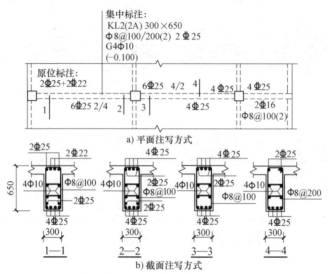

图 2-1　梁的平面注写方式与截面注写方式的对比

1. 梁编号

梁编号方式见表 2-1。

表 2-1　梁编号方式

梁类型	代号	序号	跨数及是否带有悬挑
楼层框架梁	KL	××	(××)(××A)或(××B)
楼层框架扁梁	KBL	××	(××)(××A)或(××B)
屋面框架梁	WKL	××	(××)(××A)或(××B)
框支梁	KZL	××	(××)(××A)或(××B)
托柱转换梁	TZL	××	(××)(××A)或(××B)
非框架梁	L	××	(××)(××A)或(××B)
悬挑梁	XL	××	(××)(××A)或(××B)
井字梁	JZL	××	(××)(××A)或(××B)

注：1. (××A) 为一端有悬挑，(××B) 为两端有悬挑，悬挑不计入跨数。

　　2. 楼层框架扁梁节点核心区代号为 KBH。

　　3. 非框架梁 L、井字梁 JZL 表示端支座为铰接，当其端支座上部纵筋充分利用钢筋的抗拉强度时，在梁的代号后面加 "g"。

　　4. 当非框架梁 L 按受扭设计时，梁代号后加 "N"。

【例 2-1】　(1) KL8 (6A)——表示第 8 号框架梁，6 跨，一端有悬挑。

(2) L3 (5B)——表示第 3 号非框架梁，5 跨，两端有悬挑。

(3) Lg8 (2)——表示第 8 号非框架梁，2 跨，端支座上部纵筋充分利用钢筋的抗拉强度。

(4) $L_N 8$ (2)——表示第 8 号非框架梁，2 跨，按受扭设计。

2. 梁截面尺寸

截面尺寸的标注方法如下：

（1）当梁为等截面梁时，用 $b×h$ 表示。其中 b 表示梁截面宽度，h 表示梁截面高度。

（2）当梁为竖向加腋梁时，用 $b×hYc_1×c_2$ 表示。其中 c_1 为腋长，c_2 为腋高，如图 2-2 所示。

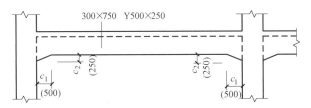

图 2-2　竖向加腋梁截面尺寸的标注

（3）当梁为水平加腋梁时，用 $b×hPYc_1×c_2$ 表示。其中 c_1 为腋长，c_2 为腋宽，如图 2-3 所示。

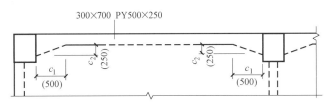

图 2-3　水平加腋梁截面尺寸的标注

（4）当有悬挑梁且根部和端部的高度不同时，用斜线分隔根部与端部的高度值，即为 $b×h_1/h_2$。其中 b 表示梁截面宽度，h_1 表示梁根部截面高度，h_2 表示梁端部截面高度，如图 2-4 所示。

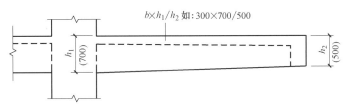

图 2-4　根部和端部高度不同的悬挑梁截面尺寸的标注

3. 梁箍筋

梁箍筋（图 2-5）的标注包括钢筋级别、直径、加密区与非加密区间距及肢数。箍筋加

图 2-5　梁箍筋

密区与非加密区的不同间距及肢数需用"/"分隔;当梁箍筋为同一种间距及肢数时,则不需用斜线;当加密区与非加密区的箍筋肢数相同时,则将肢数注写一次;箍筋肢数应写在括号内。加密区范围见相应抗震等级的标准构造详图。

【例 2-2】 Φ10@100/200(4)——箍筋为 HPB300 钢筋,直径 10mm,加密区间距为 100mm,非加密区间距为 200mm,均为四肢箍。

【例 2-3】 Φ8@100(4)/150(2)——箍筋为 HPB300 钢筋,直径 8mm,加密区间距为 100mm,四肢箍;非加密区间距为 150mm,两肢箍。

非框架梁、悬挑梁、井字梁采用不同的箍筋间距及肢数时,也用斜线"/"将其分隔开来。注写时,先注写梁支座端部的箍筋(包括箍筋的箍数、钢筋级别、直径、间距与肢数),在斜线后注写梁跨中部分的箍筋间距及肢数。

【例 2-4】 13Φ10@150/200(4)——箍筋为 HPB300 钢筋,直径 10mm;梁的两端各有 13 个,间距为 150mm;梁跨中部分,间距为 200mm;均为四肢箍。

【例 2-5】 18Φ12@150(4)/200(2)——箍筋为 HPB300 钢筋,直径 12mm;梁的两端各有 18 个四肢箍,间距为 150mm;梁跨中部分,间距为 200mm,两肢箍。

4. 梁上部通长筋或架立筋

梁的上部通长筋(图 2-6)是按照抗震要求设置的,沿梁上部全长布置,不间断,至少配置两根,可为相同或不同直径,采用搭接连接、机械连接或焊接的钢筋。当梁上部通长钢筋根数小于箍筋肢数时,需配置架立筋(图 2-6),用于固定箍筋并与下部受力钢筋一起形成钢筋骨架,所注规格与根数应根据结构受力要求及箍筋肢数等构造要求而定。当同排纵筋中既有通长筋又有架立筋时,应用加号"+"将通长筋和架立筋相连。注写时需将角部纵筋写在加号的前面,架立筋写在加号后面的括号内,以示不同直径及与通长筋的区别。当全部采用架立筋时,则将其写入括号内。

上部非通长筋

上部通长筋

架立筋

框架梁上部通长筋和架立钢筋

图 2-6 梁上部通长筋和架立筋

【例 2-6】 2Φ22——用于双肢箍;2Φ22+(4Φ12)用于六肢箍,其中 2Φ22 为通长筋,4Φ12 为架立筋。

当梁的上部纵筋和下部纵筋为全跨相同，且多数跨配筋相同时，此项可加注下部纵筋的配筋值，用分号";"将上部纵筋与下部纵筋的配筋值分隔开来。少数跨不同者，则将该项数值原位标注。

【例2-7】 3Φ22；3Φ20——梁的上部配置3Φ22的通长筋，梁的下部配置3Φ20的通长筋。

5. 梁侧面纵向构造钢筋或受扭钢筋

当梁腹板高度 $h_w \geq 450$mm时，有可能在梁侧面产生垂直于梁轴线的收缩裂缝，为此应在梁的两侧沿梁长度方向，按构造要求布置纵向构造钢筋（又称腰筋），所注规格与根数应符合规范规定。此项注写值以大写字母"G"打头，注写配置在梁两个侧面的总配筋值，且对称配置。

【例2-8】 G4Φ12——梁的两个侧面共配置4Φ12的纵向构造钢筋，每侧各配置2Φ12。

在弧形梁等受扭梁中，根据计算需配置受扭钢筋，受扭钢筋应沿梁截面周边布置，位置和梁侧纵向构造钢筋类似。此项注写值以大写字母"N"打头，但间距不应大于200mm，遵循沿周边布置及按受拉钢筋锚固在支座内的原则。注写配置在梁两个侧面的总配筋值，且对称配置。受扭钢筋应满足梁侧面纵向构造钢筋的间距要求，且不再重复配置纵向构造钢筋。

【例2-9】 N6Φ22——梁的两个侧面共配置6Φ22的受扭钢筋，每侧各配置3Φ22。

6. 梁顶面标高高差

梁顶面标高高差，是指相对于结构层楼面标高的高差值；对于位于结构夹层的梁，则是指相对于结构夹层楼面标高的高差。有高差时，需将其写入括号内，无高差时不注。

【例2-10】 某结构标准层的楼面标高为44.950m和48.250m，当某梁的梁顶面标高高差注写为（-0.050）时，即表明该梁顶面标高分别相对于44.950m和48.250m低0.05m。

【例2-11】 如图2-7所示，某框架梁的集中标注解释。

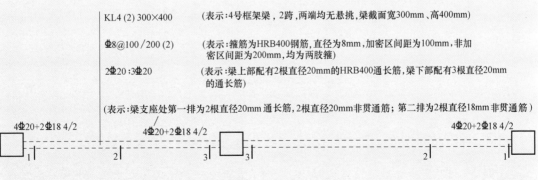

图2-7 某框架梁的集中标注解释

【例2-12】 图2-1所示梁的集中标注各表示什么意思？

答：KL2（2A）300×650，表示2号框架梁，2跨，一端有悬挑，梁的截面尺寸为宽300mm、高650mm。Φ8@100/200（2） 2Φ25，表示箍筋为HPB300的钢筋，直径8mm，加密区间距为100mm，非加密区间距为200mm，均为两肢箍；上部通长筋为2根直径为25mm的HRB400钢筋。G4Φ10，表示梁的两个侧面共配置4根直径10mm的HPB300纵向构造钢筋，每侧各配置2根。（-0.100），表示梁顶面标高比该结构层的楼面标高低0.100m。

（二）原位标注

原位标注的内容，规定如下：

1. 梁支座上部纵筋

梁支座上部纵筋是指标注该部位含通长筋在内的所有纵筋。

（1）当上部纵筋多于一排时，用斜线"/"将各排纵筋自上而下分开。

【例2-13】 梁支座上部纵筋注写为6Φ25 4/2，表示上一排纵筋为4Φ25，下一排纵筋为2Φ25。

（2）当同排纵筋有两种直径时，用"+"将两种直径的纵筋相连，角部纵筋写在前面。

【例2-14】 梁支座上部有4根纵筋，2Φ25放在角部，2Φ22放在中部，在梁支座上部应注写为2Φ25+2Φ22。

（3）当梁中间支座两边的上部纵筋不同时，须在支座两边分别标注配筋值；当梁中间支座两边的上部纵筋相同时，可在支座的一边标注配筋值，另一边省去不注，如图2-8所示。

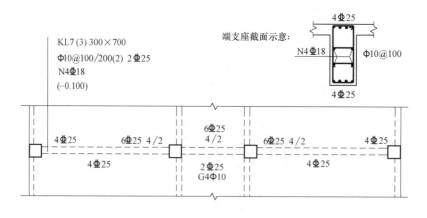

图2-8 大小跨梁的注写示意图

2. 梁下部纵筋

（1）当下部纵筋多于一排时，用斜线"/"将各排纵筋自上而下分开。

【例2-15】 梁下部纵筋注写为6Φ25 2/4，表示上一排纵筋为2Φ25，下一排纵筋为4Φ25，全部伸入支座。

（2）当同排纵筋有两种直径时，用加号"+"将两种直径的纵筋相连，角筋写在前面。

（3）当梁下部纵筋不全部伸入支座时，梁支座下部纵筋减少的数量写在括号内。

【例 2-16】　梁下部纵筋注写为 6Φ25　2（-2）/4，表示上排纵筋为 2Φ25，不伸入支座；下一排纵筋为 4Φ25，全部伸入支座。

【例 2-17】　梁下部纵筋注写为 2Φ25+3Φ22（-3）/5Φ25，表示上排纵筋为 2Φ25 和 3Φ22，其中 3Φ22 不伸入支座；下一排纵筋为 5Φ25，全部伸入支座。

（4）当梁的集中标注中已分别注写了梁上部、下部均为通长的纵筋值时，则不需在梁下部重复做原位标注。

（5）当梁设置竖向加腋时，加腋部位下部斜纵筋应在支座下部以 Y 打头注写，如图 2-9 所示。

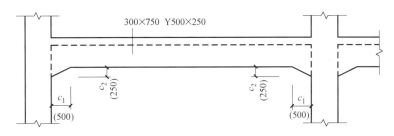

图 2-9　梁竖向加腋截面注写方式

当梁设置水平加腋时，水平加腋内上、下部斜纵筋应在加腋支座上部以 PY 打头注写，上下部斜纵筋之间用"/"分隔，如图 2-10 所示。

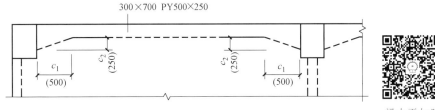

梁水平加腋

图 2-10　梁水平加腋截面注写方式

3. 梁上集中标注内容

当在梁上集中标注的内容（即梁截面尺寸、箍筋、上部通长筋或架立筋，梁侧面纵向构造筋或受扭纵向筋以及梁顶面标高高差中的某一项或几项数值）不适用于某跨或某悬挑部分时，则将其不同数值原位标注在该跨或该悬挑部位，施工时应按原位标注数值取用。

当多跨梁的集中标注中已注明加腋，而该梁某跨的根部却不需要加腋时，则应在该跨原位标注等截面的 $b×h$，以修正集中标注中的加腋信息。

4. 附加箍筋或吊筋

附加箍筋或吊筋（图 2-11）直接画在平面图的主梁上，附加箍筋的肢数注在括号内，并用线引注总配筋值，如图 2-12 所示。

图 2-11　附加吊筋

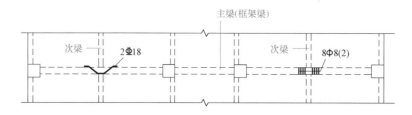

图 2-12　附加箍筋与吊筋平面注写方式

二、截面注写方式

截面注写方式是在分标准层绘制的梁平面布置图上，分别在不同编号的梁中各选择一根梁用剖面号引出配筋图，并在其上注写截面尺寸和配筋具体数值的方式来表达梁平法施工图，如图 2-1b 所示。

截面注写方式既可以单独使用，也可与平面注写方式结合使用。当梁纵向受力钢筋采用并筋时，应采用截面注写方式绘制梁平法施工图。

【综合练习】

1. 识读如图 2-13 所示 15.870～26.670 梁平法施工图中 KL1、KL2、KL3、KL4、L1、L4 的集中标注和原位标注。

2. 识读附录 A 图纸中 −0.050m 楼层梁配筋图中的 KL1、KL2、KL3、K1 的集中标注和原位标注。

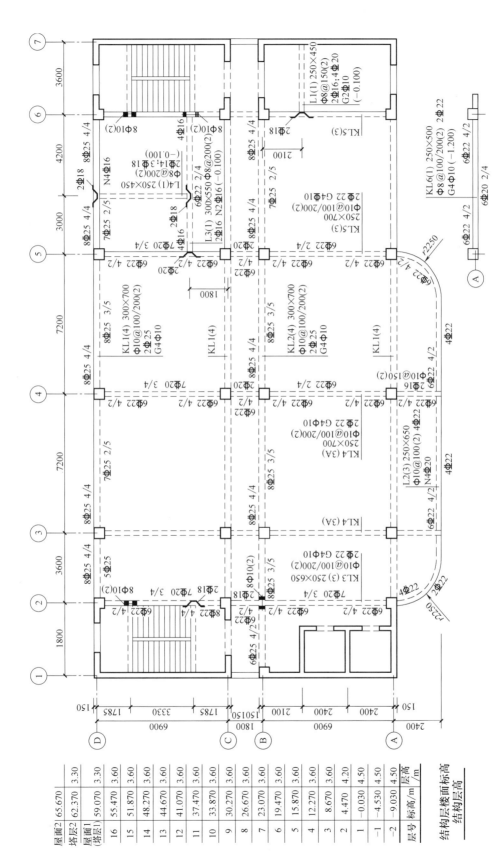

图2-13 15.870~26.670梁平法施工图

任务2 楼层框架梁、屋面框架梁、非框架梁配筋构造详图

一、楼层框架梁 KL

常见楼层框架梁构件中主要有纵向钢筋、箍筋和其他钢筋，见表2-2。

表2-2 楼层框架梁各类钢筋类型

钢筋	纵向钢筋	受力钢筋	上部通长筋
			端支座非贯通筋
			中间支座非贯通筋
			下部钢筋
			侧面受扭钢筋
		构造钢筋	侧面构造钢筋
			架立筋
	箍筋	双肢箍筋	—
		多肢箍筋	
	其他钢筋	附加筋（吊筋）	
		拉筋	

楼层框架梁纵向钢筋构造，如图2-14、图2-15所示。

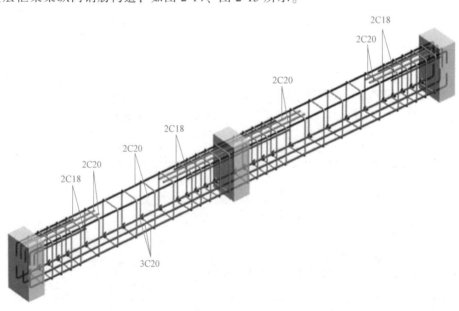

图2-14 楼层框架梁纵向钢筋立体构造（在广联达软件中，C代表⊈）

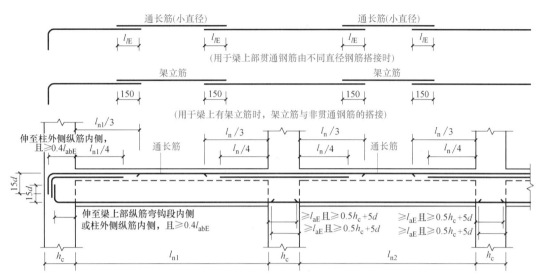

图 2-15 楼层框架梁纵向钢筋构造

(一)梁支座上部纵筋

1. 上部通长筋的计算

端支座锚固长度的确定：①纵向钢筋除架立钢筋和不伸入支座的下部钢筋外，都有锚固长度，钢筋长度的计算等于受力净（跨）长+锚固长度。②对于支座锚固形式优先采用直锚，能直锚则直锚，不能直锚则弯锚。③直锚条件是 h_c-c（保护层厚度）$\geq l_{aE}$ 且 $\geq 0.5h_c+5d$，取 max（l_{aE}，$0.5h_c+5d$）。④不能直锚则弯锚，弯锚平直部

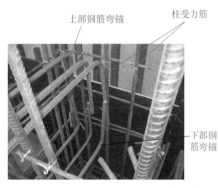

图 2-16 框架梁与柱连接处构造

分长度 $\geq 0.4l_{abE}$，弯锚部分长度 $\geq 15d$，弯锚段计算公式 $h_c-c+15d$，如图 2-16~图 2-18 所示。

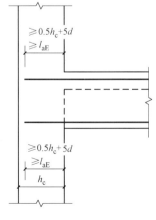

图 2-17 端支座直锚构造

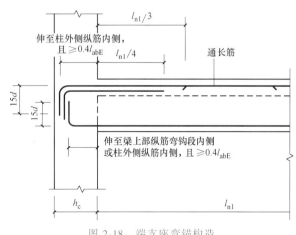

图 2-18 端支座弯锚构造

上部通长筋长度=梁净长(各跨长之和−左跨梁左支座长度−右跨梁右支座长度)+左、右跨支座锚固长度+搭接长度(不是搭接只计算接头数量)

【例 2-18】 计算附录 A 图纸第 14 张⑨轴线上 KL4 的上部通长钢筋长度。

查图纸总说明得：该楼三级抗震，柱、梁保护层厚度 $c=25\text{mm}$，C30 混凝土，直螺纹连接，钢筋定尺每 9m 一根，上部通长钢筋为 $2\Phi20$。

计算过程：

查表 1-8 得 $l_{\text{abE}}=37d$，

BD 轴线间净跨=9000mm−120mm−280mm=8600mm

BC 轴线间净跨=7200mm−280mm−300mm=6620mm

CD 轴线间净跨=1800mm−100mm−120mm=1580mm

上部通长筋：$2\Phi20$

判断两端支座锚固方式：$l_{\text{aE}}=l_{\text{abE}}=37d=37\times20\text{mm}=740\text{mm}$

左右端支座 400mm−25mm=375mm$<l_{\text{aE}}$，两端支座均弯锚；弯锚水平段长度 375mm$>$

$0.4l_{\text{abE}}=0.4\times740\text{mm}=296\text{mm}$，满足要求，支座锚固长度=375mm+15×20mm=675mm

上部通长钢筋长度=8600mm+675mm×2=9950mm

直螺纹接头个数=（9950/9000−1）个=1 个。

2. 端支座上部非贯通筋 （如图 2-15、图 2-18 所示）

端支座上部上排非贯通筋长度=端支座锚固长度+净跨/3 （l_{n}/3）

端支座上部下排非贯通筋长度=端支座锚固长度+净跨/4 （l_{n}/4）

【例 2-19】 计算附录 A 图纸第 14 张⑨轴线上 KL4 端支座上部非贯通筋长度。

Ⓑ轴支座上部上排钢筋为 $3\Phi20$，其中 $2\Phi20$ 为贯通筋，$1\Phi20$ 为非贯通筋；上排非贯通筋长度=675mm+6620mm/3=2882mm。

Ⓑ轴支座上部下排非贯通筋为 $2\Phi18$，支座锚固长度=375mm+15×18mm=645mm，下排非贯通筋长度=645mm+6620mm/4=2300mm。

3. 中间支座上部非贯通筋

（1） 当相邻两跨的净跨长度差不大时，上部纵向非贯通筋伸出长度按较大跨度净跨 l_{n} 长度的 1/3 （第一排）或 1/4 （第二排）计算，两端伸出柱边的长度一样，又俗称扁担筋，如图 2-14 所示。

中间支座上部上排非贯通筋长度 $= h_{\text{c}}$（柱宽度）$+(l_{\text{n}}/3)\times2$

中间支座上部下排非贯通筋长度 $= h_{\text{c}}$（柱宽度）$+(l_{\text{n}}/4)\times2$

式中 l_{n}——支座两边较大一跨的净跨值。

（2） 当相邻两跨的净跨长度差较大时，一般按施工图设计文件的要求，小跨上部纵向非贯通筋通长设置如图 2-19 所示。

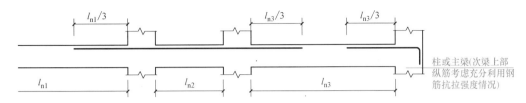

图 2-19　小跨上部纵向非贯通筋通长设置

【例 2-20】　计算附录 A 图纸第 14 张⑨轴线上 KL4©①轴上部非贯通筋长度。

©①轴上部上排非贯通筋为 1⊕20，①轴上弯锚长度为 675mm（见【例 2-18】）。

6620mm/3+400mm+1580mm+675mm=4862mm

©①轴支座上部下排非贯通筋为 2⊕18，①支座锚固长度 =375mm+15×18mm=645mm。

6620mm/4+400mm+1580mm+645mm=4280mm

4. 架立钢筋

架立钢筋与支座非贯通筋搭接，搭接长度为 150mm，如图 2-20、图 2-21 所示。

计算长度 = 每跨净长 - 左、右两边伸出支座的负筋长度 +150×2。

思考：计算长度直接取 $1/3l_n$ +150×2 可以吗？

图 2-20　架立钢筋构造（1）

图 2-21　架立钢筋构造（2）

（二）梁侧面钢筋

1. 纵向构造筋和拉筋

纵向构造筋和拉筋如图 2-22、图 2-23 所示，纵向构造钢筋间距 $a \leqslant 200$mm。

当梁宽≤350mm 时，拉筋直径为 6mm；当梁宽>350mm 时，拉筋直径为 8mm。拉筋间距为非加密区箍筋的 2 倍。当设有多排时，上下两排拉筋竖向错开设置。纵向构造钢筋搭接和锚固长度取 15d。

计算公式：　　　　　纵向构造钢筋长度 = 梁跨净长 +15d×2

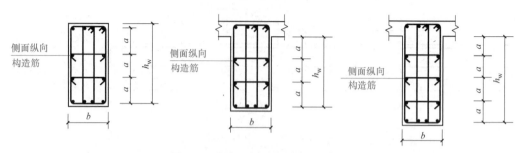

图 2-22　梁侧面纵向构造筋和拉筋

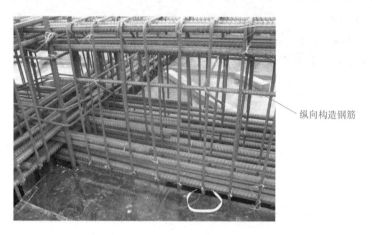

图 2-23　框架梁钢筋构造

$$拉筋长度 = 梁宽 - 2×保护层 + 2d(拉筋直径) + 2×[\max(75,10d) + 1.9d]$$

【例 2-21】　计算附录 A 图纸第 14 张⑨轴线上 KL4 梁Ⓑ Ⓒ轴纵向构造钢筋长度。

Ⓑ Ⓒ轴纵向构造钢筋为 4 ⏀ 12，纵向构造钢筋长度 = 6620mm + 15×12mm×2 = 6980mm。

拉筋 ϕ 6，间距为 400mm，拉筋长度 = 240mm - 2×25mm + 2×6mm + 2×[$\max$ (75，10× 6mm) + 1.9×6mm] = 375mm。

根数 = [(6620 - 50×2)÷400]根 + 1 根 = 18 根(拉筋起始距离为 50mm)

2. 受扭钢筋

受扭纵筋搭接长度为 l_{lE}（框架梁）或 l_l（非框架梁）；其锚固长度与方式同梁下部钢筋。

$$受扭钢筋长度 = 梁跨净长 + 左、右端支座锚固长度$$

【例 2-22】　计算附录 A 图纸第 14 张①轴 KL1 受扭钢筋 N4 ⏀ 12。

查表 1-8 得 $l_{abE} = 37d$，Ⓑ Ⓒ轴线间净跨 = 7200mm - 280mm - 300mm = 6620mm

判断两端支座锚固方式：$l_{aE} = l_{abE} = 37d = 37×12mm = 444mm$，左、右端支座 400mm - 25mm = 375mm $< l_{aE}$，B 支座弯锚，C 支座直锚（钢筋位于中部）；B 支座弯锚水平段长度 375mm > $0.4l_{abE} = 0.4×444mm = 178mm$，满足要求，支座锚固长度 = 375mm + 15×12mm = 555mm。

受扭钢筋长度 = 6620mm + 555mm + 444mm = 7619mm

（三）框架梁下部钢筋

（1）框架梁端支座的构造要求，伸入支座内长度$\geqslant l_{aE}$，可直锚，不能直锚时，可弯锚，水平段长度$\geqslant 0.4l_{abE}$，弯锚$15d$，如图2-18所示。

（2）梁下部钢筋根据钢筋长度可分跨布置也可通长布置。

1）分跨布置时，框架梁下部纵向受力钢筋在中间支座节点核心区范围内应尽量直锚，伸入支座内长度$\geqslant l_{aE}$，且应伸过柱中心线$5d$，如图2-24所示；当不能直锚时需弯锚，弯折$15d$，当下部纵向受力钢筋比较多，采用弯折锚固时大量钢筋交错，影响混凝土浇筑质量，只有当支座两边梁宽不同或错开布置时，将无法直通的纵筋弯锚入柱内，或当支座两边纵筋根数不同时，可将多出的纵筋锚入柱内，如图2-25所示。

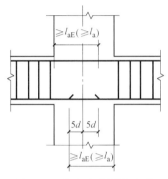

图2-24　在支座范围内直锚

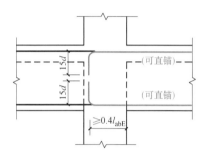

图2-25　在支座范围内弯锚

梁下部钢筋下料长度＝梁净长+左、右跨支座锚固长度

2）通长布置时，在节点范围之外进行连接，连接位置距离支座边缘不应小于1.5倍梁的有效高度，宜避开梁端箍筋加密区，且设在距支座1/3净跨范围之内，如图2-26所示。

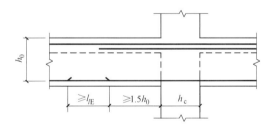

图2-26　框架梁（屋面框架梁）中间节点下部钢筋在节点外搭接

3）以上两条可同时使用，以保证节点范围内钢筋不至于过密，从而保证混凝土的浇筑质量。

4）不宜在非连接区进行连接，当必须在非连接区进行连接时，应采用机械连接，接头面积百分率不大于50%。

5）框架梁有高差时的几种构造：①底部有高差时，低跨的下部钢筋能直锚的则直锚，直锚长度＝l_{aE}；无法直锚的，伸至柱对边弯折$15d$。②当梁上或底部高差较小时，满足下列条件，纵筋可以连续布置。顶部有高差时，顶面低的梁上部钢筋直锚l_{aE}，顶面高的梁上部钢筋弯折$15d$，如图2-27、图2-28所示。

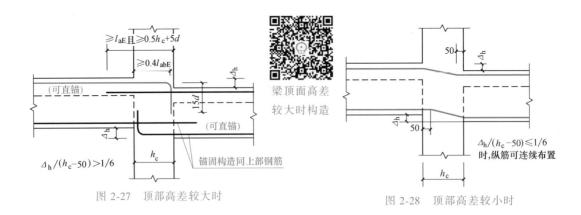

图 2-27 顶部高差较大时

图 2-28 顶部高差较小时

【例 2-23】 计算附录 A 图纸第14张⑨轴线上 KL4 下部钢筋长度。

查表 1-8 得 $l_{abE} = 37d$。

分析：该梁ⒷⒸ轴梁高 600mm，ⒸⒹ轴梁高 450mm，属于变截面，（600mm－450mm）÷（400mm－50mm）= 0.43>1/6，ⒷⒸ轴下部钢筋在Ⓒ轴支座处按端支座弯锚，ⒸⒹ轴梁下部钢筋在Ⓒ轴支座处直锚，在Ⓓ轴处弯锚。

ⒷⒸ轴线间净跨＝7200mm－280mm－300mm＝6620mm

ⒸⒹ轴线间净跨＝1800mm－100mm－120mm＝1580mm

ⒷⒸ轴下部上排钢筋为 2⌀16，在两个端支座弯锚长度为 400mm－25mm+15×16mm＝615mm，ⒷⒸ轴下部上排钢筋下料长度＝6620mm+615mm×2＝7850mm。

ⒷⒸ轴下部下排钢筋为 3⌀20，在两个端支座弯锚长度为 400mm－25mm+15×20mm＝675mm，ⒷⒸ轴下部下排钢筋下料长度 6620mm+675mm×2＝7970mm。

ⒸⒹ轴下部钢筋为 3⌀16，在Ⓒ支座处直锚长度为 37×16mm＝592mm，在Ⓓ支座弯锚长度为 400mm－25mm+15×16mm＝675mm，ⒸⒹ轴下部钢筋下料长度 592mm+1580mm+675mm＝2847mm。

6）框架梁不伸入支座的下部钢筋，距支座边距离为 $0.1l_{ni}$（l_{ni} 为梁净跨长）截断，如图 2-29 所示。

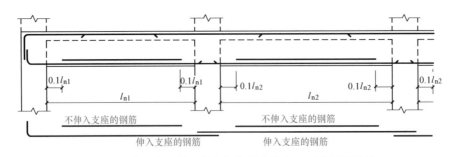

图 2-29 不伸入支座梁下纵向钢筋断点构造（不适用框支梁）

（四）集中力处附加钢筋计算

（1）附加箍筋。应在集中荷载两侧分别设置附加箍筋，设置在主次梁交接处主梁上，每侧不少于 2 个，梁内原箍筋照常放置。第一个箍筋距梁内的次梁边缘为 50mm，配置的长

度为 $s = 2h_1 + 3b$；当次梁的宽度 b 较大时，可适当减小附加横向钢筋的布置长度。不允许用布置在集中力荷载影响区内的受剪箍筋代替附加横向钢筋。附加箍筋同梁中其他箍筋，如图 2-30 所示。

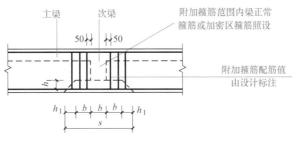

图 2-30　附加箍筋构造

（2）附加吊筋。每个集中力处也可设置吊筋，不少于 $2\phi12$；吊筋下端的水平段要伸至梁底部的纵向钢筋处；弯起段应伸至梁上边缘处且加水平段长度 $20d$。吊筋的弯起角度，当主梁高度不大于 800mm 时，弯起角度为 $45°$；当主梁高度大于 800mm 时，弯起角度为 $60°$，如图 2-31 所示。

吊筋下料长度 = 次梁宽度 + 2×50 + 斜段长度×2 + 2×20d

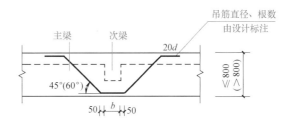

图 2-31　附加吊筋构造

（五）纵筋搭接连接方式

梁上部通长钢筋连接位置宜位于跨中 $l_{ni}/3$ 范围内，搭接长度 l_l（按小直径搭接）；梁下部钢筋不能在柱内锚固时，连接位置可在节点 $1.5h_0$ 外搭接，并位于支座 $l_{ni}/3$ 范围内；相邻跨钢筋直径不同时，搭接位置位于较小直径一跨，搭接范围内箍筋应加密，如图 1-16、图 3-26 所示，且在同一连接区内钢筋接头面积百分率不宜大于 50%。一级抗震框架梁宜采用机械连接，二、三、四级可采用绑扎连接和焊接连接。

（六）箍筋构造及计算

（1）框架梁 KL、WKL 的箍筋构造。加密区范围取值：抗震等级为一级，取 max（$2h_b$，500）；抗震等级为二～四级，取 max（$1.5h_b$，500），如图 2-32、图 2-33 所示。

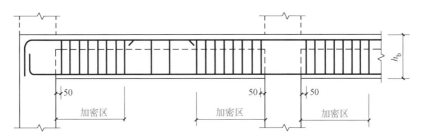

加密区：抗震等级为一级：$\geq 2h_b$ 且 ≥ 500
　　　　抗震等级为二～四级：$\geq 1.5h_b$ 且 ≥ 500

图 2-32　框架梁 KL、WKL 箍筋加密区范围

图 2-33 框架梁 KL 箍筋加密区范围

箍筋计算公式：

$$双肢箍筋外包长度=截面周长-8×保护层厚度+2×\max(10d,75)+2×1.9d$$

一级抗震箍筋计算：加密区长度为 $2h_b$

二~四级抗震箍筋计算：加密区长度为 $1.5h_b$

箍筋根数计算（第 1 根箍筋距柱边 50mm）：

$$加密区根数=(加密区长度-50)/加密间距+1$$

$$非加密区根数=非加密区长度/非加密间距-1$$

$$箍筋长度=单根长度×总根数$$

【例 2-24】 计算附录 A 图纸第 14 张⑨轴线上 KL4 箍筋。

Ⓑ Ⓒ轴线间净跨=7200mm-280mm-300mm=6620mm

Ⓒ Ⓓ轴线间净跨=1800mm-100mm-120mm=1580mm

（1）Ⓑ Ⓒ跨箍筋：

BC 箍筋外包长度=$(b+h)×2-8c+(1.9d+10d)×2=(240mm+600mm)×2-25mm×8+2×$ 11.9×8mm=1671mm

箍筋加密区长度=1.5×600mm=900mm

加密区根数=[（900-50）÷100+1]根=10 根

非加密区长度=[（6620-900×2）÷200-1]根=23.1 根≈24 根

合计：10 根×2+24 根=44 根

（2）Ⓒ Ⓓ跨箍筋：

Ⓒ Ⓓ箍筋外包长度=$(b+h)×2-8c+(1.9d+10d)×2=(240mm+450mm)×2-25mm×8+2×$ 11.9×8mm=1371mm

箍筋根数=[（1580-50×2）÷100+1]根=16 根

总长度=1671mm×44+1371mm×16=95460mm

（2）尽端为梁的 KL、WKL 箍筋，梁端的位置箍筋构造可不设加密区，梁端箍筋规格和数量由设计指定，如图 2-34 所示。

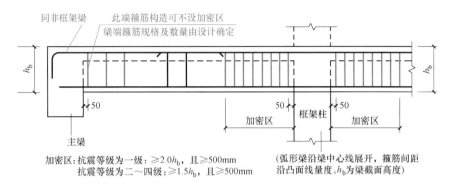

图 2-34　框架梁端部为主梁的箍筋加密构造

（3）特殊位置箍筋构造，如图 2-35、图 2-36 所示。

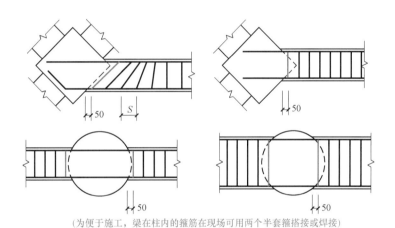

图 2-35　梁与方柱斜交或与圆柱相交时箍筋起始位置

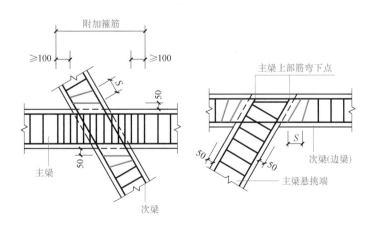

图 2-36　主次梁斜交处箍筋构造

（七）框架梁水平和竖向加腋钢筋构造（图2-37、图2-38）

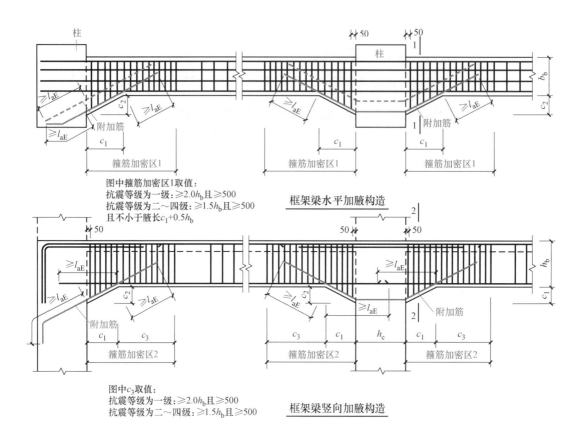

图中箍筋加密区1取值：
抗震等级为一级：≥2.0h_b且≥500
抗震等级为二～四级：≥1.5h_b且≥500
且不小于腋长c_1+0.5h_b

框架梁水平加腋构造

图中c_3取值：
抗震等级为一级：≥2.0h_b且≥500
抗震等级为二～四级：≥1.5h_b且≥500

框架梁竖向加腋构造

图2-37　框架梁水平和竖向加腋钢筋构造

（八）框架梁支座为主梁、剪力墙的构造

1. 一端为剪力墙的构造

支座一端支座是框架柱，另一端为剪力墙的框架梁，有三种处理方式。

（1）与剪力墙平面外连接，当墙厚较小时，按非框架梁考虑，如图2-39所示。

（2）与剪力墙平面外连接，当墙厚较大或有扶壁柱时，按框架梁考虑，如图2-40所示。

（3）与剪力墙平面内连接，按剪力墙连梁考虑。

2. 一端为框架梁的构造

框架梁一端支座是框架柱，另一端支座是框架梁，支座为框架柱的一端，按框架梁节点处理；支座为主梁的一端时，按非框架梁的节点处理，如图2-40所示。

竖向加腋钢筋

图2-38　框架梁竖向加腋钢筋构造

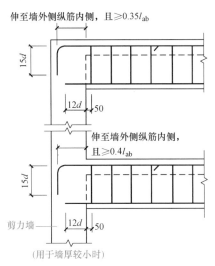

图 2-39　框架梁与剪力墙平面外连接（1）

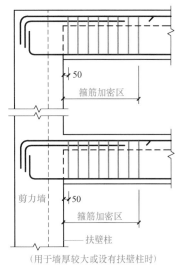

图 2-40　框架梁与剪力墙平面外连接（2）

二、屋面框架梁 WKL

1. 端部节点构造

与楼面框架梁纵向钢筋构造不同之处，以"柱包梁"形式为例，屋面梁上部钢筋伸到端部弯折到梁底，而一般楼层弯折 $15d$，下部钢筋没有变化，见表 2-3。

表 2-3　屋面框架梁端部节点与楼层框架梁构造比较

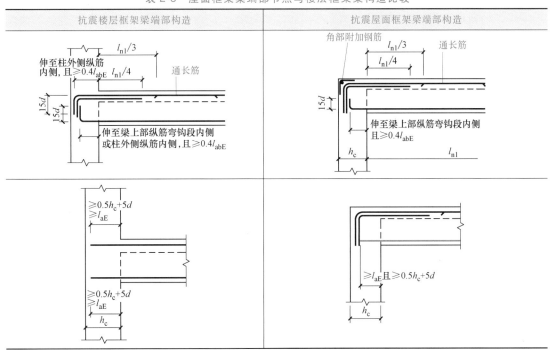

抗震楼层框架梁端部构造	抗震屋面框架梁端部构造

2. 中间支座钢筋构造

当屋面框架梁下部高差较小时可弯折穿过。下部高差较大时，如图 2-41a 所示。当屋面框架梁上部有高差时，顶面高的梁上部筋弯折，弯折长度为高差$+l_{aE}$，如图 2-41b 所示。支座两边梁截面宽度不同或错开布置时，将无法直通的纵筋弯锚入柱内，上部钢筋需弯折一个锚固长度，如图 2-41c 所示。

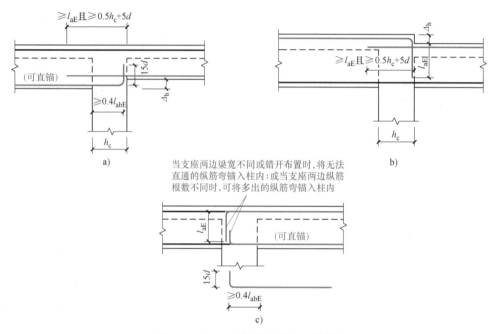

图 2-41　WKL 中间支座纵向钢筋构造

其他钢筋和楼层框架梁 KL 一致。

【例 2-25】　附录 A 图纸第 15 张②轴线 WKL2 的钢筋计算。

查图纸总说明得：该楼三级抗震，柱保护层厚度25mm，梁保护层厚度25mm，C25混凝土，直螺纹连接，钢筋定尺每9m一根，上部通长钢筋为2Φ20。采用"柱包梁"锚固方式。

计算过程：

查表 1-8 得 $l_{abE}=37d$。

$\textcircled{B}\textcircled{D}$轴线间净跨 $=9000\text{mm}-120\text{mm}-280\text{mm}=8600\text{mm}$

$\textcircled{B}\textcircled{C}$轴线间净跨 $=7200\text{mm}-280\text{mm}-300\text{mm}=6620\text{mm}$

$\textcircled{C}\textcircled{D}$轴线间净跨 $=1800\text{mm}-100\text{mm}-120\text{mm}=1580\text{mm}$

（1）上部通长筋 2Φ20。

左、右端支座弯锚到梁底，弯锚长度 $=400\text{mm}-25\text{mm}+600\text{mm}-25\text{mm}=950\text{mm}$

上部通长钢筋长度 $=8600\text{mm}+950\text{mm}\times2=10500\text{mm}$

直螺纹接头个数 $=[10500/9000-1]$ 个 $=1$ 个

（2）$\textcircled{B}$轴支座上部非通长筋 2Φ16。

$\textcircled{B}$轴支座上部非通长筋长度 $=950\text{mm}+6620\text{mm}/3=3157\text{mm}$

（3）$\textcircled{C}\textcircled{D}$轴上部非通长筋 2$\Phi$20。

$\textcircled{C}\textcircled{D}$轴上部非通长筋长度 $=6620\text{mm}/3+400\text{mm}+1580\text{mm}+950\text{mm}=5137\text{mm}$

（4）$\textcircled{B}\textcircled{C}$轴纵向构造钢筋 4$\Phi$12。

ⒷⒸ轴纵向构造钢筋长度=6620mm+15×12mm×2=6980mm

（5）下部钢筋长度。

分析：该梁ⒷⒸ轴梁高600mm，ⒸⒹ轴梁高450mm，属于变截面，（600mm－450mm）÷（400mm－50mm）=0.43>1/6，ⒷⒸ轴下部钢筋在Ⓒ轴支座处按端支座弯锚，Ⓒ Ⓓ轴梁下部钢筋在Ⓒ轴支座处直锚，在Ⓓ轴支座处弯锚。

ⒷⒸ轴下部上排钢筋2Φ16，在两个端支座弯锚长度为400mm－25mm+15×16mm=615mm，ⒷⒸ轴下部上排钢筋长度=6620mm+615mm×2=7850mm。

ⒷⒸ轴下部下排钢筋3Φ20，在两个端支座弯锚长度为400mm－25mm+15×20mm=675mm，ⒷⒸ轴下部下排钢筋长度=6620mm+675mm×2=7970mm。

ⒸⒹ轴下部钢筋2Φ16，在Ⓒ支座处直锚长度为37×16mm=592mm，在Ⓓ支座弯锚长度为400mm－25mm+15×16mm=675mm，ⒸⒹ轴下部钢筋长度=592mm+1580mm+675mm=2847mm。

（6）箍筋计算。

ⒷⒸ段箍筋外包长度=(b+h)×2－8c+(1.9d+10d)×2=(240mm+600mm)×2－25mm×8+2×11.9×8mm=1671mm

箍筋加密区长度=1.5×600mm=900mm

加密区根数=(900mm－50)÷100mm+1=10根

非加密区长度=[(6620－900×2)÷200－1]根=23.1根≈24根

合计：10根×2+24根=44根

ⒸⒹ段箍筋外包长度=(b+h)×2－8c+(1.9d+10d)×2=(240mm+450mm)×2－25mm×8+2×11.9×8mm=1371mm

箍筋根数=[(1580－50×2)÷100]根+1根=16根

总长度=1671mm×44+1371mm×16=95460mm

3. 局部屋面框架梁构造

局部屋面框架梁构造如图2-42所示，框架梁局部节点为屋面框架梁时，节点执行屋面框架梁要求。

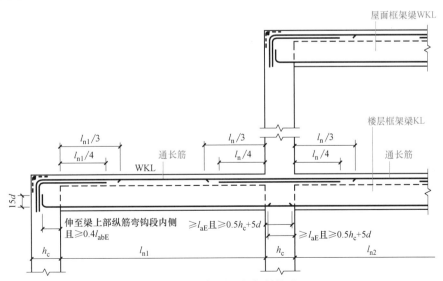

图2-42　局部屋面框架梁构造

三、非框架梁配筋构造

1. 端支座处上部钢筋构造

非框架梁上部纵向钢筋在端支座锚固时，分为"充分利用钢筋的抗拉强度"及"设计按铰接"两种情况。

（1）"充分利用钢筋的抗拉强度"是指支座上部非贯通钢筋按计算配置，承受支座负弯矩，此时该梁用 L_g 表示；支座上部非贯通钢筋伸至主梁外侧纵筋内侧后向下弯折，直段长度 $\geq 0.6l_{ab}$，弯折段长度 $15d$。当伸入支座内长度 $>l_a$ 时，可不弯折，如图 2-43 所示。

（2）"设计按铰接"是指理论上支座无负弯矩，实际上仍受到部分约束，因此在支座区上部设置纵向构造钢筋；此时支座上部非贯通钢筋伸至主梁外侧纵筋内侧后向下弯折，直段长度 $\geq 0.35l_{ab}$，弯折段长度 $15d$；当伸入支座内长度 $\geq l_a$ 时，可直锚，如图 2-43 所示。

（3）当端支座为中间层剪力墙时，图 2-43 中 $0.35l_{ab}$、$0.6l_{ab}$ 调整为 $0.4l_{abE}$。

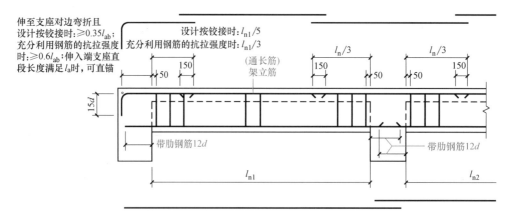

图 2-43　非框架梁配筋构造

2. 非框架梁下部纵向钢筋在中间支座和端支座的锚固长度

带肋钢筋直锚长度为 $12d$，当不满足直锚要求时，可弯折 135° 弯钩，平直段长度 $\geq 5d$；当弯折 90° 弯钩时，平直段长度 $\geq 12d$。如图 2-44 所示。

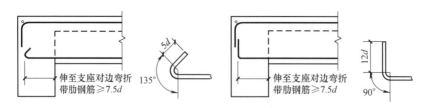

图 2-44　端支座非框架梁下部纵向钢筋弯锚构造

3. 非框架梁支座上部非贯通筋

中间支座伸入跨中长度为 $l_n/3$（l_n 为左右跨较大值）。对于端支座，上部非通长筋伸向跨内长度，设计按铰接时为 $l_{n1}/5$；充分利用钢筋的抗拉强度时，为 $l_{n1}/3$，弧形非框架梁同直形，如图 2-43 所示。

4. 非框架梁中间支座钢筋构造（有变化时）

梁截面中间支座下部有高差时，分别锚固，如图 2-45a 所示。

非框架梁上部有高差时，需弯折高差 $\Delta s + l_a$，如图 2-45a 所示。当支座两边梁宽度不同时或错开布置时，将无法直通的上部纵筋弯锚入梁内，当支座两边纵筋根数不同时，可将多余的上部纵筋弯锚入梁内，弯折长度 $15d$，如图 2-45b 所示，下部钢筋如图 2-43、图 2-44 所示。

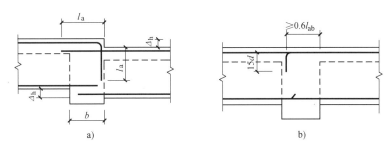

图 2-45　非框架梁中间支座纵向钢筋构造

5. 当梁上部有通长钢筋时构造

当梁上部有通长钢筋时，连接位置宜位于跨中 $l_n/3$ 范围内；下部钢筋连接位置宜位于支座 $l_n/4$ 范围内；且在同一连接区段内钢筋接头面积百分率不宜大于 50%。采用搭接连接时，搭接长度 l_1，搭接长度范围内箍筋应加密。

6. 配有受扭纵向钢筋的非框架梁构造

受扭的梁构造要求不同于普通非框架梁。

（1）梁上部纵向钢筋，按"充分利用钢筋的抗拉强度"锚固在端支座内；伸至主梁外侧纵筋内侧后向下弯折，直段长度 $\geqslant 0.6 l_{ab}$，弯折段 $15d$。当伸入支座内长度 $\geqslant l_a$ 时，可不弯折，如图 2-46 所示。

（2）受扭非框架梁钢筋构造下部纵向钢筋端部构造同上部钢筋，如需在中间支座锚固时，锚固长度为 l_a。

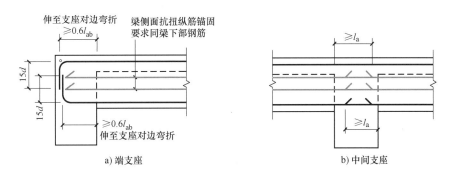

图 2-46　受扭非框架梁纵筋构造

7. 非框架梁以及不考虑地震作用的悬挑梁构造

非框架梁以及不考虑地震作用的悬挑梁，箍筋及拉筋弯钩平直长度可为 $5d$，当其受扭时，应为 $10d$。

【例2-26】 计算附录A图纸第14张①~②轴线L3的钢筋。

查图纸总说明得：梁保护层=25mm，C25混凝土。

查表1-8得 $l_{ab}=40d$。

梁净跨长度=4200mm-120mm-120mm=3960mm

（1）上部通长筋2⊈14。

$l_a=l_{ab}=40d=40×14$mm=560mm，左、右端支座，240mm-25mm=215mm<l_a，弯锚，215mm>0.35×560mm=196mm，弯锚长度=215mm+15×14mm=425mm

上部通长钢筋长度=3960mm+425mm×2=4810mm

（2）下部钢筋3⊈20。

12×20mm=240mm>215mm，下部钢筋弯锚，7.5d=7.5×20mm=150mm<215mm，满足要求，弯锚长度=215+1.9d+5d=215mm+6.9×20mm=353mm

上部通长钢筋长度=3960mm+353mm×2=4666mm

（3）箍筋计算（箍筋弯钩平直段按10d计算）。

箍筋外包长度=$(b+h)×2-8c+(1.9d+10d)×2$=（200mm+400mm）×2-25×8mm+2×11.9×8mm=1191mm

根数=[（3960-50×2）÷200+1]根=21根

总长度=1191mm×21=25011mm

四、折梁钢筋构造

1. 水平折梁

水平折梁内折角处内侧钢筋断开，分别锚固 $l_{aE}(l_a)$，伸到对边后弯折水平段长度为20d，如图2-47所示。

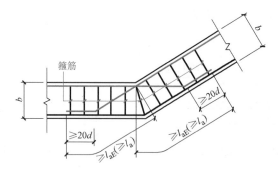

图2-47 水平折梁钢筋构造

说明：水平折梁、竖向折梁、剪力墙转角墙、含有平台板的梯段等构件，内折角内侧钢筋都应断开，并分别锚固，箍筋应避免出现内折角。

2. 竖向内折梁

竖向内折梁是对受拉区有内折角的梁，下部纵向钢筋不应采用整根弯折配置，应将下部纵向钢筋在弯折角处断开分别伸至对边且在受压区内锚固如图4-48a所示。当弯折角度小于160°时，可以采用在内折角处增加角托的配筋方式，如图2-48b所示。

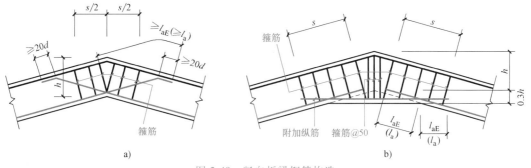

图 2-48　竖向折梁钢筋构造

任务 3　悬挑梁、框支梁、井字梁构造详图

一、悬挑梁的钢筋构造

纯悬臂梁跨度小于 2m，可不考虑抗震，其他悬臂梁如考虑抗震，l_a 改为 l_{aE}，l_{ab} 改为 l_{abE}。

悬挑梁剪力较大且全长承受弯矩时，在悬臂梁中存在着比一般梁更严重的斜弯现象和撕裂裂缝引起的应力延伸，在梁顶如截断纵筋存在着引起斜弯失效的危险，因此上部纵筋不应在梁上部切断。

1. 纯悬挑梁（图 2-49）

悬挑梁悬挑端第一排至少 2 根角筋，并不少于第一排的 1/2，到悬挑端弯折 $12d$，其余纵筋弯起。第二排纵筋伸入悬挑跨内 $0.75l$，并弯起。在纯悬挑梁支座内，上部钢筋伸至柱外侧，且大于 $0.4l_{ab}$ 时弯 $15d$；下部钢筋伸入支座的锚固长度均为 $15d$。纯悬挑梁的悬挑长度 ≤2000mm。

2. 悬挑梁端部构造

当悬挑梁顶面和主梁顶面平齐时，上部钢筋在端部连续通过，如图 2-50a 所示，其他钢筋构造如图 2-50b 所示；低于主梁，高差较大时（$\Delta b/(h_c - 50) > 1/6$），悬挑梁上部直锚长度不小于 l_a，

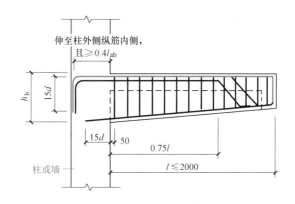

图 2-49　纯悬挑梁钢筋构造

且不小于（$0.5h_c + 5d$），如图 2-50c 所示；高差较小时，上部钢筋在端部弯折连续通过，如图 2-50e 所示；当悬挑梁顶面标高高于主梁，高差较小时（$\Delta b/(h_c - 50) \leq 1/6$），上部钢筋在端部连续通过，高差较大，中间层悬挑梁（只适合支座为柱、墙）端部上部筋直锚段长度不小于 $0.4l_a$，弯折长度为 $15d$，如图 2-50g 所示。屋面悬挑梁（当支座为梁时，也适合中间层梁）有高差（$\Delta b \leq h_b/3$）时，屋面悬挑梁端部上部筋能直锚则直锚，不能直锚时上部筋直锚段长度不小于 $0.6l_a$，弯折长度不小于 l_a。

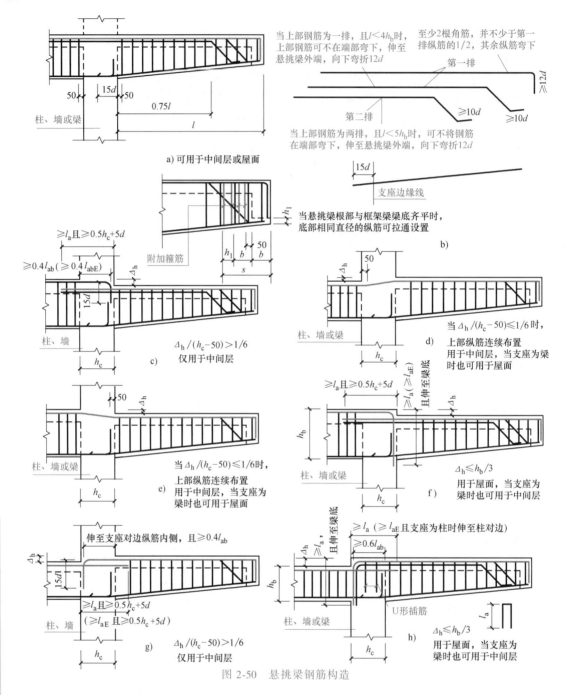

图 2-50 悬挑梁钢筋构造

3. 悬挑梁悬挑构造（表 2-4、图 2-50）

表 2-4 悬挑梁悬挑构造

净长 l 与梁高 h_b	构造
上部钢筋为一排 $l < 4h_b$	上部钢筋可不在端部弯下,伸至悬挑梁外端,向下弯折 $12d$
上部钢筋为一排 $l \geqslant 4h_b$	上部钢筋至少 2 根角筋,并不少于第一排纵筋的 $1/2$,伸至悬挑梁外端,向下弯折 $12d$,其余纵筋在 $0.75l$ 弯下,平直段 $\geqslant 10d$

净长 l 与梁高 h_b	构造
上部钢筋为两排 $l < 5h_b$	第一排至少 2 根角筋，并不少于第一排纵筋的 1/2，伸至悬挑梁外端，向下弯折 $12d$。其余纵筋在 $0.75l$ 弯下，平直段 $\geq 10d$
	第二排可不将钢筋在端部弯下，伸至悬挑梁外端向下弯折 $12d$
上部钢筋为两排 $l \geq 5h_b$	第一排至少 2 根角筋，并不少于第一排纵筋的 1/2，伸至悬挑梁外端，向下弯折 $12d$。其余纵筋在 $0.75l$ 弯下，平直段 $\geq 10d$
	第二排钢筋在跨度 3/4 按 $45° \sim 60°$ 弯下，平直段 $\geq 10d$

二、框支梁的钢筋构造

在高层建筑中，由于建筑需要大空间的使用要求，使部分结构的竖向构件不能连续设置，因此需要设置转换层。这样的结构体属于竖向抗侧力构件不连续体系。部分不能落地的剪力墙和框架柱，需要在转换层的梁上生根，这样的梁称作转换梁，而支承转换梁的柱称作转换柱，这种用于部分框支剪力墙结构中支撑不落地剪力墙的转换梁称为框支梁 KZL，支承框支梁 KZL 的柱称为框支柱 KZZ。

1. 框支梁端支座节点（图 2-51）

框支梁上部纵筋，第一排伸至柱对边，弯折伸至梁底再伸入柱内 l_{aE}，第二排钢筋伸至柱对边，弯折 $15d$，且总锚固长度要大于等于 l_{aE} 或 l_a。

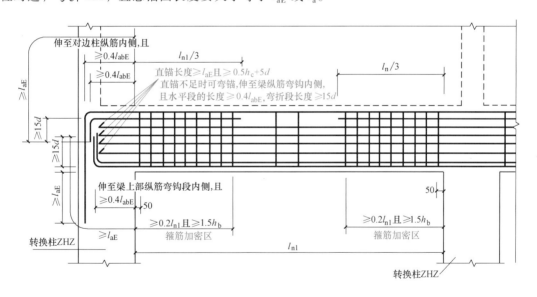

图 2-51　框支梁构造图

框支梁下部钢筋，伸至柱对边弯折，弯折长度不小于 $15d$，且总锚固长度不小于 l_{aE}。

框支梁侧面钢筋支座内总锚固长度不小于 l_{aE}，能直锚时，直锚长度不小于 l_{aE}，且不小于 $0.5h_c + 5d$；不足直锚时可以弯锚，钢筋伸至柱对边弯折，弯折长度大于 $15d$。

2. 框支梁上的墙、边缘构件插筋

剪力墙墙身竖向钢筋锚入框支梁 l_{aE}，剪力墙边缘构件插筋伸入框支梁 $1.2l_{aE}$。

三、井字梁的钢筋构造

1. 井字梁注写方式

井字梁是指在同一矩形平面内相互正交所组成的结构构件，井字梁通常由非框架梁构成，并以框架梁为支座（特殊情况下以专门设置的非框架大梁为支座）。在此情况下，为明确区分井字梁与作为井字梁支座的梁，井字梁用单粗线表示（当井字梁顶面高出板面时可用单粗实线表示），作为井字梁支座的梁用双细虚线表示（当梁顶面出板面时可用双实线表示）。

井字梁所分布范围称为"矩形平面网格区域"（简称"网格区域"）。当在结构平面布置中仅有由 4 根框架梁框起的一片网格区域时，所有在该区域相互正交的井字梁均为单跨；当有多片网格区域相连时，贯通多片网格区域的井字梁为多跨，且相邻两片网格区域分界处即为该井字梁的中间支座。对某根井字梁编号时，其跨数为其总支座数减 1；在该梁的任意两个支座之间，无论有几根同类梁与其相交，均不作为支座，如图 2-52 所示。

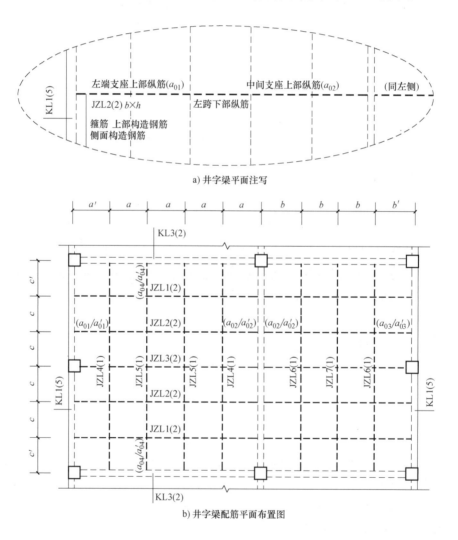

a) 井字梁平面注写

b) 井字梁配筋平面布置图

图 2-52　井字梁注写方式

2. 井字梁构造（图 2-53）

（1）井字梁的端部支座和中间支座上部纵筋的伸出长度 a 值，当采用平面注写方式时，则在原位标注的支座上部纵筋后面括号内加注自支座边缘向跨内伸出长度值。

（2）设计无具体说明时，井字梁上、下部纵筋均短跨在下、长跨在上，短跨梁箍筋在相交范围内通长设置，相交处两侧各附加 3 道箍筋，间距 50mm，箍筋直径及肢数同梁内箍筋。

（3）纵筋在端支座应伸至主梁外侧纵筋内侧后弯折，当直段长度不小于 l_a 时可不弯折。

（4）当梁上部有通长钢筋时，连接位置宜位于跨中 $l_n/3$ 范围内；梁下部钢筋连接位置宜位于支座 $l_n/4$ 范围内；且在同一连接区段内钢筋接头面积百分率不宜大于 50%。

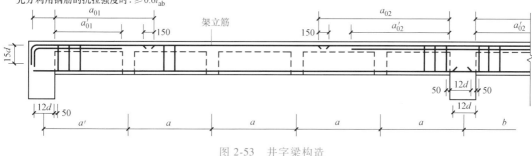

图 2-53 井字梁构造

复习思考题

一、选择题

1. 梁高>800 时，吊筋弯起角度为（　　）。

A. 60 　　　 B. 30 　　　 C. 45 　　　 D. 90

2. KL2 的净跨长为 7200mm，梁截面尺寸为 300mm×700mm，箍筋的集中标注为 10@100/200（2）一级抗震，求箍筋的非加密区长度（　　）。

A. 4400 　　 B. 4300 　　 C. 4200 　　 D. 2800

3. 当梁上部纵筋多余一排时，用什么符号将各排钢筋自上而下分开（　　）。

A. / 　　　 B. ; 　　　 C. * 　　　 D. +

4. 抗震屋面框架梁纵向钢筋构造，端支座处钢筋构造是伸至柱边下弯，请问弯折长度是（　　）。

A. 15d

C. 梁高-保护层厚度

B. 12d

D. 梁高-保护层厚度×2

5. 纯悬挑梁下部带肋钢筋伸入支座长度为（　　）。

A. 15d 　　 B. 12d 　　 C. l_{aE} 　　 D. 支座宽

项目二 梁施工图平法识读

6. 悬挑梁上部第二排钢筋伸入悬挑端的延伸长度为（   ），并弯起。

A. l（悬挑梁净长）–保护层　　　　　B. $0.85l$（悬挑梁净长）

C. $0.8l$（悬挑梁净长）　　　　　　　D. $0.75l$（悬挑梁净长）

7. 当图纸标有 JZL1（2A），表示（   ）。

A. 1号井字梁，两跨一端带悬挑　　　　B. 1号井字梁，两跨两端带悬挑

C. 1号剪支梁，两跨一端带悬挑　　　　D. 1号剪支梁，两跨两端带悬挑

8. 楼层框架梁上部纵筋不包括（   ）。

A. 上部通长筋　　　B. 支座负筋　　　　C. 架立筋　　　　　D. 腰筋

9. 楼层框架梁的支座负筋延伸长度是（   ）规定的。

A. 第一排端支座负筋从柱边开始延伸至 $l_n/4$ 位置

B. 第二排端支座负筋从柱边开始延伸至 $l_n/4$ 位置

C. 第二排端支座负筋从柱边开始延伸至 $l_n/5$ 位置

D. 中间支座负筋延伸长度同端支座负筋

10. 300×700 Y500×250 表示（   ）。

A. 竖向加腋，腋长 500mm，腋高 250mm　B. 水平加腋，腋长 500mm，腋高 250mm

C. 竖向加腋，腋高 500mm，腋宽 250mm　D. 水平加腋，腋宽 500mm，腋长 250mm

11. 三级抗震框架梁的箍筋加密区判断条件为（   ）。

A. $1.5h_b$（梁高）、500mm 取大值　　　B. $2h_b$（梁高）、500mm 取大值

C. 500mm　　　　　　　　　　　　　D. 一般不设加密区

12. 框架梁处于一类环境，主筋为Φ28的钢筋保护层厚度是（   ）。

A. 35　　　　　B. 25　　　　　　　C. 28　　　　　　D. 15

二、填空题

1. 梁平面注写包括_____和_____，集中标注是标注梁的_____，原位标注表达梁的_____。

2. 梁构件中连接部位应避开梁端、柱端箍筋加密区，无法避开应采用_____。

3. 井字梁通常由_____构成，并以_____为支座，因此为区分井字梁与作为井字梁支座的梁，井字梁用_____表示，作为井字梁支座的梁用_____表示。

4. 梁的纵向钢筋除架立筋和不伸入支座的下部钢筋外，都有锚固长度，受力钢筋锚固形式优先采用_____，也就是规范所说的能_____，不能_____。

5. 当梁的截面尺寸、箍筋、上部通长筋或架立筋等一项或几项不适用于某跨或某悬挑部位时，将其不同数值_____在该跨或该悬挑部位，施工时应按_____。

三、简答题

1. 结构层楼标高与建筑图中的楼面标高有什么关系？

2. 梁平法施工图在梁平面布置图上可采用几种方式表达？

3. 梁集中标注的五项必注值及一项选注值，其主要内容是什么？

4. 某梁截面尺寸标注为 250×600 Y500×250，其含义是什么？

2 CHAPTER

5. 某梁箍筋标注为 15Φ10@ 150（4）/200（2），其含义是什么？

6. G4Φ12 和 N4Φ12 有什么相同和不同之处？

7. 解释梁下部纵筋注写为 6Φ20 2（-2）/4 的含义？

8. KL 与 WKL 在配筋构造上有何区别？

9. KL 与 L 在配筋构造上有何区别？

10. 梁上部和下部的通长钢筋如需连接，连接位置在哪里？

11. 梁中侧面纵向构造筋所需拉筋有何规定？

12. 梁纵筋在支座处什么情况下直锚？什么情况下弯锚？

13. 根据附录图纸结合工程实例计算各类梁的钢筋工程量。

项目三 板施工图平法识读

项目分析

默默无闻（不作为抗震构件），却冲在最前面，这是对板最好的诠释。

有梁楼板是楼板与梁整浇在一起，形成了较为强大的水平刚度，相对无梁楼板来说，受力更清晰，传力更简捷，所以应用最为广泛，本书主要介绍有梁楼板。

任务目标

1. 了解有梁楼盖楼面板与屋面板的钢筋构造要求。
2. 掌握板施工图的表示方法，掌握板构件标准构造详图。

能力目标

能够识读板结构施工图，并能计算板的各类钢筋。

任务1 板施工图的表示方法

一、楼板的分类

楼板根据板周边的支承情况及板的长度方向与宽度方向的比值分为双向板和单向板，具体界定如下：

（1）两对边支承的板为单向板。

（2）四边支承的板，当长边与短边的比值不大于2时，为双向板。

（3）四边支承的板，当长边与短边的比值大于2且小于3时，也宜按双向板的要求配置钢筋。

（4）四边支承的板，当长边与短边的比值不小于3时，为单向板。

二、板块平面标注

结构平面的坐标方向规定为：当两向轴网正交布置时，图面从左至右为X向，从下至上为Y向，当轴网转折时，局部坐标方向顺轴网转折角度做相应转折。当轴网向心布置时，切向为 X 向，径向为 Y 向。平面布置比较复杂的区域，其平面坐标方向由设计者另行规定并在图上明确表示。

钢筋混凝土楼盖板分为有梁楼盖和无梁楼盖，本书主要介绍有梁楼盖构造。有梁楼盖是指以梁（墙）为支座的楼面与屋面板。板平面注写主要包括板块集中标注和板支座原位标注。

1. 板块集中标注

板块集中标注内容为：板块编号、板厚、上部贯通纵筋、下部纵筋、板面标高不同时的标高高差。

对于普通楼面，两向以一跨为一板块；对于密肋楼盖，两向主梁（框架梁）以一跨为一板块（非主梁密肋不计），所有板块应逐一编号，相同编号的板块择其一做集中标注，其他仅注写板块编号以及当板面标高不同时的标高高差。

（1）板块编号，见表 3-1。

表 3-1　板块编号

板 类 型	代 号	序 号
楼面板	LB	××
屋面板	WB	××
悬挑板	XB	××

（2）板厚注写为 $h = 120$（为垂直于板面的厚度），表示板厚为 120mm；当悬挑板的端部改变截面厚度时，用斜线分隔根部与端部的高度值，例如 $h = 100/80$，表示根部厚度为 100mm，端部厚度为 80mm。

（3）贯通纵筋按板块的下部纵筋和上部贯通纵筋分别注写（当板块上部不设贯通纵筋时则不注），以 B 代表下部，以 T 代表上部，B & T 代表下部与上部。X 向贯通纵筋以 X 打头，Y 向贯通纵筋以 Y 打头，两向贯通纵筋配置相同时则以 X & Y 打头，板上部贯通纵筋如图 3-1 所示。

当为单向板时，分布筋可不必注写，在图中统一注明。

当在某些板内（如在悬挑板 XB 的下部）配筋有构造钢筋时，则 X 向以 Xc，Y 向以 Yc 打头注写。当 Y 向采用放射配筋时（切向为 X 向，径向为 Y 向），应当注明配筋间距的定位尺寸。

当贯通筋采用两种规则钢筋"隔一布一"方式时，例如 Φ10/8 @ 100，表示 HPB300 的钢筋，直径为 10mm 的钢筋和直径为 8mm 的钢筋二者之间间距为 100mm，

图 3-1　板上部贯通纵筋

直径为 10mm 的钢筋间距为 200mm，直径为 8mm 的钢筋间距也为 200mm。

（4）板面标高高差是指相对于结构层楼面标高的高差，应将其注写在括号内，且有高差则注，无高差则不注。

【例3-1】 如图3-2所示，该板的集中标注应解释为：2号悬挑板，板根部厚120mm，端部厚80mm，下部X方向构造钢筋为HPB300，直径8mm，间距为150mm，Y方向构造钢筋为HPB300，直径8mm，间距为200mm，上部X方向钢筋为HPB300，直径8mm，间距为150mm。

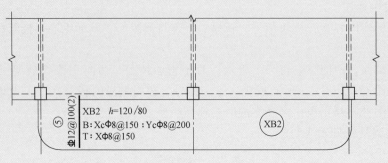

图3-2 悬挑板支座集中标注与非贯通筋表示方式

（5）同一编号板块的类型、板厚和贯通筋均应相同，但板面标高、跨度、平面形状以及板支座上部非贯通纵筋可以不同，如同一编号板块的平面形状可为矩形、多边形及其他形状等。

（6）单向板或双向连续板的中间支座上部同向贯通纵筋，不应在支座位置连接或分别锚固。当相邻两跨的板上部贯通纵筋配置相同，且跨中部位有足够空间连接时，可在两跨任意一跨的跨中连接部位连接；当相邻两跨的板上部贯通纵筋配置不同时，应将配置较大者越过其标注的跨数终点或起点伸至相邻跨的跨中连接区域连接。

等跨与不等跨板上部贯通纵筋的连接有特殊要求时，设计者注明其连接部位及方式。梁板式转换层楼板，板下部纵筋在支座内的锚固长度不小于l_a。悬挑板需要考虑竖向地震作用时，应写明抗震等级，下部纵筋在支座内的锚固长度不小于l_{aE}。

2. 板支座原位标注

板支座原位标注的内容为：板支座上部非贯通纵筋和悬挑板上部受力钢筋。

（1）板支座原位标注的钢筋，在相同跨的第一跨垂直于板支座（梁或墙）绘制一段适宜长度的中粗实线，代表支座上部非贯通筋，并在线段上方注写钢筋编号（如①）、配筋值、横向连续布置的跨数（注写在括号内）。当该筋通长设置到悬挑板或短跨板上部时，实线段应画至对边或贯通短跨。连续布置的跨数表示为（××），（××A）为连续布置的跨数及一端的悬挑梁部位，（××B）为连续布置的跨数及两端的悬挑梁部位。

板支座上部非贯通筋自支座边线向跨内的伸出长度，注写在下方位置。当中间支座上部非贯通纵筋向支座两侧对称伸出时，可仅在支座一侧线段下方标注伸出长度，另一侧不注。当支座两侧非对称伸出时，应分别在支座两侧线段下方注写伸出长度，如图3-3所示。

对线段画至对边贯通全跨或贯通全悬挑长度的上部通长纵筋，只注明非贯通筋另一侧的伸出长度值，如图3-4所示。

当板支座为弧形，支座上部非贯通纵筋呈放射状分布时，注明配筋间距的度量位置并加注"放射分布"四字，必要时补绘平面配筋图，如图3-5所示。

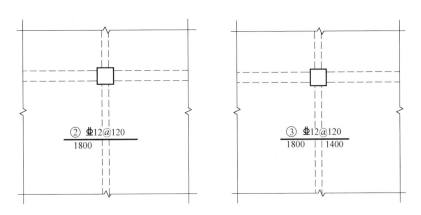

图 3-3　板支座上部非贯通筋构造

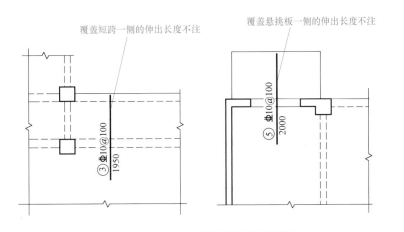

图 3-4　支座上部贯通的通长纵筋

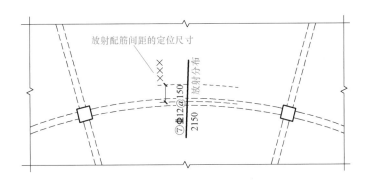

图 3-5　弧形支座处放射配筋

（2）当悬挑板端部厚度不小于 150mm 时，应注明封边构造方式。

在板平面布置中，不同部位的板支座上部非贯通纵筋及悬挑板上部受力钢筋，可仅在一个部位注写，其他相同者仅需在代表钢筋的线段上注写编号及横向连续布置的跨数，如图 3-2 所示。与板支座上部非贯通纵筋垂直且绑扎在一起的构造钢筋或分布钢筋，设计图中须注明。

【例3-2】 如图3-2中，原位标注⑤⾧12@100（2）钢筋解释为：表示支座上部⑤号非贯通纵筋，HRB400，直径12mm，间距100mm，从该跨起沿支撑梁连续布置2跨。

（3）当板的上部已配置有贯通纵筋，但需增配板支座上部非贯通纵筋时，应结合已配置的同向贯通纵筋的直径与间距采取"隔一布一"方式配置，两者组合后的实际间距为各自标注间距的1/2，如图3-6所示。当支座一侧设置了上部贯通纵筋，另一侧仅设置了上部非贯通纵筋，如果两侧设置的纵筋直径、间距相同，应将二者连通，避免在支座上部分别锚固。

支座上部
非贯通纵筋

上部贯通
纵筋

图3-6 两种钢筋布置

【例3-3】 板上部已配置贯通纵筋Φ12@250，该同向跨配置的上部支座非贯通纵筋为⑤Φ12@250，表示在该支座上部设置的纵筋实际为Φ12@125，其中1/2为贯通纵筋，1/2为⑤号非贯通纵筋（伸出长度值略）。

【例3-4】 板上部已配置贯通纵筋Φ10@250，该同向跨配置的上部支座非贯通纵筋为③Φ12@250，表示该跨支座上部纵筋为Φ10和Φ12间隔布置，二者间距为125mm。

（4）识读梁楼盖板平法施工图，如图3-7所示。板平法施工图的主要内容有以下3方面：

1）图号、图名和比例，结构层楼面标高、结构层高与层号。

2）定位轴线及其编号、间距尺寸。

3）板平法标注板块的编号、厚度、配筋和板面标高高差，必要的说明。

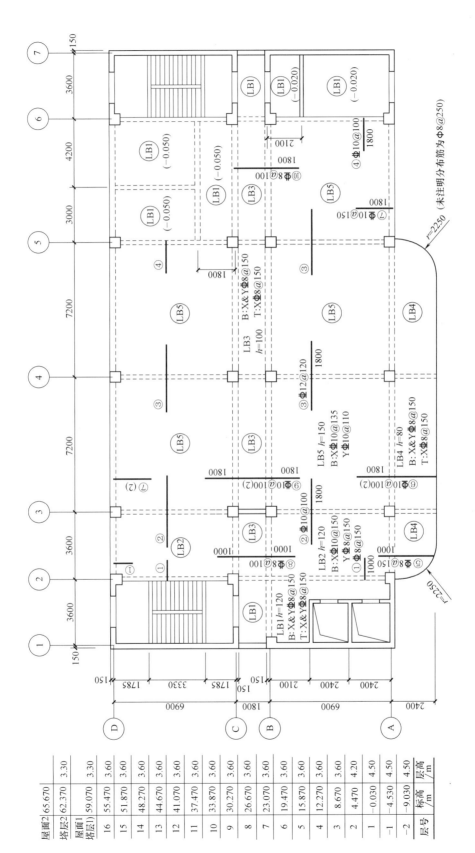

图 3-7　15.870~26.670 板平法施工图

任务 2 板构件标准构造详图

一、楼板中的钢筋种类

在楼板和屋面板中根据板的受力特点配置不同钢筋，主要有板顶通长钢筋、板底受力钢筋、支座上部非通长钢筋、构造钢筋、分布钢筋、抗温度收缩应力钢筋等，如图3-8所示。

支座上部
非通长钢筋

板顶通长钢筋

板底受力钢筋

图 3-8 楼板钢筋

（1）双向板板底双方向、单向板板底短向，配置板底受力钢筋。

（2）双向板中间支座、单向板短向中间支座以及按嵌固设计的端支座，应在板顶面配置支座非通长钢筋。

（3）按简支计算的端支座、单向板长方向支座，一般在结构计算时不考虑支座约束，但往往由于边界约束产生一定的负弯矩，因此应配置支座板面构造钢筋。

（4）单向板长向板底、支座负弯矩钢筋或板面构造钢筋的垂直方向，还应布置分布钢筋；分布钢筋一般不作为受力钢筋，其主要作用是为固定受力钢筋、分布板面荷载及抵抗收缩和温度应力。

（5）在温度、收缩应力较大的现浇板区域，应在板的表面双向配置防裂构造钢筋，即抗温度、收缩应力构造钢筋。当板面受力钢筋通长配置时，可兼作抗温度、收缩应力构造钢筋。温度收缩构造钢筋可以在同一区段范围内搭接连接。

二、有梁楼盖楼面板与屋面板的钢筋构造

（1）板上部纵向钢筋在端支座的锚固要求，如图3-9所示。

1）板上部纵筋在支座（梁、墙或柱）内直锚长度≥l_a时可不弯锚。

2）当支座为梁，采用弯锚时，板上部纵筋伸至梁角筋内侧弯折，按照图纸要求，铰接时直段长度≥$0.35l_{ab}$，当充分利用钢筋的抗拉强度时直段长度≥$0.6l_{ab}$，弯折段长度15d，如图3-9所示。

3）当端支座为中间层剪力墙采用弯锚时，板上部纵筋伸至竖向钢筋内侧弯折，直段长度不小于$0.4l_{ab}$，弯折段长度为15d，如图3-10a所示；当支座为顶层剪力墙，铰接时直段

64

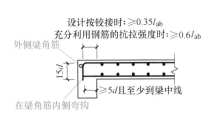

图 3-9　板在梁端支座的锚固构造

长度不小于 $0.35l_{ab}$，当充分利用钢筋的抗拉强度时直段长度不小于 $0.6l_{ab}$，弯折段长度为 $15d$，如图 3-10b 所示；当板跨度及厚度比较大时，会使墙平面外产生弯矩，考虑墙外侧竖向钢筋与板上部纵向钢筋搭接传力，板上部纵筋与墙外侧钢筋在转角处应满足搭接长度要求，如图 3-10c 所示。

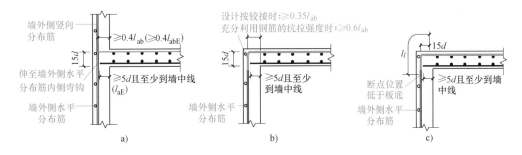

图 3-10　板在剪力墙支座的锚固构造

（2）板下部贯通纵筋在跨中部受拉，但在近支座范围转为受压，在支座内采用构造锚固长度不小于 $5d$ 且至少到支座中线；需连接时可贯穿支座，在近支座 1/4 净跨范围内连接。

三、有梁楼盖楼面板与屋面板的其他钢筋构造要求

（1）上部通长筋在跨中 $l_n/2$ 中搭接，搭接长度为 l_l，且错开 $0.3l_l$；除本图所示搭接连接外，板纵筋可采用机械连接或焊接连接。下部受力钢筋在支座锚固时至少伸到梁中线且不小于 $5d$，也可在距支座 1/4 净跨内连接。接头及连接区位置如图 3-11 所示。

（2）当相邻等跨或不等跨的上部贯通纵筋配置不同时，应将配置较大者越过其标注的跨数终点或起点伸出至相邻跨的跨中连接区域连接。

（3）板贯通纵筋的连接要求为同一连接区段内钢筋接头百分率不宜大于 50%，不等跨板上部贯通纵筋连接构造可在各跨内搭接（连接），也可越过小跨在较大跨处连接，当足够长时，能通则通，如图 3-12 所示，l'_{nx} 为左右两跨中较大净跨度值。

（4）板位于同一层面的两向交叉纵筋何向在下何向在上，应按具体设计说明。

双向板由于板在中点的变形协调一致，所以短方向的受力会比长方向大，施工图设计文件中一般要求下部钢筋短方向的在下，长方向的在上；板上部受力也是短方向比长方向大，所以要求上部钢筋短方向的在上，而长方向的在下。

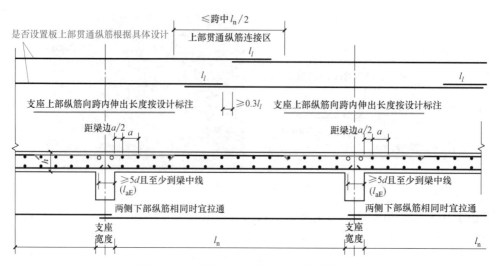

图 3-11 有梁楼面板和屋面板钢筋连接构造

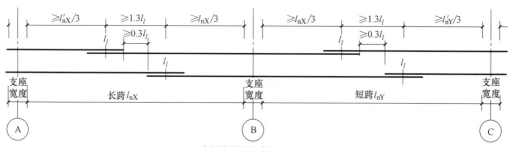

(当钢筋足够长时能通则通)

a) 不等跨板上部贯通纵筋连接构造(1)

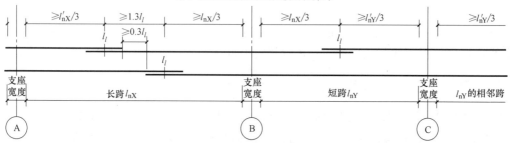

(当钢筋足够长时能通则通)

b) 不等跨板上部贯通纵筋连接构造(2)

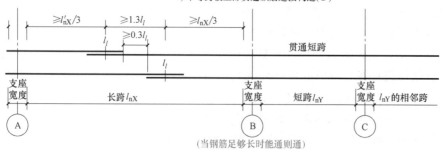

(当钢筋足够长时能通则通)

c) 不等跨板上部贯通纵筋连接构造(3)

图 3-12 不等跨板上部贯通纵筋连接构造

四边支承的单向楼板下部短方向配置受力钢筋，长方向配置构造钢筋或分布钢筋。两对边支承的板，支承方向配置受力钢筋，另一方向配置分布钢筋。

（5）纵筋在端支座应伸至支座（梁、圈梁或剪力墙）外侧纵筋内侧后弯折，当直段长度 $\geqslant l_a$ 时可不弯折。

四、有梁楼板钢筋计算

计算公式见表 3-2。

表 3-2　有梁楼板钢筋计算公式

类型	计算公式	搭接长度
上部贯通纵筋（弯锚）	长度＝净跨 l_n＋两端支座锚固长度（$b-c+15d$）＋搭接长度（c 为梁保护层厚度） 根数＝（另向净跨−1/2 板筋间距×2）/板筋间距＋1	l_l
下部贯通纵筋	长度＝净跨 l_n＋max（$b/2,5d$）×2（两端）（b 为梁宽度） 根数＝（另向净跨−1/2 板筋间距×2）/板筋间距＋1	
端支座上部非贯通纵筋（弯锚）	长度＝标示长度＋（$b/2-c+15d$）＋（$h-2c'$）（c' 为板保护层厚度） 根数＝另向净跨/板筋间距	
中间支座上部非贯通纵筋	长度＝标示长度（$l_左+l_右$）＋（$h-2c'$）×2 根数＝（另向净跨−1/2 板筋间距×2）/板筋间距＋1	
抗裂钢筋、温度筋	与支座上部非贯通纵筋钢筋搭接	l_l
分布钢筋	与受力钢筋、构造钢筋搭接	150

【例 3-5】　如图 3-13 所示，计算附录 A 图纸中 7.75m 层 3 号板相连的所有钢筋。

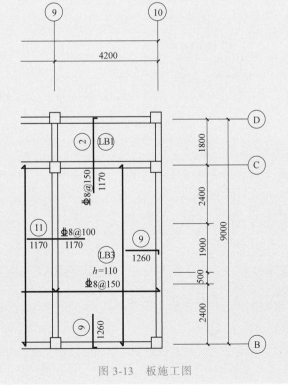

图 3-13　板施工图

项目三　板施工图平法识读

1. 计算参数

板保护层厚度 $c_1 = 20$mm，梁保护层厚度 $c = 25$mm，$l_a = 40d$，现浇板四周梁宽均为 240mm，没注明的板钢筋和分布筋均为Φ8@200。根据图纸尺寸计算，ⒸΙ轴线梁中心线与轴线向下偏离 20mm。

2. 钢筋计算

$l_a = 40d = 40 \times 8$mm $= 320$mm $> b-c = 240$mm $- 25$mm $= 215$mm，板端上部节点均需弯锚。

（1）LB$_3$X 向下部贯通钢筋Φ8@150：$\max(b/2, 5d) = \max(120, 5 \times 8) = 120$mm。

长度 $= 4200$mm $- 2 \times 120$mm $+ 2 \times 120$mm $= 4200$mm

根数 = 钢筋布置范围长度/间距 $= \left[\left(7200 - 140 - 120 - \dfrac{150}{2} \times 2\right) \div 150\right]$根 $+ 1$ 根 $= 47$ 根

合计：4200mm $\times 47 = 197400$mm

（2）LB$_3$Y 向下部贯通钢筋Φ8@200，长度 $= 7200$mm $- 120$mm $- 140$mm $+ 2 \times 120$mm $= 7180$mm。

根数 = 钢筋布置范围长度/间距 $= \left[\left(4200 - 120 \times 2 - \dfrac{200}{2} \times 2\right) \div 200\right]$根 $+ 1$ 根 $= 27$ 根

合计：7180mm $\times 27 = 193860$mm

（3）跨板筋②Φ8@150，钢筋长度 $= 240$mm $- 25$mm $+ 15 \times 8$mm $+ (1800 - 120 - 100)$ mm $+ 240$mm $+ 1170$mm $= 3325$mm。

根数 $= \left[\left(4200 - 120 \times 2 - \dfrac{150}{2} \times 2\right) \div 150\right]$根 $+ 1$ 根 $= 27$ 根

合计：3325mm $\times 27 = 89775$mm

（4）跨板负筋外伸端分布筋Φ8@200，钢筋长度 $= 4200$mm $- 120 \times 2 - 1170$mm $- 1260$mm $+ 150$mm $\times 2 = 1830$mm。

根数 $= \left[\left(1170 - \dfrac{200}{2}\right) \div 200 + 1\right]$根 $= 6$ 根

合计：1830mm $\times 6 = 10980$mm

（5）⑨轴线中间支座负筋⑪Φ8@100，钢筋长度 $= 1170$mm $\times 2 + 240$mm $= 2580$mm。

根数 = 钢筋布置范围长度/间距 $= \left[\left(7200 - 140 - 120 - \dfrac{100}{2} \times 2\right) \div 100\right]$根 $+ 1$ 根 $= 70$ 根

合计：2580mm $\times 70 = 180600$mm

（6）⑨轴负筋 12 号板内的分布筋Φ8@200，钢筋长度 $= 7200$mm $- 1170$mm $- 140$mm $- 120$mm $- 1260$mm $+ 150$mm $\times 2 = 4810$mm。

根数 $= \left[\left(1170 - \dfrac{200}{2}\right) \div 200 + 1\right]$根 $= 6$ 根

合计：4810mm $\times 6 = 28860$mm

（7）⑩轴线端支座负筋⑨Φ8@200，钢筋长度 $= 240$mm $- 25$mm $+ 15 \times 8$mm $+ 1260$mm $= 1495$mm。

根数 $= \left[\left(7200 - \dfrac{200}{2} \times 2\right) \div 200\right]$根 $+ 1$ 根 $= 36$ 根

合计：1495mm $\times 35 = 53820$mm

（8）⑩轴负筋分布筋Φ8@200，钢筋长度 $= 7200$mm $- 1170$mm $- 1260$mm $- 20$mm $- 120$mm $\times 2 + 150$mm $\times 2 = 4810$mm。

$$根数 = \left[\left(1260 - \frac{200}{2}\right) \div 200 + 1\right] 根 = 7 \text{ 根}$$

合计：4810mm×7 = 33670mm

（9）B 轴线长度同 10 轴长度，根数 $= \left[\left(4200 - \frac{200}{2} \times 2\right) \div 200\right] 根 + 1 \text{ 根} = 20 \text{ 根}$。

合计：1595mm×20 = 31900mm

（10）B 轴负筋分布筋$\underline{\Phi}8@200$，钢筋长度 = 4200mm − 120mm×2 − 1170mm − 1260mm + 150mm×2 = 1830mm。

$$根数 = \left[\left(1260 - \frac{200}{2} \times 2\right) \div 200 + 1\right] 根 = 7 \text{ 根}$$

合计：1830mm×7 = 12810mm

五、悬挑板钢筋构造（图 3-14）

（1）纯悬臂板上部受力钢筋应伸至支座对边纵向钢筋内侧弯折，水平段长度 $\geq 0.6l_{ab}$，弯折段投影长度 $15d$，如图 3-14c 所示；直锚时长度需 $\geq l_a$，如图 3-14b 和图 3-14d 所示。

（2）悬臂板下部配置构造钢筋时，该钢筋应伸入支座内的长度不小于 $12d$，且至少伸至支座的中心线。

（3）悬挑构件的上部纵向钢筋是受力钢筋，因此要保证其在构件中的设计位置，不可以随意加大保护层的厚度，否则造成板面开裂等质量事故。悬臂板要待混凝土达到 100%设计强度后方可拆除下部支承。

（4）抗震设防烈度为 8 度及以上的长悬挑板，设计明确需要考虑竖向地震作用时，锚固长度应满足抗震设防锚固长度的要求，如图 3-14a 和图 3-14b 所示。

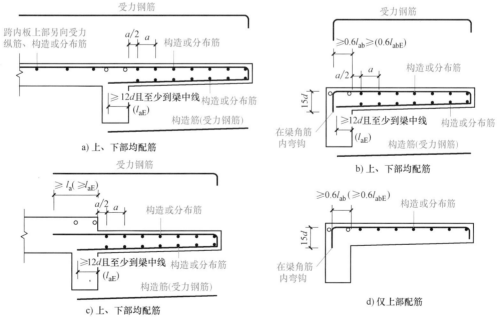

图 3-14 悬挑板钢筋构造

注：括号中数值用于需考虑竖向地震作用时（由设计明确）

六、抗裂、温度筋的钢筋构造

（1）在搭接范围内，相互搭接的纵筋与横向钢筋的每个交叉均应进行绑扎。

（2）抗裂构造钢筋、抗温度筋自身及其与受力主筋搭接长度为 l_l。

（3）板上下贯通筋可兼作抗裂构造筋和抗温度筋。当下部贯通筋兼作抗温度钢筋时，其在支座的锚固由设计者确定。

（4）分布筋自身及与受力钢筋、构造钢筋的搭接长度为 150mm，当分布筋兼作温度筋时，其自身及与受力主筋、构造钢筋的搭接长度为 l_l，其在支座的锚固按受拉要求考虑，如图 3-15 所示。

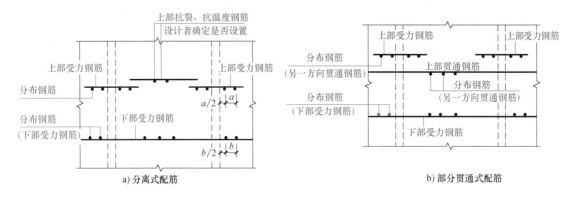

图 3-15 单（双）向板配筋构造

七、楼板其他构造详图

1. 后浇带 HJD

（1）后浇带 HJD 由平面布置图表达，留筋方式由引注内容表达，如图 3-16 所示。

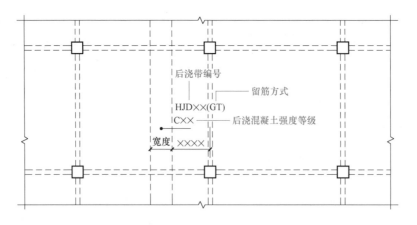

图 3-16 后浇带表达方式

1）后浇带编号及留筋方式代号。两种留筋方式：贯通留筋（代号 GT）和 100% 搭接留筋（代号 100%），如图 3-17 所示。

100%搭接留筋

图 3-17　后浇带 100%搭接留筋构造

2）后浇带混凝土宜采用补偿收缩混凝土。

3）当贯通留筋的后浇带宽度不小于 800mm，100%搭接留筋的后浇带宽度通常取 800mm 与（l_l+60mm）较大值，l_l 为受拉钢筋的搭接长度。

（2）后浇带钢筋构造，如图 3-18 所示。

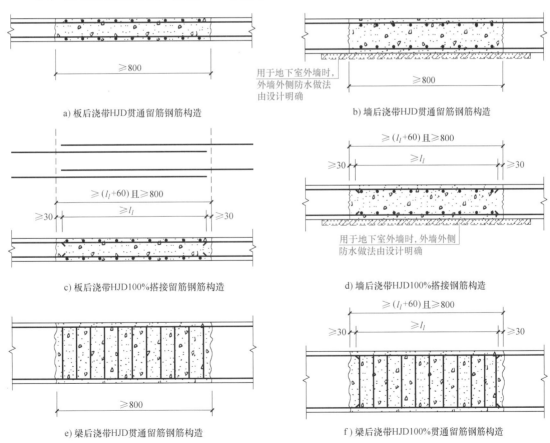

a) 板后浇带HJD贯通留筋钢筋构造

b) 墙后浇带HJD贯通留筋钢筋构造

用于地下室外墙时，外墙外侧防水做法由设计明确

c) 板后浇带HJD100%搭接留筋钢筋构造

d) 墙后浇带HJD100%搭接钢筋构造

用于地下室外墙时，外墙外侧防水做法由设计明确

e) 梁后浇带HJD贯通留筋钢筋构造

f) 梁后浇带HJD100%贯通留筋钢筋构造

图 3-18　后浇带钢筋构造

2. 板加腋 JY

（1）板加腋的位置与范围由平面布置图表达，腋宽、腋高及配筋等由引注内容表达。当为板底加腋时腋线应为虚线，当为板面加腋时腋线应为实线；当腋宽与腋高同板厚时，设计不注。加腋配筋按标准构造，设计不注；当加腋配筋与标准构造不同时，设计应补充绘制截面配筋图，如图 3-19、图 3-20 所示。

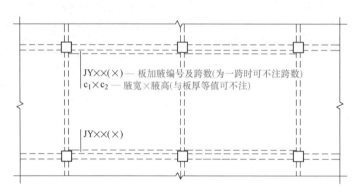

图 3-19　板加腋标注

图 3-20　板加腋实物图

（2）板加腋构造，以腋边为基础向两边各增加 l_a，如图 3-21 所示。

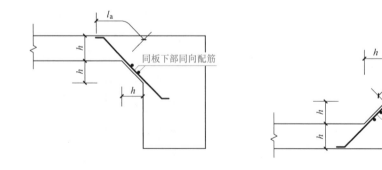

图 3-21　板加腋构造

3. 板开洞 BD

（1）板开洞 BD 引注如图 3-22 所示。当矩形洞口边长尺寸或圆形洞口直径 ≤1000mm，且洞边无集中荷载作用时，洞口补强钢筋可按标准构造规定设置。当洞口周边加强钢筋不伸至支座时，应在图中画出所有的加强钢筋，并标注不伸至支座的钢筋长度，与构造图不同时应注明。当矩形洞口边长尺寸或圆形洞口直径大于 1000mm 或虽小于 1000mm 但洞边有集中荷载时，应采取相应的措施。

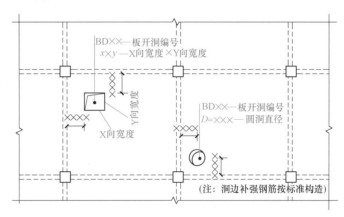

图 3-22　板开洞 BD 引注

（2）板开洞的钢筋构造。

1）板开洞边长或直径 ≤300mm 时，受力钢筋绕过孔洞，不另设补强钢筋，洞边加强筋钢筋构造如图 3-23 所示。

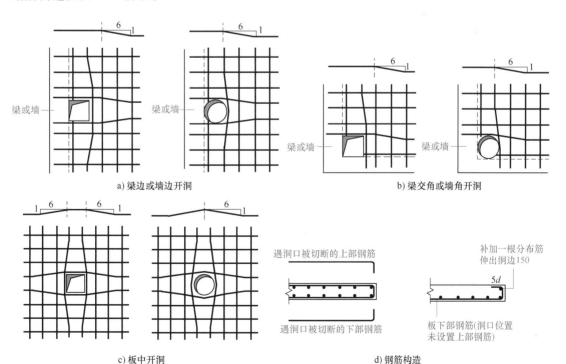

图 3-23　（边长或直径 ≤300mm）洞边加强筋钢筋构造

2）板开洞边长或直径 300mm≤a≤1000mm 时，受力钢筋设补强钢筋，洞边加强筋钢筋构造如图 3-24 所示。

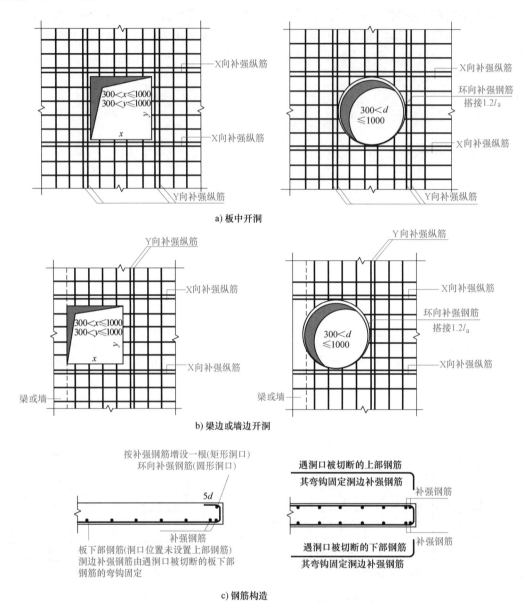

图 3-24 板开洞

补强钢筋应注写规格、数量和长度，没注写时，X 向和 Y 向每边分别配置两根直径不小于 12mm 且不小于同向被切断的纵向钢筋总面积的 50% 的钢筋作补强。补强钢筋与被切断钢筋布置在同一层面上，两根补强钢筋之间的净距为 30mm，环向上下各配置一根直径不小于 10mm 的钢筋补强。

补强钢筋的强度等级与被切断钢筋相同，伸入支座的锚固方式同板中钢筋。

4. 板翻边 FB

（1）板翻边 FB 的引注。板翻边有上翻和下翻两种形式，尺寸在引注中标注，翻边高度标准详图上为不大于 300mm，如图 3-25 所示。翻边高度大于 300mm，见具体设计。

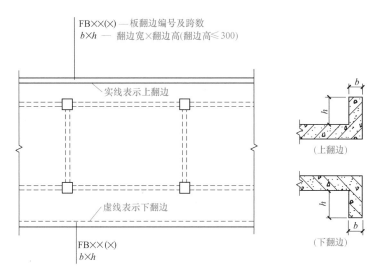

图 3-25　板翻边 FB 的引注

（2）板翻边的钢筋构造，如图 3-26 所示。

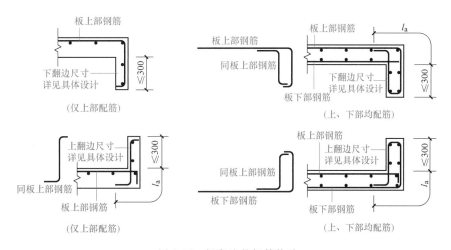

图 3-26　板翻边的钢筋构造

5. 角部加强筋 Crs

角部加强筋按受力要求配置，当分布范围内有上部贯通筋时，可与之间隔布置，如图 3-27 所示。

6. 悬挑板阳角附加筋 Ces

（1）悬挑板阳角附加筋 Ces 的引注如图 3-28 所示。

（2）悬挑板阳角放射筋的钢筋构造

1）当转角位于阳角时，放射钢筋与悬挑板最外侧上部钢筋之间间距、放射钢筋之间间

项目三　板施工图平法识读

距不应大于200mm，以悬挑板中线处钢筋间距为准。

2）放射钢筋伸入支座的长度不小于 l_a ，且不应小于悬挑长度 l_x 、 l_y 的较大值。

3）当悬挑板标高与跨内标高不一致或跨内为洞口时，悬挑板阳角上部放射筋伸入支座对边弯折，平直段长度不小于 $0.6l_{ab}$ ，弯折段长度15 d 。放射钢筋与悬挑板其他部位钢筋均匀排布。

注意：①~③筋位于同一层面；在支座和跨内，①号筋应向下斜弯到②号和③号筋下面与两筋交叉并向跨内平伸，如图3-29所示。

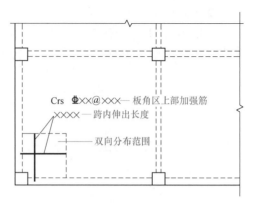

图 3-27　角部加强筋 Crs 构造

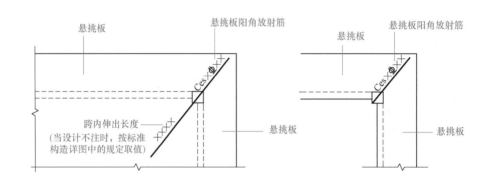

图 3-28　悬挑板阳角附加筋 Ces 引注

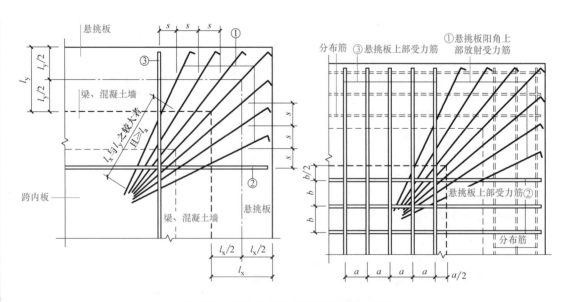

图 3-29　悬挑板阳角放射筋的钢筋构造

7. 纵向钢筋非接触搭接连接

当板纵向钢筋采用非接触方式的绑扎搭接连接时，其搭接部位的钢筋净距不宜小于30mm，且钢筋中心距不应大于 $0.2l_1$ 及 150mm 的较小者。非接触搭接使混凝土能够与搭接范围内所有钢筋的全表面充分粘接，可以提高搭接钢筋之间通过混凝土传力的可靠度，如图3-30 所示。

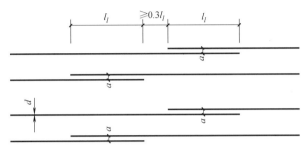

（$30+d \leqslant a < 0.2l_1$ 及 150 的较小值）

图 3-30　纵向钢筋非接触搭接构造

8. 无支撑板端部封边构造（图 3-31）

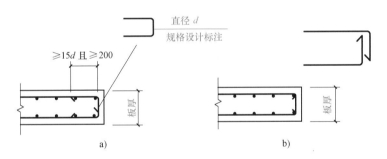

图 3-31　无支撑板端部封边构造（当板厚≥150mm 时）

9. 折板钢筋构造

板内折角内侧钢筋断开分别锚固，长度≥l_a，如图 3-32 所示。

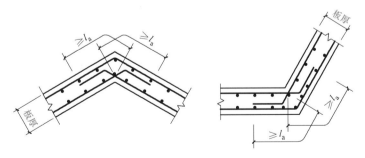

图 3-32　折板钢筋构造

10. 板内纵筋加强带 JQD

纵筋加强带配置的加强贯通纵筋取代其所在位置板中原配置的同向贯通纵筋，如设置为暗梁式时应注写箍筋，如图 3-33 所示引注。具体构造如图 3-34、图 3-35 所示。

项目三　板施工图平法识读

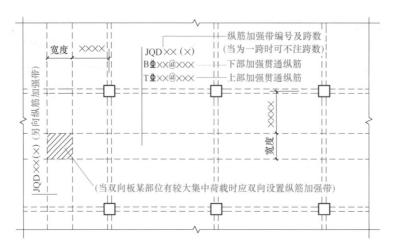

图 3-33 板内纵筋加强带 JQD

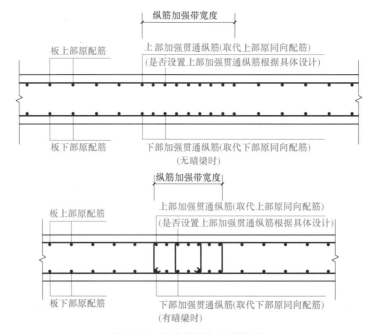

板加强带构造

图 3-34 板内纵筋加强带构造

图 3-35 板内纵筋加强带的钢筋构造

3

CHAPTER

11. 悬挑板阴角筋 Cis 的钢筋构造（图 3-36）

悬挑板阴角处附加筋可直接利用悬挑板上部纵筋进行角部延伸加强，延伸长度 $\geqslant l_a$，如图 3-36a 所示；也可增加斜向钢筋，放在悬挑受力钢筋的下面，自阴角位置向内分布，间距不大于 100mm，直径按设计要求确定，如图 3-36b 所示。

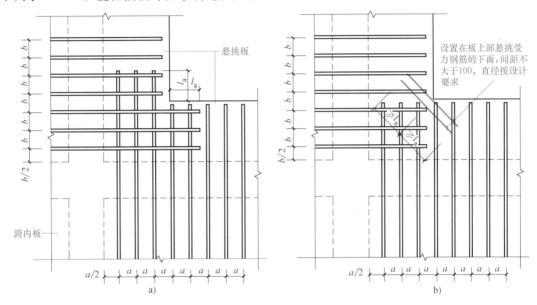

图 3-36　悬挑板阴角筋的钢筋构造

12. 局部升降板 SJB

局部升降板升高与降低的高度限定为不高于 300mm，当高于 300mm 时，由设计者补充构造图。局部升降板的下部和上部配筋宜为双向贯通筋，如图 3-37 所示，适用于狭长的沟

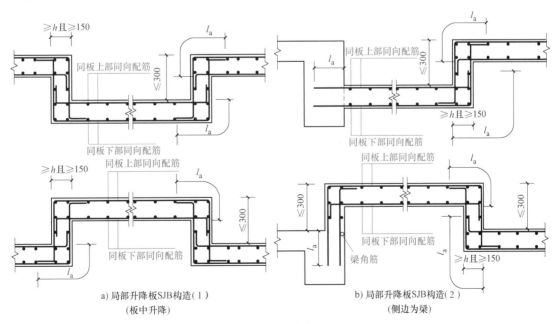

a) 局部升降板SJB构造（1）
（板中升降）

b) 局部升降板SJB构造（2）
（侧边为梁）

图 3-37　局部升降板 SJB

状降板。升降板厚度均为 h。所有升降板均在内折角钢筋断开，并分别锚固 l_a。

复习思考题

一、选择题

1. 混凝土板块编号 "XB" 表示（　　　）。

A. 楼面板 　　　　　B. 屋面板 　　　　　　C. 悬挑板 　　　　　D. 现浇板

2. 板块集中标注中的选注项是（　　　）。

A. 板块编号 　　　　B. 板厚 　　　　　　　C. 板面标高高差 　　D. 贯通纵筋

3. 下列钢筋不属于板中配筋的是（　　　）。

A. 下部受力筋 　　　B. 负筋 　　　　　　　C. 负筋分布筋 　　　D. 架立筋

4. 板顶，板底的首、末根受力钢筋距梁边的起步距离为（　　　）。

A. 50mm 　　　　　　B. 100mm 　　　　　　 C. 1/2 板筋间距 　　D. 板筋间距

5. 以下板代号错误的是（　　　）。

A. XTB 　　　　　　　B. LB 　　　　　　　　C. WB 　　　　　　　D. XB

6. 当板支座为剪力墙时，板负筋伸入支座内平直段长度为（　　　）。

A. $5d$ 　　　　　　　B. 墙厚/2 　　　　　　C. 墙厚-保护层 　　 D. $0.4l_{ab}$

7. 当板的端支座为梁时，底筋伸进支座的长度为（　　　）。

A. $10d$ 　　　　　　　　　　　　　　　　　B. 支座宽/2+5d

C. max（支座宽/2，5d） 　　　　　　　　　D. 5d

8. 板的支座剪力墙时，下部纵筋深入支座（　　　）。

A. $5d$ 　　　　　　　B. max($5d$,墙厚/2) 　C. 墙厚/2 　　　　　　D. 墙厚-保护层

9. 悬挑板板厚注写为 $h = 120/80$ 表示（　　　）。

A. 根部厚120mm 　　B. 端部厚120mm 　　　C. 四周厚120mm 　　D. 平均厚80mm

二、简答题

1. 有梁楼盖板块集中标注的内容有哪些？

2. "隔一布一"时，Φ10/12@150 表示什么意思？

3. 板支座上部非贯通筋，什么情况下可仅在支座一侧线段下方标出伸出长度，另一侧不注？

4. 板在端部支座的锚固构造有哪些？

5. 板上、下部的通长筋可分别在什么位置连接？

6. 什么情况下板中设有放射筋？

7. 圆形洞口与矩形洞口补强钢筋有何不同之处？

8. 有梁楼盖楼面板 LB 和屋面板 WB 钢筋构造有什么特点？

9. 有梁楼盖板平法施工图的平面注写方式有哪些内容？

3 CHAPTER

10. 板块什么情况下可编为同一板号？

11. 后浇带留筋有哪两种方式？

12. 开洞 BD 的直接引注和配筋构造要求有哪些？

13. 悬挑阳角附加筋 Ces 的直接引注和配筋构造要求有哪些？

14. 板翻边 FB 的直接引注和配筋构造构造要求有哪些？.

15. 根据附录图纸结合工程实例识读板钢筋。

16. 根据附录图纸计算板钢筋。

项目四　柱施工图平法识读

项目分析

　　中流砥柱，比喻能担当重任，在艰难环境中起支柱作用的集体或个人。在建筑上，柱同样非常重要，柱要倒了，房屋也就要垮了。

　　建筑上对柱要求严格，有个专业词语叫"强柱弱梁"。特别在框架结构中，按规范和图集要求掌握好各个构造节点的连接和处理方法，最容易疏忽的是柱与梁交接处的核心区，是梁向柱传力的关键部位，这个部位最重要，同时难绑箍筋，因此容易被人偷工减料，要高度重视。

任务目标

　　1. 了解有柱的钢筋构造要求。
　　2. 掌握柱平法施工图的表示方法，掌握柱构件标准构造详图。

能力目标

　　能够识读柱结构施工图，并能计算柱的钢筋。

任务1　柱施工图的表示方法

　　柱平法施工图是在柱平面布置图上采用列表注写方式或截面注写方式表达。在柱平法施工图中，尚应按规定注明各结构层的楼面标高、结构层高及相应的结构层号，还应注明上部结构嵌固部位位置，以便于正确配置钢筋。

　　嵌固部位一般位于底层柱根部，是上部结构与基础的分界部位，是结构计算时底层柱计算长度的起始位置。根据震害表明，嵌固部位处建筑物承受较大的剪力，极易发生剪切破坏，造成建筑物倒塌，因此要加强这个部位的抗剪构造措施，增强柱嵌固端抗剪能力。在竖向构件（柱、墙）平法施工图中，上部结构嵌固部位按下面要求注明。

　　（1）框架柱嵌固部位在基础顶面时，无须注明。

　　（2）框架柱嵌固部位不在基础顶面时，在层高表嵌固部位标高下使用双细线注明，并在层高表下注明上部嵌固部位标高。

　　（3）框架柱嵌固部位不在地下室顶板，考虑地下室顶板对上部结构实际存在嵌固作用时，在层高表地下室顶板标高下使用双虚线注明，如图4-1所示。首层柱端箍筋加密区长度范围及纵向钢筋（也称纵筋）连接位置均按嵌固部位要求设置。

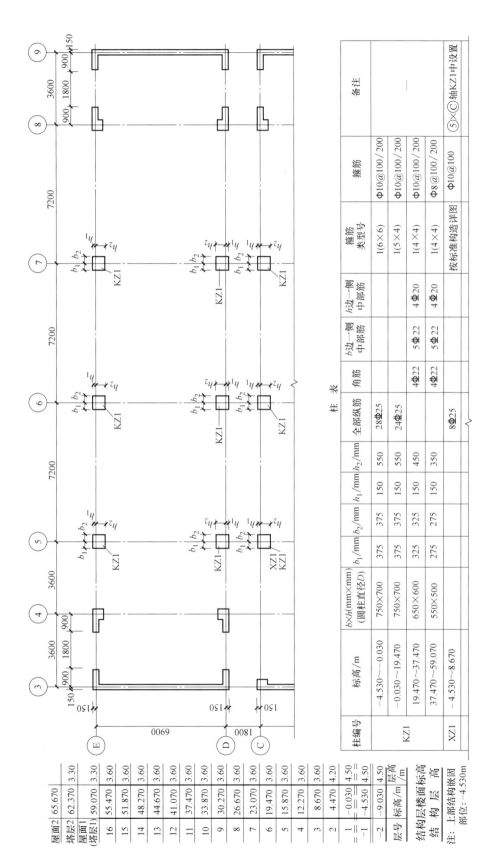

图 4-1 框架柱平法施工图

柱 表

柱编号	标高/m	b×h(mm×mm)(圆柱直径D)	b_1/mm	h_1/mm	b_2/mm	h_2/mm	全部纵筋	角筋	b边一侧中部筋	h边一侧中部筋	箍筋类型号	箍筋	备注
KZ1	−4.530~−0.030	750×700	375	150	375	550	28Φ25				1(6×6)	Φ10@100/200	
	−0.030~19.470	750×700	375	150	375	550	24Φ25				1(5×4)	Φ10@100/200	
	19.470~37.470	650×600	325	150	325	450		4Φ22	5Φ22	4Φ20	1(4×4)	Φ10@100/200	—
	37.470~59.070	550×500	275	150	275	350		4Φ22	5Φ22	4Φ20	1(4×4)	Φ8@100/200	
XZ1	−4.530~8.670						8Φ25				按标准构造详图	Φ10@100	⑤×Ⓒ轴KZ1中设置

项目四 柱施工图平法识读

屋面2	65.670	3.30
塔层2	62.370	3.30
屋面1(塔层1)	59.070	3.60
16	55.470	3.60
15	51.870	3.60
14	48.270	3.60
13	44.670	3.60
12	41.070	3.60
11	37.470	3.60
10	33.870	3.60
9	30.270	3.60
8	26.670	3.60
7	23.070	3.60
6	19.470	3.60
5	15.870	3.60
4	12.270	3.60
3	8.670	3.60
2	4.470	4.20
1	−0.030	4.50
−1	−4.530	4.50
−2	−9.030	4.50
层号	标高/m	层高/m

结构层楼面标高
结 构 层 高

注：上部结构嵌固部位：−4.530m

一、列表注写方式

列表注写方式是在柱平面布置图上分别在同一编号的柱中选择一个截面标注几何参数代号，在柱表中注写柱的具体数值信息。具体内容有柱号、柱段起止标高、几何尺寸（含柱截面对轴线的偏心情况）、纵筋、箍筋（箍筋类型、配筋值），如图4-1所示。

1. 柱编号

柱编号由类型代号和序号组成，见表4-1。编号时，当柱的总高、分段截面尺寸和配筋均对应相同，仅截面与轴线的关系不同时，可编为同一柱号，但应在图上标明截面与轴线的关系。

表4-1 柱编号规定

柱类型	代号	序号
框架柱	KZ	××
转换柱	ZHZ	××
芯柱	XZ	××

2. 各段柱起止标高

各段柱的起止标高，自柱根部往上以变截面位置或截面未变但配筋改变处为界分段注写。

（1）从基础起的柱其根部标高是指基础顶面标高。

（2）芯柱的根部标高是指根据结构实际需要而定的起始位置标高。

（3）梁上框架柱的根部标高是指梁顶面标高。

（4）剪力墙上框架柱的根部标高为墙顶面标高。

（5）屋面框架梁上翻时，框架柱顶标高应为梁顶面标高。

3. 截面尺寸与轴线的关系

（1）矩形柱：截面尺寸 $b \times h$ 及与轴线关系的几何参数代号 b_1、b_2 和 h_1、h_2 的具体数值，须对应于各段柱分别注写。其中 $b = b_1 + b_2$，$h = h_1 + h_2$。当截面的某一边收缩变化至与轴线重合或偏到轴线的另一侧时，b_1、b_2、h_1、h_2 中的某项为零或为负值。

（2）圆柱：在圆柱直径数字前加 d 表示。为表达简单，圆柱截面与轴线的关系也用 b_1、b_2 和 h_1、h_2 表示，并使 $d = b_1 + b_2$，$d = h_1 + h_2$。

（3）芯柱截面尺寸按构造确定，随框架柱定位。

4. 柱纵筋

当柱纵筋直径相同，各边根数也相同时，将纵筋注写在"全部纵筋"一栏中；除上述情况外，柱纵筋应分角筋、截面 b 边中部筋和 h 边中部筋三项分别注写（对于采用对称配筋的矩形截面柱，可仅注写一侧中部筋）。

5. 注写箍筋类型编号及箍筋肢数

多种组合时，应注明具体的数值（$m \times n$ 及 Y）（图4-2、表4-2）。

6. 箍筋

箍筋内容包括钢筋种类、直径与间距，用斜线"/"区分柱端箍筋加密区与柱身非加密

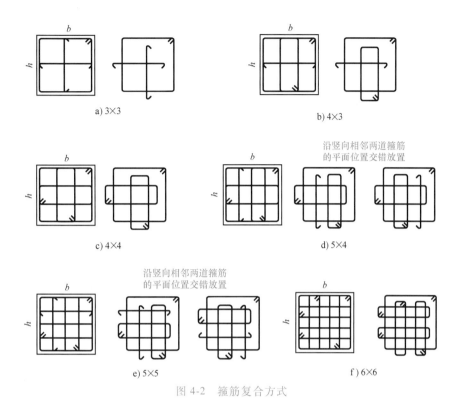

a) 3×3   b) 4×3

沿竖向相邻两道箍筋
的平面位置交错放置

c) 4×4   d) 5×4

沿竖向相邻两道箍筋
的平面位置交错放置

e) 5×5   f) 6×6

图 4-2   箍筋复合方式

表 4-2   箍筋类型表

箍筋类型编号	箍筋肢数	复合方式
1	$m \times n$	肢数m 肢数n
2	—	
3	—	
4	$Y + m \times n$ 圆形箍	肢数m 肢数n

区箍筋的不同间距，箍筋肢数需满足纵筋隔一拉一的要求，如图 4-3、图 4-4 所示，沿复合箍筋周边、箍筋局部重叠处不宜多于两层。当圆柱采用螺旋箍筋时，需在箍筋前加 "L"。当框架节点核心区内箍筋与柱端箍筋设置不同时，在括号内注明核心区箍筋直径及间距，例如Φ10@ 100/200（Φ12@ 100）。柱净高与柱截面长边尺寸或圆柱直径之比≤4 的短柱，箍筋沿柱全高加密。

二、截面注写方式

在柱平面布置图的柱截面上，分别在同一编号的柱中选择一个截面，按另一种比例原位放大绘制柱截面配筋图，直接注写截面尺寸和配筋的具体数值。注写编号时，当柱的总高、分段截面尺寸和配筋均对应相同，仅分段截面与轴线的关系不同时，仍可将其编为同一柱号，如图 4-5 所示。

图 4-3 柱箍筋实物图

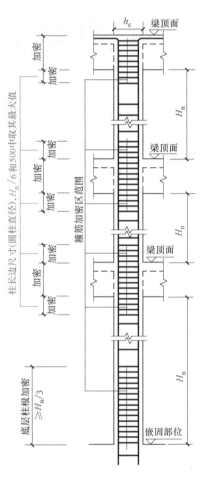

图 4-4 KZ、QZ、LZ 箍筋加密区范围
（QZ 嵌固部位为墙顶面、LZ 嵌固部位为梁顶面）

【例 4-1】 如图 4-5 所示，解释 KZ1 的图示含义。

答案：编号为 1 的框架柱；柱的截面尺寸 650mm×600mm；b 边中心与轴线相同，h 侧中心偏离轴线，$h_1 = 450$mm，$h_2 = 150$mm。

受力钢筋 4Φ22——角部纵筋为 4 根直径 22mm 的 HRB400 钢筋，b 边中部纵筋配 5 根直径 22mm 的 HRB400 钢筋，h 边中部 4 根直径 22mm 的 HRB400 钢筋。

箍筋 Φ10@100/200——箍筋为直径 10mm 的 HPB300 钢筋；间距为加密区间距 100mm，非加密区 200mm。

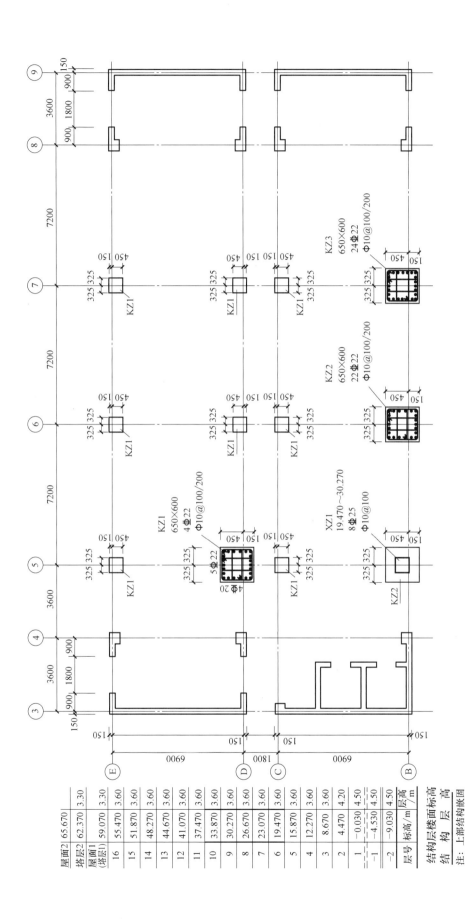

图 4-5　19.470~37.470 柱平法施工图（局部）

任务2 柱构件标准构造详图

一、柱构件标准构造详图说明

（1）常见的柱钢筋连接方式有机械连接、焊接和绑扎连接，常用电渣压力焊进行连接，在抗震等级高、振动荷载要求较高的情况下，采用直螺纹连接。电渣压力焊焊接连接如图4-6所示。

（2）框架柱钢筋认识和计算应考虑的顺序。柱有三大类节点构造，柱根是柱与基础节点，柱中间是柱与梁节点，柱顶是柱与屋面梁节点。所以钢筋计算考虑的顺序是底部基础插筋→中部柱纵筋（含变截面钢筋）→顶部边柱、角柱、中柱纵筋→箍筋。

图4-6 电渣压力焊焊接连接

二、柱钢筋构造图

1. 柱基础钢筋构造图（图4-7和图4-8）

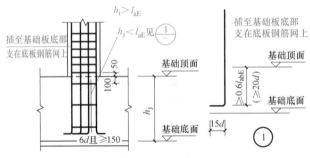

图4-7 柱基础钢筋构造图

图4-8 柱基础钢筋

图 4-7 中 h_j 为基础底面至基础顶面的高度，对于有基础梁的基础为基础梁顶面至梁底面的高度，当柱两侧基础梁标高不同时，取较低标高。

柱在基础中的插筋弯折长度根据柱基础厚度 h_j 与 l_{aE} 大小进行比较。

（1）如果 $h_j \geqslant l_{aE}$，则弯折长度 = max（$6d$，150）；如果 $h_j < l_{aE}$，则弯折长度为 $15d$，如图 4-7、图 4-8 所示。筏形基础中柱基础构造同上所述。

（2）当基础高度 $h_j \geqslant 1400\text{mm}$（柱为轴心受压或小偏心受压构件，$h_j \geqslant 1200\text{mm}$）时，可仅将四角的插筋伸至基础底部，其余插筋锚固在基础顶面下不小于 l_{aE}。

（3）当设有承台，承台高度满足柱插筋直锚长度不小于 l_{aE} 时，插筋的下端做 $6d$ 且 $\geqslant$ 150mm 弯折，放在承台底部钢筋网上。当不能满足直锚要求时，柱插筋伸入承台内直段长度应不小于 $0.6 l_{aE}$，插筋下端弯折 $15d$。对于一柱一桩，柱与桩直接连接时，柱纵向主筋锚入桩身长度不小于 $35d$，且不小于 l_{aE}。

2. 嵌固部位构造图

钢筋连接（图 4-9）位置是嵌固部位上不小于 $H_n/3$ 处连接，H_n 为所在楼层的柱净高，

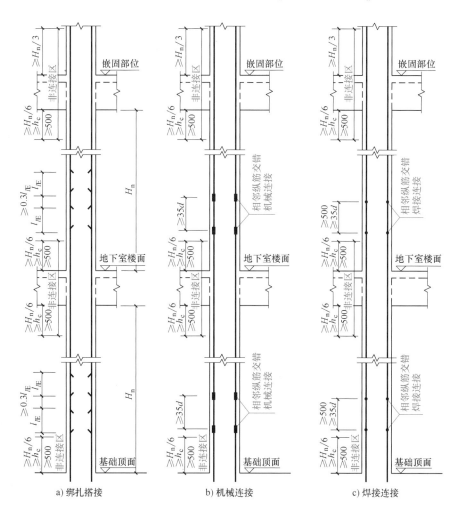

a) 绑扎搭接   b) 机械连接   c) 焊接连接

图 4-9　钢筋连接

当相临侧框架梁高度不一致时，柱净高按较低的梁底计算；在嵌固部位，当地下一层增加的钢筋伸至基础梁顶，梁高满足直锚 $h_b \geqslant l_{aE}$ 时，则将该纵筋伸至柱顶截断；当伸至基础梁顶，如图 4-10a 所示，不满足直锚时，需 $h_b \geqslant 0.5 l_{abE}$，柱纵筋伸至梁顶弯折 $12d$，如图 4-10b 所示。

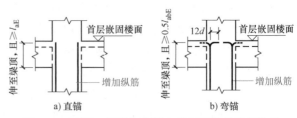

图 4-10　地下一层增加钢筋在嵌固部位的锚固构造

3. 首层及标准层柱纵筋构造图

每层钢筋连接位置（除嵌固部位外），距楼面及梁底 $\geqslant \max(H_n/6, h_c, 500)$ 时连接，h_c 为柱长边尺寸（圆柱为截面直径）。柱相邻纵向钢筋连接接头相互错开，隔一错一，在同一截面内钢筋面积百分率不宜大于 50%，错开的距离为机械连接 $\geqslant 35d$，焊接连接 $\geqslant \max(35d, 500)$，搭接连接为中心 $\geqslant 0.3 l_{lE}$，如图 4-11~图 4-13 所示。轴心受拉和小偏心受拉柱内的纵向钢筋不得采用绑扎搭接接头。

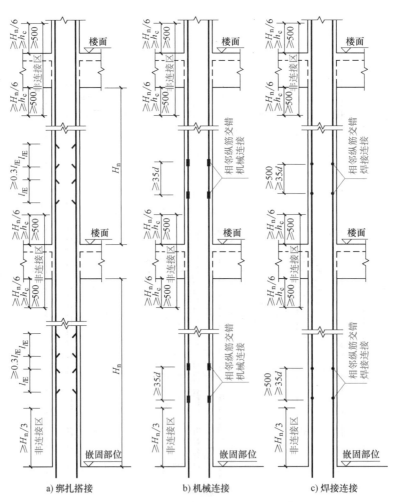

图 4-11　钢筋连接

图 4-12　柱的机械连接

图 4-13　柱连接错开

框架柱端箍筋加密区、节点核心区是关键部位，为实现"强节点"的要求，纵向受力钢筋接头要求尽量避开这两个部位。实际工程中，接头位置无法避开时，应采用满足等强度要求的机械连接接头，且接头百分率不宜超过 50%。

4. 柱纵向钢筋变化构造图（图 4-14、图 4-15）

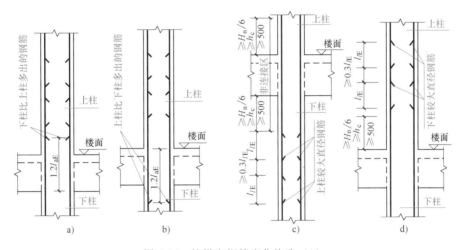

图 4-14　柱纵向钢筋变化构造（1）

（1）钢筋下柱比上柱多出的钢筋，自梁底面向上直锚 $1.2l_{aE}$，如图 4-14a 所示。

（2）钢筋上柱比下柱多出的钢筋，自梁顶面向下直锚 $1.2l_{aE}$，如图 4-14b 所示。

（3）上柱较大钢筋与下柱较小钢筋连接，在下柱连接区进行连接，如图 4-14c 所示。

（4）下柱较大钢筋与上柱较小钢筋连接，在上柱连接区进行连接，如图 4-14d 所示。

下柱比上柱多出的钢筋

图 4-15　柱纵向钢筋变化构造（2）

5. 柱变截面节点构造图

当柱的截面发生变化时，钢筋也要随着变化。钢筋的变化主要看变截面一侧有无梁。

（1）变截面侧边有梁且 $\Delta/h_b > 1/6$ 时，下柱钢筋伸到梁顶部弯折，弯折长度为 $12d$；上柱纵筋下插长度为 $1.2l_{aE}$，如图 4-16 所示。

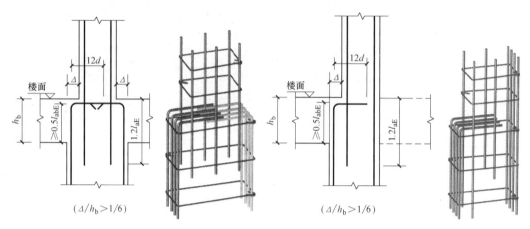

图 4-16 变截面侧边有梁且 $\Delta/h_b > 1/6$ 时构造

（2）变截面侧边有梁且 $\Delta/h_b \leqslant 1/6$ 时，下柱钢筋从梁底斜向梁顶面多的长度按照勾股定理进行计算，如图 4-17 所示。

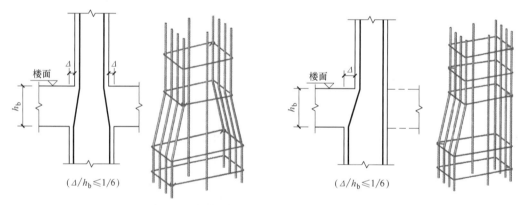

图 4-17 变截面侧边有梁且 $\Delta/h_b \leqslant 1/6$ 时构造

（3）变截面侧无梁时，下柱钢筋弯折，则弯折长度=变截面高差值 $\Delta + l_{aE} - c$，上柱钢筋向下锚固 $1.2l_{aE}$，如图 4-18 所示。

6. 边柱及角柱顶部纵筋构造

框架柱根据所在建筑中的位置，可分为中柱、边柱、角柱三种类型，边柱、角柱与屋面梁交接处称为框架顶层端部节点，见表 4-3。该节点处的梁、柱端均承受负弯矩作用，相当于 90°折梁，节点外侧钢筋不是锚固受力，而属于搭接传力，所以屋面框架梁上部纵筋不能简单地伸至框架梁内锚固，而是与柱外侧纵向钢筋搭接连接，搭接方法主要有两种形式。

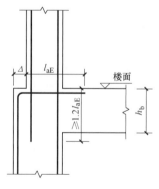

图 4-18 变截面侧无梁时构造

表 4-3　框架顶层节点

顶层框架角柱节点	顶层框架边柱节点	顶层框架中柱节点
WKL WKL　　KZ	WKL WKL　　KZ	WKL WKL　　KZ

（1）柱外侧纵向钢筋和梁上部纵向钢筋在梁顶顶部连接构造，简称"柱包梁"。角柱有两个不与屋面框架梁连接的边，边柱有一个不与屋面框架梁连接的边，上述边所在位置统称为"边柱"，角柱有两个与屋面框架梁连接的边，边柱有三个与屋面框架梁连接的边，由于在此位置柱的钢筋按中柱构造执行，统称为"中柱"。这样角柱和边柱钢筋在顶部构造就可以分为四类，分别是边柱梁宽范围内、边柱梁宽范围外、中柱梁宽范围内、中柱梁宽范围外，如图 4-19 所示。

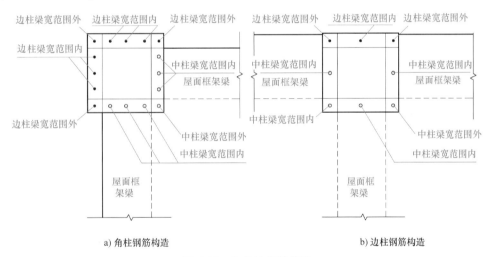

a) 角柱钢筋构造　　　　　　　　　　　b) 边柱钢筋构造

图 4-19　边角柱钢筋构造

梁上部纵向钢筋伸至柱外侧纵筋内侧弯折，弯折段伸至梁底。柱钢筋伸入屋面框架梁的要求见表 4-4。

表 4-4　柱钢筋伸入屋面框架梁的要求

伸入类型	具体要求（屋面框架梁高为 h，保护层为 c）
边柱梁宽范围内	伸入梁内与梁上部钢筋搭接，从梁底算起 $1.5l_{abE}$ 超过柱内侧边缘，当柱外侧纵向钢筋配筋率大于 1.2% 时，分两批截断，截断之间距离不宜小于 $20d$，如图 4-20a 所示 从梁底算起 $1.5l_{abE}$ 未超过柱内侧边缘时，在梁上弯折需 $\geqslant 15d$，如图 4-20b 所示 该部分钢筋截面积应不小于柱外侧纵向钢筋全部面积的 65%
边柱梁宽范围外	位于柱顶第一层钢筋，伸至柱内边后向下弯折 $8d$，位于柱顶第二层时，伸至柱内边截断，如图 4-20c 所示 板厚 $\geqslant 100\text{mm}$ 的现浇板，可伸入现浇板内锚固，如图 4-20d 所示

（续）

伸入类型	具体要求（屋面框架梁高为 h，保护层为 c）
中柱梁宽范围内	$h-c<l_{aE}$，应 $\geq 0.5l_{abE}$，同时柱筋在柱顶向柱内弯折 $12d$，当有现浇板且板厚大于 100mm 时可向柱外弯折 $12d$，锚固于板中，如图 4-22a、b 中节点和图 4-23 所示 $h-c\geq l_{aE}$，柱筋直锚并伸至柱顶，如图 4-22d 所示
中柱梁宽范围外	伸到柱顶向柱内弯折 $12d$，当有现浇板且板厚大于 100mm 时可向柱外弯折 $12d$，如图 4-22d 所示

注：配筋率按公式 $\rho=A_s/A_c$ 计算，式中 A_s 为柱外侧纵向钢筋面积，A_c 为柱截面面积。

（2）当柱外侧钢筋直径不小于梁上部钢筋时，梁宽范围内柱外侧纵向钢筋直接弯入梁上部，作梁的上部钢筋，与图 4-20a、b 所示配合使用，如图 4-20e 节点所示。

柱包梁优点是梁上部钢筋不伸入柱内，有利于在梁底标高处设置柱内混凝土的施工缝，适用于梁上部钢筋和柱外侧钢筋数量不是过多的情况。

（3）柱外侧纵向钢筋和梁上部纵向钢筋在柱顶外侧搭接构造，简称"梁包柱"。柱外侧纵向钢筋伸至柱顶截断。梁上部纵向钢筋伸至柱外侧纵向钢筋内侧弯折，与柱外侧纵向钢筋搭接长度不应小于 $1.7l_{abE}$，当梁上部纵向钢筋配筋率大于 1.2% 时，宜分两批截断，截断点之间距离不宜小于 $20d$。当梁上部纵筋为两排时，先截断第二排钢筋，如图 4-21 所示。

梁包柱的优点是柱外侧钢筋不伸入梁内，避免了梁与柱节点部位钢筋拥挤的情况，有利于混凝土的浇筑。

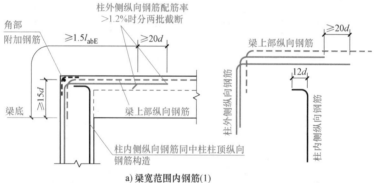

a) 梁宽范围内钢筋(1)
[伸入梁内柱纵向钢筋做法(从梁底算起 $1.5l_{abE}$ 超过柱内侧边缘)]

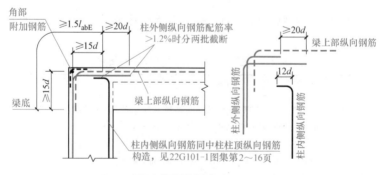

b) 梁宽范围内钢筋(2)
[伸入梁内柱纵向钢筋做法(从梁底算起 $1.5l_{abE}$ 未超过柱内侧边缘)]

图 4-20　柱外侧和梁上部纵向钢筋在梁顶顶部连接构造

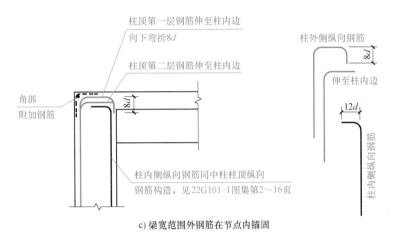

c) 梁宽范围外钢筋在节点内锚固

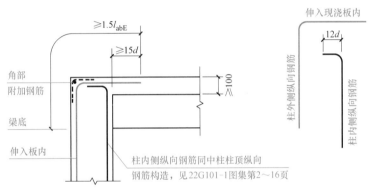

d) 梁宽范围外钢筋伸入现浇板内锚固
（现浇板厚度不小于100mm时）

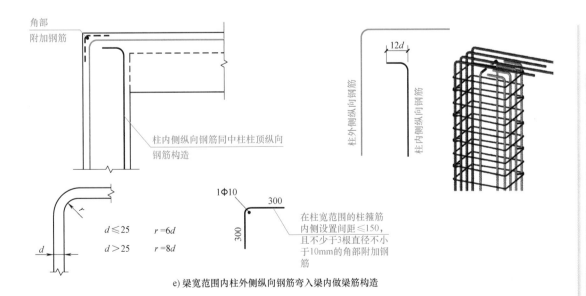

e) 梁宽范围内柱外侧纵向钢筋弯入梁内做梁筋构造

图 4-20　柱外侧和梁上部纵向钢筋在梁顶顶部连接构造（续）

95

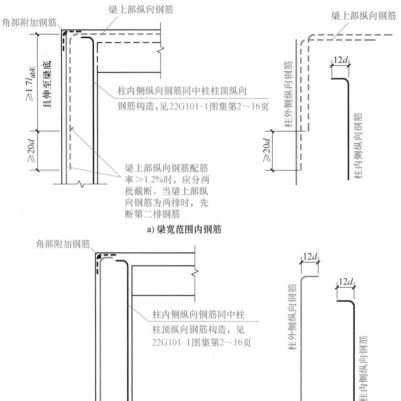

a) 梁宽范围内钢筋

b) 梁宽范围外钢筋

图 4-21 柱外侧纵向钢筋和梁上部钢筋在柱外侧直线搭接构造（梁包柱）

7. 中柱顶部纵筋构造图 （见表 4-4 和图 4-22、图 4-23）

柱顶钢筋构造

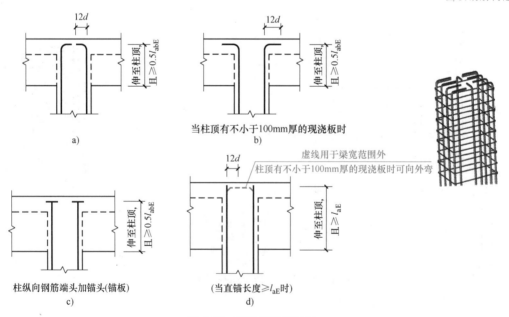

a)

当柱顶有不小于100mm厚的现浇板时
b)

柱纵向钢筋端头加锚头(锚板)
c)

(当直锚长度≥l_{aE}时)
d)

图 4-22 中柱顶部构造图

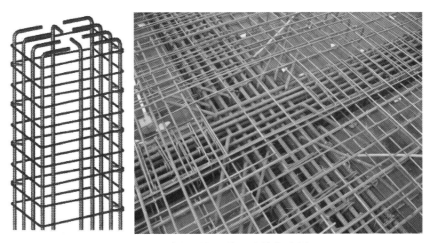

图 4-23　中柱顶部三维和实体构造图

8. 柱纵筋计算公式（表 4-5）

表 4-5　柱纵筋计算

钢筋部位	计算公式
顶部边柱、角柱顶部外侧纵筋长度	外侧钢筋长度＝层高－下层伸出长度－梁高＋搭接长度 柱纵筋伸入梁内的直段长<$1.5l_{abE}$－$15d$，搭接长度＝$1.5l_{abE}$ 当柱纵筋伸入梁内的直段长≥$1.5l_{abE}$－$15d$ 时，柱纵筋伸至柱顶后弯折 $15d$，搭接长度＝梁高－保护层＋$15d$
边柱、角柱顶部内侧纵筋及中柱纵筋长度	中柱纵筋长度＝顶层层高－下层伸出长度－梁高＋锚固长度 锚固长度为：当柱纵筋伸入梁内的直段长<l_{aE} 时，则采用弯锚形式，柱纵筋伸至柱顶后弯折 $12d$，锚固长度＝梁高－保护层＋$12d$ 梁宽范围内，柱纵筋伸入梁内的直段长≥l_{aE} 时，则使用直锚形式，柱纵筋伸至柱顶后截断，锚固长度＝梁高－保护层；梁宽范围外，锚固长度＝梁高－保护层＋$12d$

【例 4-2】　计算附录 A 图纸第 9 张 KZ-4 受力钢筋长度。

根据图纸总说明得知：该楼三级抗震，属丙类建筑柱保护层厚度 $c=25mm$，C30 混凝土，直螺纹连接，钢筋定尺每 9m 一根。查表 1-8 得 $l_{aE}=l_{abE}=37d=37×20mm=740mm$。

1. 基础部分及 -0.050 部分

KZ-4 所在的基础为 J1，基础底板钢筋为Φ12，基础深度 $H_j=600mm<l_{aE}$，柱筋在基础内弯折 $15d=15×20mm=300mm$，柱筋在基础内的深度为 $600mm-40mm-12mm-12mm=536mm$。

由于嵌固部位在基础顶面，伸出 -0.050 部分为非嵌固部位，所有钢筋均为Φ20。所以该部分钢筋隔一错一，共分为两种：一种编号为①，共 4 根，伸出地面长度取 $\max(H_n/6, h_c, 500)=\max[(4150mm+50mm-650mm)÷6, 400mm, 500mm]=592mm$；另一种编号为②，共 4 根，比①种错开 $35d=35×20mm=700mm$。具体计算结果为：

① 4Φ20，竖向段为 $536mm+(2000-50)mm+595mm=3078mm$。加弯折后尺寸＝$3078mm+300mm=3378mm$。

② 4Φ20，错开 $700mm$，竖向段 $3378mm+700mm=4078mm$。

2. −0.050~4.150 部分钢筋

该部分钢筋隔一错一,共分为两种:一种编号为③,共 4 根,伸出 4.150 高度取 $\max(H_n/6, h_c, 500) = \max[(7750mm-4150mm-650mm) \div 6, 400mm, 500mm] = 500mm$,另一种编号为④,共 4 根,比③错开 $35d = 35 \times 20mm = 700mm$。具体计算结果为:

③ 4Φ20,竖向段为 4150mm+50mm+500mm−592mm(下层伸出长度)= 4108mm。

④ 4Φ20,错开 700mm,竖向段 = 4150mm+50mm+500mm+700mm−592mm(下层伸出长度)−700mm(下层错开长度)= 4108mm。

3. 4.150~7.750 部分钢筋

该部分钢筋隔一错一,共分为两种:一种编号为⑤,共 4Φ18 根,伸出 7.750m,高度取 $\max(H_n/6, h_c, 500) = \max[(11350mm-7750mm-600mm) \div 6, 400mm, 500mm] = 500mm$;另一种编号为⑥,共 4Φ16 根,比⑤错开 $35d = 35 \times 18mm = 630mm$(连接区段取较大钢筋直径)。具体计算结果为:

⑤ 4Φ18,竖向段为 7750mm−4150mm+500mm−500mm(下层伸出长度)= 3600mm。

⑥ 4Φ16,错开 560mm,竖向段 = 7750mm−4150mm+500mm+630mm−500mm(下层伸出长度)−700mm(下层错开长度)= 3530mm。

4. 7.750~11.350 部分钢筋

该柱属于边柱,临边一侧钢筋 2Φ18 和 1Φ16 从梁底伸入梁顶部(板内)$1.5l_{aE}$,由于顶部梁高为 600mm,Φ16 和Φ18 直锚段长度均小于 l_{aE},所以其余钢筋伸到梁顶弯折 $12d$,根据下层钢筋伸出长度和本层钢筋锚固情况,该层钢筋共分为 5 种。

层高:11350mm−7750mm = 3600mm

⑦ 3Φ16,(下部错开 $35d$)中柱梁宽范围内钢筋,伸到柱顶弯折 $12d = 16 \times 12mm = 192mm$,钢筋尺寸 = 3600mm−500mm−630mm−25mm+192mm = 2637mm。

⑧ 2Φ18,中柱梁宽范围内钢筋,⑨1Φ18 中柱梁宽范围外钢筋,伸到柱顶弯折 $12d = 12 \times 18mm = 216mm$,钢筋尺寸 = 3600mm−500mm−25mm+216mm = 3291mm。

⑩ 2Φ18,边柱梁宽范围内钢筋,⑪1Φ18 边柱梁宽范围外钢筋,从梁底开始伸入梁顶部 $1.5l_{aE} = 1.5 \times 42 \times 18mm = 1134mm$,钢筋尺寸 = 3600mm−500mm−600mm+1134mm = 3634mm。

⑫ 1Φ16,边柱梁宽范围外钢筋,从梁底开始伸入梁顶部 $1.5l_{aE} = 1.5 \times 42 \times 16mm = 1008mm$,钢筋尺寸 = 3600mm−500mm−630mm−600mm+1008mm = 2878mm。

9. 剪力墙上柱和梁上柱构造图(图 4-24、图 4-25)

墙上起柱,在墙顶面标高以下锚固范围内的柱箍筋按上柱非加密区箍筋要求配置。梁上起柱,在梁内设两道柱箍筋。

墙上起柱(柱纵筋锚固在墙顶部时)和梁上起柱时,墙体和梁的平面外方向应设梁,以平衡柱脚在该方向的弯矩;当柱宽度大于梁宽时,梁应设水平加腋。

10. KZ 边柱和角柱柱顶等截面伸出时纵向钢筋构造图(图 4-26)

11. 柱箍筋构造图

(1)基础箍筋构造。柱在基础内的箍筋是非复合箍筋。根数根据柱基础中的插筋保护层厚度(竖直段插筋外侧距基础边缘的厚度)确定。当插筋保护层厚度大于 $5d$ 时,箍筋在

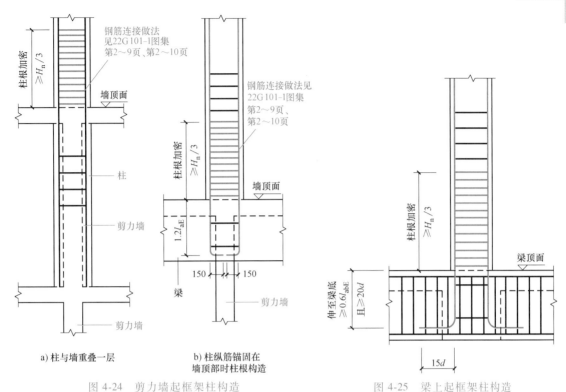

图 4-24　剪力墙起框架柱构造　　　　　　　　图 4-25　梁上起框架柱构造

基础高度范围的间距不大于 500mm，且不少于 2 道，如图 4-27a 所示；当插筋保护层厚度 ≤5d 时，在基础锚固区设置横向箍筋，箍筋间距为 min（10d，100），d 为插筋的最小直径，如图 4-27b 所示。

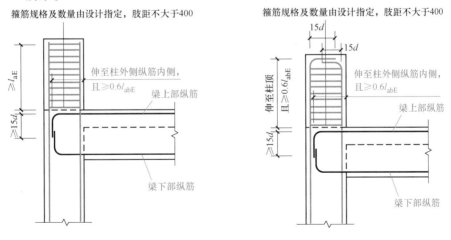

a) 当伸出长度自梁顶算起满足直锚长度l_{aE}时　　　　b) 当伸出长度自梁顶算起不能满足直锚长度l_{aE}时

图 4-26　框架边柱和角柱顶等截面伸出时纵向钢筋构造

（2）地下室柱箍筋。当地下室顶面为嵌固部位时，如图 4-28 所示，地下室顶面以上的 $H_n/3$ 为加密范围；当地下室顶面不是嵌固部位时，顶面上下 max（$H_n/6$，h_c，500）为加密范围。

项目四　柱施工图平法识读

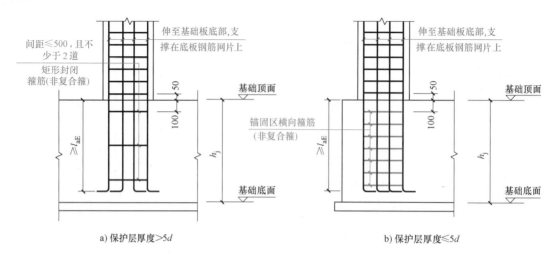

a) 保护层厚度>5d　　　　　　　b) 保护层厚度≤5d

图 4-27　柱基础箍筋构造图

（3）柱在地面以上各层箍筋。当柱下端为嵌固部位时，$H_n/3$ 为加密范围，如图 4-28 所示，柱与梁连接节点范围内及节点上下 max（$H_n/6$，h_c，500）（H_n 按最大净高确定加密区高度），绑扎搭接范围 $1.3l_{lE}$，全部为加密范围，其余为非加密范围。

（4）穿层箍筋。当柱在某楼层各向均无梁且无板连接时，计算箍筋加密范围采用的 Hn＊按该穿层柱的总净高取用；当柱在某楼层单方向无梁且无板连接时，应该两个方向分别计算箍筋加密区范围，并各自取较大值，如图 4-29 所示。

（5）框架节点核心区箍筋。柱与梁连接节点为抗震设计的框架节点核心区，水平箍筋一般情况下等同于柱端箍筋加密区范围内箍筋，当框架节点核心区内箍筋与柱端箍筋设置不同时，在括号中注明，如：Φ10@100/200（Φ12@100）。当节点区设置复合箍筋时，除外圈必须采用封闭箍筋外，其他核心区中部箍筋可采用拉筋代替。

（6）刚性地面处箍筋。刚性地面通常指现浇混凝土地面、一定厚度的石材地面、沥青混凝土地面、有一定基层厚度的地砖地面等。当柱位于刚性地面且无框架梁时，由于其平面内的刚度比较大，在水平力作用下，平面内变形很小，发生震害时，在刚性地面附近范围，若未对柱做箍筋加密处理，会使框架柱根部产生剪切破坏。规范规定，在刚性地面上下各 500mm 范围内设置加密箍筋，其箍筋直径和间距按柱端箍筋加密区的要求；当边柱遇室内、外均为刚性地面时，

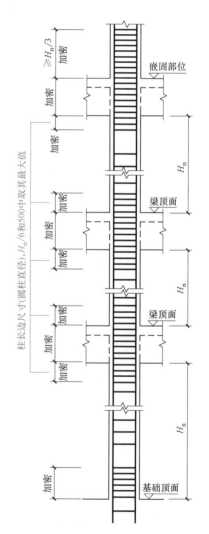

图 4-28　箍筋加密区范围

加密范围取各自上下的 500mm；当边柱仅一侧有刚性地面时，也应按此要求设置加密区，如图 4-30 所示。

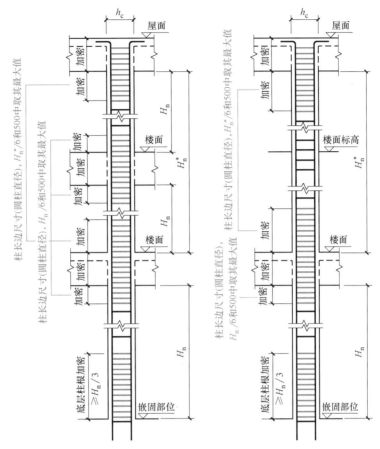

图 4-29　穿层框架柱箍筋加密范围

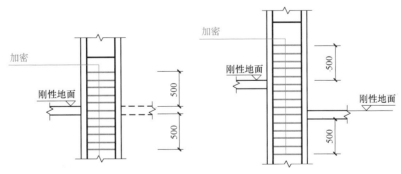

图 4-30　刚性地面箍筋加密

柱纵向受力钢筋不宜在此范围内连接。当与柱端箍筋加密区范围重叠时，重叠区域的箍筋可按柱端部加密箍筋要求设置，加密区范围同时满足柱端加密区高度及刚性地面上下各 500mm 的要求。

（7）每层箍筋根数计算。

柱根部根数=(加密区长度-50)/加密间距+1(向上取整)

梁下根数=(加密区长度-50)/加密间距+1(向上取整)

梁高度范围根数=梁高/加密间距(向下取整)

非加密区根数=非加密区长度/非加密间距-1(向上取整)

箍筋计算公式:

每个箍筋弯钩增加长度:直径≥8mm,11.9d;直径≤6mm,75+1.9d;

$$外箍长度=(b-2c+h-2c)\times2+2\times箍筋弯钩增加长度$$

$$内箍(双肢箍筋)长度=[(b-2c-2d-D)/(J-1)\times(j-1)+D+2d]\times2+$$

$$(h-2c)\times2+2\times箍筋弯钩增加长度$$

式中,b、h分别为柱截面宽度,J、j分别为柱大箍和小箍中所含的受力筋根数,c为保护层厚度,d为箍筋直径,D为受力箍直径。

(8)箍筋根数计算

【例4-3】 计算附录A图纸第9张KZ-4箍筋长度。

1. 箍筋3×3尺寸计算

外箍,长和宽均为400mm-25mm×2=350mm。

外包尺寸=350mm×4+11.9mm×8×2=1590mm

内箍,单支,水平段长度=400mm-25mm×2+11.9mm×8×2=540mm。

2. 根数

① 基础内[(600-50×2)÷500+1]根=2根(只有外箍)

② 基础顶~-0.050(该部位为嵌固部位,图纸为全部加密)

[(2000-50-50×2)÷100+1]根=20根

③ -0.050~4.150,共分4部分

上下加密区高度为max[(4150+50-650)÷6,400,500]=592mm,取600mm

根数=[(600-50)÷100+1]根=7根

非加密区=[(4150+50-650-600×2)÷200-1]根=11根

梁柱核心区=650mm÷100mm+1=7根

合计:(7×2+11+7)根=32根

④ 4.150~7.750,共分4部分

上下加密区高度max[(7750-4150-650)÷6,400,500]=500mm

根数=[(500-50)÷100+1]根=6根

非加密区=[(7750-4150-650-500×2)÷200-1]根=9根

梁核心区=(650mm÷100mm+1)根=7根

合计:(6×2+9+7)根=28根

⑤ 7.750~11.350计算同④,28根(梁高改为600mm)

合计:1590mm×(2根+20根+32根+28根×2)+540mm×(20根+32根+28根×2)=233220mm

12. 芯柱构造图（图 4-31）

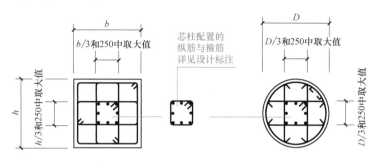

芯柱配置的
纵筋与箍筋
详见设计标注

芯柱XZ配筋构造

注：纵筋的连接及根部锚固同框架柱，往上直通至芯柱柱顶标高

图 4-31 芯柱构造

复习思考题

一、填空题

解释下图 KZ1 标注的图示含义。

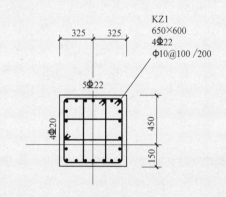

KZ1
650×600
4Φ22
Φ10@100 /200

该柱的类型为_____，柱的截面尺寸为_____。柱四角的角部配筋为_____，b 方向中部纵筋为_____，h 方向中部纵筋为_____，柱端箍筋加密区的间距为_____，箍筋直径为_____。该柱共有_____根受力钢筋。Φ10@ 100/200 表示箍筋钢筋种类为_____、直径为_____、加密区间距为_____、非加密区的间距为_____。

二、选择题

1. 柱基础保护层≥5d，基础内箍筋间距应不大于（   ），且不少于（   ）道矩形封闭箍筋。

A. 250，2   B. 250，3   C. 500，2   D. 500，3

2. 框架柱箍筋距楼面部位的起步距离为（   ）。

项目四　柱施工图平法识读

A. 25mm   B. 50mm   C. 75mm   D. 100mm

3. 有抗震要求时，梁柱箍筋的弯钩长度应为（   ）。

A. 5d

B. 10d 和 75mm 的较大值

C. 10d 和 100mm 的较大值

D. 5d 和 75mm 的较大值

4. 柱编号 KZ 表示的柱类型为（   ）。

A. 框架柱   B. 梁上柱   C. 构造柱   D. 框支柱

5. 顶层边柱、角柱柱内侧纵筋（不满足直锚）应伸至柱顶并弯折（   ）。

A. 8d B. 12d C. 150mm   D. 300mm

6. 柱在基础中的插筋弯折长度根据柱基础厚度 h_j 与 l_{aE} 大小确定，当 $h_j < l_{aE}$ 时，弯折（   ）。

A. 6d 和 150mm 较大值   B. 10d C. 12d D. 15d

7. 上柱钢筋比下柱钢筋多时，上柱比下柱多出的钢筋（   ）。

A. 从楼面直接向下插 1.5l_{aE}

B. 从楼面直接向下插 1.6l_{aE}

C. 从楼面直接向下插 1.2l_{aE}

D. 单独设置插筋，从楼面向下插 1.2l_a，和上柱多出钢筋搭接

8. 抗震框架柱中间层柱根箍筋加密区范围是（   ）。

A. 500   B. 柱长边尺寸（圆柱直径）

C. $H_n/6$ D. 三者取大

9. 边角柱柱顶等截面伸出，柱纵向钢筋构造，以下说法正确的是（   ）。

A. 当柱顶突出屋面的长度大于 0.4l_{aE} 时，柱纵筋伸至柱顶截断

B. 当柱顶突出屋面的长度不小于 l_{aE} 时，柱纵筋伸至柱顶截断

C. 当柱顶突出屋面的长度小于 l_{aE} 时，柱内外侧钢筋均伸至柱顶弯折 12d

D. 当柱顶突出屋面的长度小于 l_{aE} 时，柱外侧钢筋伸至柱顶弯折 12d，内侧钢筋伸至柱顶弯折 8d

10. 下面关于首层 H_n 的取值说法正确的是（   ）。

A. H_n 为首层柱净高

B. H_n 为首层高度

C. H_n 为嵌固部位至首层节点底

D. 无地下室时 H_n 为基础顶面至首层节点底

11. 抗震中柱顶层节点构造，当不能直锚时需要伸到节点顶后弯折，其弯折长度为（   ）。

A. 15d B. 12d C. 150mm   D. 250mm

12. 当柱变截面需要设置插筋时，插筋应该从变截面处节点顶向下插入的长度为（   ）。

A. $1.6l_{aE}$ B. $1.5l_{aE}$ C. $1.2l_{aE}$ D. $0.5l_{aE}$

13. 梁上柱 LZ 纵筋构造，柱纵筋伸入梁底弯折，弯折长度为（　　）。

A. $12d$ B. $15d$ C. 150mm   D. $6d$

14. 中柱变截面位置纵向钢筋构造，说法正确的是（　　）。

A. 必须断开   B. 必须通过

C. 断开时应全部弯折 l_{aE} D. 通过斜段变截面侧面有梁且 $D/h_b \leqslant \dfrac{1}{6}$ 时

15. 框架柱嵌固部位不在基础顶面时，在层高表嵌固部位标高下使用（　　）标明，并在层高表下注明上部结构嵌固部位标高。

A. 双细线   B. 双实线

C. 加粗线   D. 双虚线

16. 柱相邻纵向钢筋连接接头相互错开，错开距离采用焊接连接比机械连接多考虑的条件是（　　）。

A. 500mm   B. 柱长边尺寸   C. $35d$ D. l_{aE}

17. 柱箍筋加密范围不包括（　　）。

A. 节点范围   B. 底层刚性地面上下 500mm

C. 基础顶面嵌固部位向下 $1/6H_n$ D. 搭接范围

18. 框架下柱钢筋比上柱钢筋多时，下柱比上柱多出的钢筋如何构造？（　　）

A. 从节点底向上伸入一个锚固长度   B. 伸至节点顶弯折 $15d$

C. 从节点底向上伸入一个 $1.2l_{aE}$ D. 从节点底向上伸入一个 $1.5l_{aE}$ 长度

三、简答题

1. 柱平面施工图采用的表达式有哪两种？

2. 柱列表注写时，柱表中包括哪些内容？

3. 抗震 KZ 边柱，角柱与中柱柱顶纵筋构造有何异同？

4. 抗震 KZ 柱箍筋加密区的范围是多少？

5. 当柱变截面时，满足什么条件，纵筋可以通过变截面而不必弯折截断？

6. 什么是刚性地面，柱在刚性地面处箍筋有哪些要求？

7. 平法柱的编号都表达哪些内容？

8. 柱插筋在基础内的锚固构造有哪几种情况？

9. 识读附录 A 图纸第 9 张中的柱。

10. 根据附录 A 图纸第 9 张计算柱钢筋。

项目五　剪力墙施工图平法识读

项目分析

人心齐泰山移，团队的力量是非常强大的。

剪力墙就是由剪力墙身、剪力墙柱、剪力墙梁三类构件共同组成的一个强大的团队，三者发挥各自特长，共同参与受力，缺一不可。正因为如此，剪力墙结构比框架结构更有优势，可以用来建造更高的大楼。本书虽然分构件介绍，但只有将三个构件全面贯通理解，才能正确进行施工。

任务目标

1. 掌握剪力墙施工图的表示方法。
2. 掌握各种剪力墙标准构造详图。

能力目标

能够正确识读剪力墙施工图。

任务 1　剪力墙施工图的表示方法

剪力墙平法施工图是采用列表注写方式或截面注写方式表示在剪力墙平面布置图上，本书主要介绍列表注写方式。剪力墙通常视为由剪力墙柱、剪力墙身和剪力墙梁三类构件组成，如图 5-1 所示。

根据是否具有独立承担荷载的功能，结构构件又可分为独立构件和非独立构件。剪力墙结构普遍存在非独立构件，如剪力墙梁（暗梁、边框梁）、剪力墙柱（暗柱、扶壁柱、端柱）等，这类构件本体与剪力墙一体成形，无独立承担荷载的功能，是为满足剪力墙不同部位的特殊受力需求而设置的加强构造。

一、剪力墙柱的制图规则

（1）剪力墙柱的编号，由墙柱类型、代号和序号组成，见表 5-1。

边缘构件设置在剪力墙端部及大洞口两侧，是剪力墙的重要组成部分，是保证剪力墙有较好延性和耗能的构件，分为约束边缘构件和构造边缘构件，如图 5-2 和图 5-3 所示。

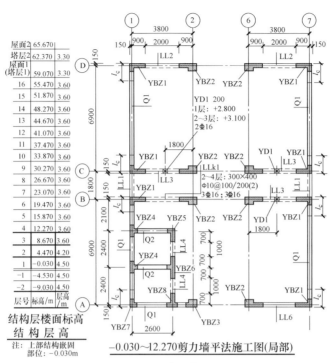

层号	标高/m	层高/m
屋面2	65.670	
塔层2	62.370	3.30
屋面1(塔层1)	59.070	3.30
16	55.470	3.60
15	51.870	3.60
14	48.270	3.60
13	44.670	3.60
12	41.070	3.60
11	37.470	3.60
10	33.870	3.60
9	30.270	3.60
8	26.670	3.60
7	23.070	3.60
6	19.470	3.60
5	15.870	3.60
4	12.270	3.60
3	8.670	3.60
2	4.470	4.20
1	-0.030	4.50
-1	-4.530	4.50
-2	-9.030	4.50

结构层楼面标高
结构层高

注：上部结构嵌固
部位：-0.030m

-0.030~12.270剪力墙平法施工图(局部)

剪力墙柱表

截面	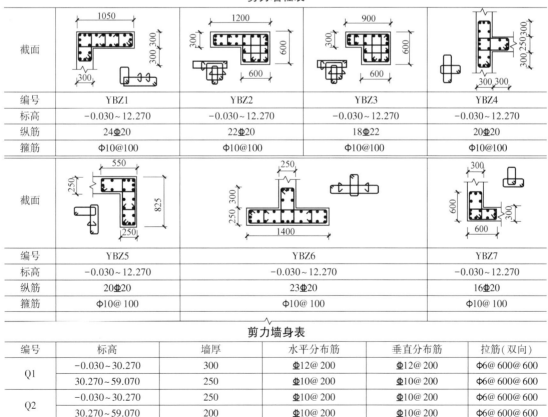			
编号	YBZ1	YBZ2	YBZ3	YBZ4
标高	-0.030~12.270	-0.030~12.270	-0.030~12.270	-0.030~12.270
纵筋	24Φ20	22Φ20	18Φ22	20Φ20
箍筋	Φ10@100	Φ10@100	Φ10@100	Φ10@100

截面			
编号	YBZ5	YBZ6	YBZ7
标高	-0.030~12.270	-0.030~12.270	-0.030~12.270
纵筋	20Φ20	23Φ20	16Φ20
箍筋	Φ10@100	Φ10@100	Φ10@100

剪力墙身表

编号	标高	墙厚	水平分布筋	垂直分布筋	拉筋(双向)
Q1	-0.030~30.270	300	Φ12@200	Φ12@200	Φ6@600@600
	30.270~59.070	250	Φ10@200	Φ10@200	Φ6@600@600
Q2	-0.030~30.270	250	Φ10@200	Φ10@200	Φ6@600@600
	30.270~59.070	200	Φ10@200	Φ10@200	Φ6@600@600

图 5-1 剪力墙柱、剪力墙身和剪力墙梁

项目五 剪力墙施工图平法识读

剪力墙梁表

编号	所在楼层号	梁顶相对标高高差	梁截面 $b \times h$	上部纵筋	下部纵筋	箍筋
LL1	2~9	0.800	300×2000	4Φ22	4Φ22	Φ10@100(2)
	10~16	0.800	250×2000	4Φ20	4Φ20	Φ10@100(2)
	屋面1		250×1200	4Φ20	4Φ20	Φ10@100(2)
LL2	3	−1.200	300×2520	4Φ22	4Φ22	Φ10@150(2)
	4	−0.900	300×2070	4Φ22	4Φ22	Φ10@150(2)
	5~9	−0.900	300×1770	4Φ22	4Φ22	Φ10@150(2)
	10~屋面1	−0.900	250×1770	3Φ22	3Φ22	Φ10@150(2)
LL3	2		300×2070	4Φ22	4Φ22	Φ10@100(2)
	3		300×1770	4Φ22	4Φ22	Φ10@100(2)
	4~9		300×1170	4Φ22	4Φ22	Φ10@100(2)
	10~屋面1		250×1170	3Φ22	3Φ22	Φ10@100(2)
LL4	2		250×2070	3Φ20	3Φ20	Φ10@120(2)
	3		250×1770	3Φ20	3Φ20	Φ10@120(2)
	4~屋面1		250×1170	3Φ20	3Φ20	Φ10@120(2)
AL1	2~9		300×600	3Φ20	3Φ20	Φ8@150(2)
	10~16		250×500	3Φ18	3Φ18	Φ8@150(2)
BKL1	屋面1		500×750	4Φ22	4Φ22	Φ10@150(2)

图5-1　剪力墙柱、剪力墙身和剪力墙梁（续）

表5-1　墙柱编号

墙柱类型	代号	序号
约束边缘构件（约束边缘暗柱、约束边缘端柱、约束边缘翼墙、约束边缘转角墙，如图5-2所示）	YBZ	××
构造边缘构件（构造边缘暗柱、构造边缘端柱、构造边缘翼墙、构造边缘转角墙，如图5-3所示）	GBZ	××
非边缘暗柱	AZ	××
扶壁柱	FBZ	××

1）约束边缘构件。抗震设计时，延性剪力墙底部（嵌固部位）可能出现塑性铰的高度范围称为底部加强部位。在底部加强部位及相邻的上一层，按照规范要求，设置约束边缘构件（在施工图设计文件中说明），加强其抗震构造措施，使其具有较大的弹塑性变形能力，提高整个结构的抗震能力。剪力墙通常在以下部位设置约束边缘构件：

① 抗震等级为一、二、三级，底层墙肢底截面的轴压比比较大［超过《建筑抗震设计规范》（GB 50011—2010）的规定］的剪力墙，应在底部加强部位及相邻的上一层设置约束边缘构件。

② 部分框支剪力墙结构，应在底部加强部位及相邻的上一层设置约束边缘构件。

2）构造边缘构件。除以上要求设置约束边缘构件的部位之外，其余剪力墙端部及大洞口两侧，均应设置构造边缘构件。

（2）剪力墙柱截面尺寸，包括剪力墙平面图中约束边缘构件沿墙肢长度 l_c，为加强剪力墙边缘的稳固性，规范要求在暗柱 l_c 范围内加密拉筋。

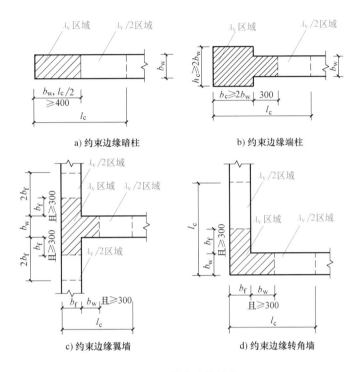

图 5-2 约束边缘构件

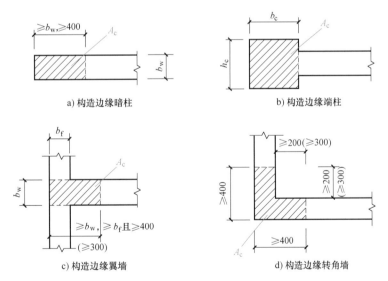

图 5-3 构造边缘构件

（3）各段墙柱的起止标高。分段位置为墙柱根部往上以变截面位置或截面未变但配筋改变处。墙柱根部标高是指基础顶面标高（框支剪力墙结构为框支梁顶面标高）。

（4）各段墙柱的纵向钢筋和箍筋，数值应与表中绘制的截面配筋图对应一致。包括纵向钢筋总配筋值、墙柱箍筋（约束边缘构件阴影部位的箍筋和非阴影区内布置的拉筋或箍筋），如图 5-1、图 5-4 所示。

二、剪力墙身的制图规则

（1）剪力墙身的编号，由墙身类型代号、序号和墙身所配置的水平与竖向分布钢筋排数（写在括号里）。表达形式为 Q××（××排）。水平分布钢筋和竖向分布钢筋配置双排时可不写。

对于分布钢筋网的排数规定：当剪力墙厚度 ≤ 400mm 时，应配置双排；当剪力墙厚度 $400mm < B \leqslant 700mm$ 时，宜配置三排；当剪力墙厚度 $B > 700mm$ 时，宜配置四排。各排水平分布钢筋和竖向分布钢筋的直径与间距应保持一致。当剪力墙配置的分布钢筋多于两排时，剪力墙拉筋两端应同时钩住外排水平纵筋和竖向纵筋，还应与剪力墙内排水平纵筋和竖向纵筋绑扎在一起。

图 5-4　剪力墙柱和剪力墙身

（2）各段墙身起止标高，同剪力墙柱。

（3）水平分布钢筋、竖向分布钢筋和拉筋的具体数值。数值为一排水平分布钢筋和竖向分布钢筋的规格与间距。拉筋的布置方式有矩形或梅花（a 为竖向分布钢筋间距，b 为水平分布钢筋间距，如图 5-5 所示）。剪力墙身图例如图 5-1 所示。

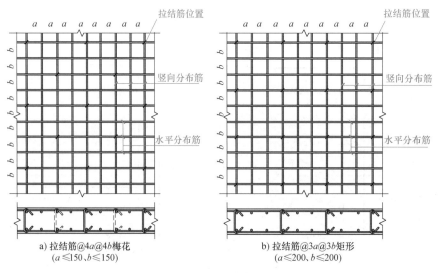

a) 拉结筋@4a@4b梅花
（$a \leqslant 150$、$b \leqslant 150$）

b) 拉结筋@3a@3b矩形
（$a \leqslant 200$、$b \leqslant 200$）

图 5-5　剪力墙拉筋构造

三、剪力墙梁的制图规则

（1）剪力墙梁编号由墙梁类型、代号和序号组成，见表 5-2。当某些墙身设置暗梁或边框梁时，在剪力墙施工图中绘制其平面布置图并编号。

（2）墙梁所在楼层号。

（3）墙梁顶面标高高差，指相对于墙梁所在结构层楼面标高的高差值，高为正值，低为负值，当无高差时不写。

表 5-2　剪力墙梁编号

墙梁类型	代号	序号
连梁	LL	××
连梁（对角暗撑配筋）	LL（JC）	××
连梁（交叉斜筋配筋）	LL（JX）	××
连梁（集中对角斜筋配筋）	LL（DX）	××
连梁（跨高比≥5）	LLK	××
暗梁	AL	××
边框梁	BKL	××

（4）墙梁截面尺寸 $b×h$、上部纵筋、下部纵筋和箍筋的具体数值。

（5）对角暗撑时连梁［代号为 LL（JC）××］内容包括：暗撑的截面尺寸（箍筋外皮尺寸）；一根暗撑的全部纵筋，"×2"表明有两根暗撑相互交叉；箍筋的具体数值。

（6）交叉斜筋连梁［代号为 LL（JX）××］内容包括：一侧对角斜筋的配筋值并标注"×2"表明对称布置；对角斜筋在连梁端部设置的拉筋根数、规格及直径，"×4"表示四个角都设置；注写连梁一侧折线钢筋配筋值，并用"×2"表明对称布置。

（7）集中对角斜筋连梁［代号为 LL（DX）××］内容包括：一条对角线上的对角斜筋，并标注"×2"表明对称布置。

（8）跨高比≥5 的连梁，按框架梁设计时（代号为 LLK××）标注内容同框架梁。

墙梁侧面纵筋的配置，当墙身水平分布钢筋满足连梁、暗梁及边框梁的梁侧面纵向构造钢筋的要求时，该筋配置同墙身水平分布钢筋，表中不注，施工按标准构造详图的要求即可；当不满足时，见表中梁侧面纵筋的具体数值，如图 5-1 所示。梁侧面钢筋以"N"打头时，在支座内锚固长度同连梁中的受力钢筋。例如 NΦ10@150，表示墙梁两个侧面纵筋对称布置，强度级别为 HRB400，钢筋直径为 10mm，间距为 150mm。剪力墙梁图例如图 5-1 所示。

四、剪力墙洞口的制图规则

剪力墙上的洞口均可在剪力墙平面布置图上原位表达，如图 5-1 所示，并标注洞口中心的平面定位尺寸，引注洞口编号、洞口几何尺寸、洞口中心相对标高、洞口每边补强钢筋共四项内容。具体规定如下：

（1）洞口编号。矩形洞口为 JD××（××为序号），圆形洞口为 YD××（××为序号）。

（2）洞口几何尺寸。矩形洞口为洞宽×洞高（$b×h$），圆形洞口为洞口直径 D。

（3）洞口中心相对标高。指相对于结构层楼（地）面标高的洞口中心高度。当其高于结构层楼面时为正值，低于结构层楼面时为负值。

（4）洞口每边补强钢筋。分以下几种不同情况：

1）当矩形洞口的洞宽、洞高均不大于 800mm 时，按标准构造详图设置的补强纵筋配置，可不注写，洞宽、洞高补强钢筋不一致时，用"/"分隔。

【例5-1】 JD3　400×300　+3.100，表示3号矩形洞口，洞宽400mm，洞高300mm，洞口中心距本结构层楼面3100mm，洞口每边补强钢筋按标准构造详图配置。

【例5-2】 JD2　400×300　+3.100　3ΦΦ14，表示2号矩形洞口，洞宽400mm，洞高300mm，洞口中心距本结构层楼面3100mm，洞口每边补强钢筋为3ΦΦ14。

2）当矩形或圆形洞口的洞宽或直径大于800mm时，在洞口的上、下需设置补强暗梁，标明上、下每边暗梁的纵筋和箍筋的具体数值（在标准构造详图中，补强暗梁梁高一律定为400mm，设计图纸没标明，施工时按标准构造详图取值）；当洞口上、下边为剪力墙连梁时，见连梁；洞口竖向两侧按边缘构件配筋，见边缘构件。圆形洞口需注明环向加强筋的具体数值。

【例5-3】 JD5　1800×2100　+1.800　6Φ20　Φ8@150，表示5号矩形洞口，洞宽1800mm，洞高2100mm，洞口中心距本结构层楼面1800mm，洞口上下设补强暗梁，每边暗梁纵筋为6Φ20，箍筋为Φ8@150。

3）当圆形洞口设置在连梁中部1/3范围（且圆洞直径不应大于1/3梁高）时，在圆洞上下平每边设置补强钢筋与箍筋。

4）当圆形洞口设置在墙身、暗梁、边框梁位置时，且洞口直径不大于300时，在洞口每边的补强钢筋见具体数值。

5）当圆形洞口直径大300mm但不大于800mm时，其加强钢筋在标准构造详图中按照圆外切正六边形的边长方向布置，设计仅需写六边形中一边补强钢筋的具体数值。

五、地下室外墙的制图规则

地下室外墙和普通剪力墙相比，增加了挡土作用，其墙柱、连梁及洞口表示同地上剪力墙。

1. 地下室外墙集中标注

（1）注写外墙编号，包括墙身代号、序号和墙身长度。表达为DWQ××。

（2）注写地下室外墙厚度 b_w =×××。

（3）注写地下室外墙钢筋。

外侧贯通钢筋以OS表示，外侧水平贯通筋用H打头，外侧竖向贯通筋用V打头。

内侧贯通钢筋以IS表示，内侧水平贯通筋用H打头，内侧竖向贯通筋用V打头。

以tb打头注写拉筋直径、强度等级及间距，并注明"矩形"或"梅花形"。

2. 地下室外墙原位标注

地下室外墙原位标注主要表示在外墙外侧配置的水平非贯通筋或竖向非贯通筋。

地下室外墙外侧粗实线段表示水平非贯通筋，以H打头注写钢筋强度等级、直径、分布间距以及自支座中线向两边跨内伸出的长度值，如两侧对称伸出，可在单侧标注。边支座处非贯通筋的伸出长度值从支座外边缘算起。外墙外侧非贯通筋一般采用与集中标注的贯通筋"隔一布一"的间隔布置方式，间距与贯通筋应相同，组合后的实际分布间距为各自标注间距的1/2。

补充绘制地下室外墙竖向截面轮廓图，外侧粗实线段表示竖向非贯通筋，以V打头注写钢筋强度等级、直径、分布间距以及向上或向下伸出的长度值，地下室底部非贯通筋向层内的伸出长度值从基础底板顶面算起，地下室顶部非贯通筋向层内的伸出长度值从板底面算起，中间楼板处非贯通筋向层内的伸出长度值从板中间算起，当上下两侧伸出的长度一致时，可写一侧。在截面轮廓图下注明分布范围（一般两轴线范围）。

地下室外墙外侧水平、竖向非贯通筋配置相同时，可选一处注写，其他的只写编号。

图纸应给出扶壁柱还是内墙作为墙身水平方向的支座，顶板作为外墙的简支支承还是弹性嵌固支承，以便于选择合理的配筋方式，如图5-6所示。

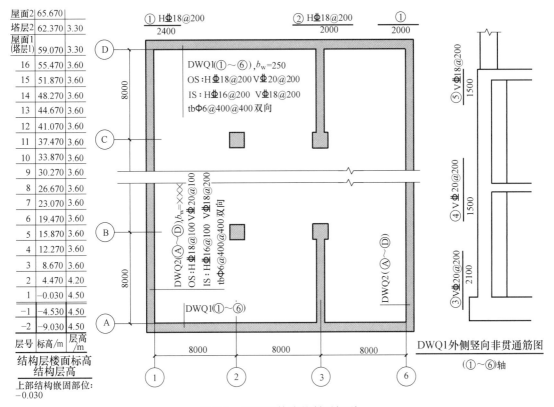

图 5-6　地下室外墙的制图规则

六、其他说明

（1）当有偏心受拉墙肢时，竖向钢筋均应采用机械连接或焊接接长，图纸应注明。应注明底部加强区在剪力墙中的部位和高度，以便于加强部位按构造要求进行施工。

（2）抗震等级为一级的剪力墙，水平施工缝处需设置附加竖向插筋时，设计应注明构件位置，注明附加竖向插筋规格、数量和间距。

任务 2　剪力墙标准构造详图

一、剪力墙身构造

1. 剪力墙水平钢筋构造

（1）水平分布钢筋交错搭接，如图5-7所示。

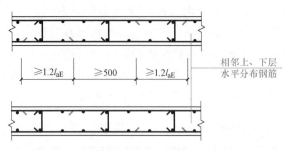

图 5-7 剪力墙水平分布钢筋交错搭接

（2）端部有暗柱剪力墙水平钢筋端部做法。剪力墙水平钢筋伸至墙端，向内弯折 $10d$，由于暗柱中的箍筋较密，墙中的水平分布钢筋也可以伸入暗柱远端纵筋内侧，水平弯折 $10d$，如图 5-8 所示。

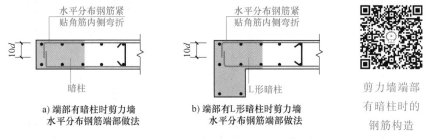

图 5-8 端部有暗柱时钢筋构造

（3）转角墙的做法，内侧钢筋伸到对面墙后，弯折 $15d$，如图 5-9 所示。

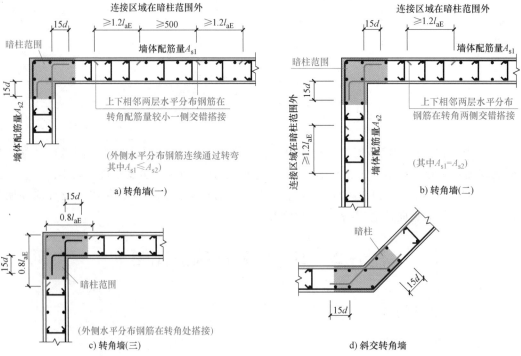

图 5-9 转角墙的做法

转角墙（一）是外侧钢筋在墙一侧上下相邻两排水平钢筋在转角处交错搭接，如图5-9a 所示。

转角墙（二）是外侧钢筋上下相邻两排水平钢筋在转角两侧分别交错搭接，如图5-9b 所示。

转角墙（三）是外侧钢筋上下相邻两排水平钢筋在转角处搭接，搭接长度为 l_{lE}（l_l），如图5-9c 所示。

（4）剪力墙多排配筋，拉结筋应与剪力墙每排的竖向分布钢筋和水平分布钢筋绑扎；剪力墙分布钢筋配置若多于两排，中间排水平分布钢筋端部构造同内侧钢筋，水平分布钢筋宜均匀放置，如图5-10所示。

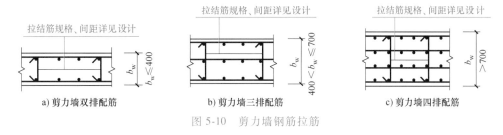

a) 剪力墙双排配筋　　　　b) 剪力墙三排配筋　　　　c) 剪力墙四排配筋

图 5-10　剪力墙钢筋拉筋

（5）剪力墙翼墙与斜交翼墙水平钢筋的做法，内墙两侧水平分布钢筋应伸至翼墙外侧，向两侧弯折 $15d$，如图5-11所示。

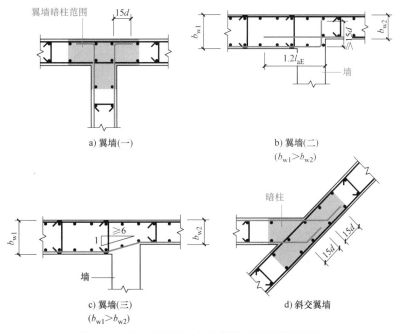

a) 翼墙(一)　　　　　　　　b) 翼墙(二)
　　　　　　　　　　　　　　　　($b_{w1}>b_{w2}$)

c) 翼墙(三)　　　　　　　　d) 斜交翼墙
($b_{w1}>b_{w2}$)

图 5-11　剪力墙翼墙与斜交翼墙水平钢筋的做法

（6）端柱墙水平钢筋的做法。位于端柱纵向钢筋内侧的墙水平分布钢筋（靠边除外）伸入端柱的长度不小于 l_{aE} 时可直锚；不能直锚时，水平分布钢筋伸至端柱对边钢筋内侧弯折 $15d$，位于角部外侧贴边水平钢筋弯折水平段长度不小于 $0.6l_{abE}$。

1）端柱转角墙水平钢筋的做法，如图 5-12 所示。

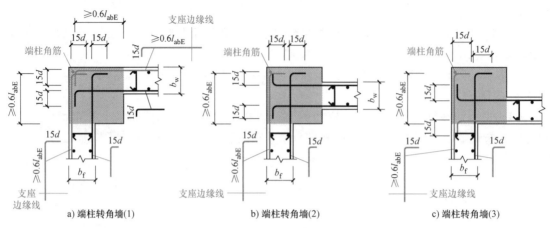

图 5-12　端柱转角墙水平钢筋的做法

2）端柱翼墙处剪力墙水平钢筋的做法，如图 5-13 所示。

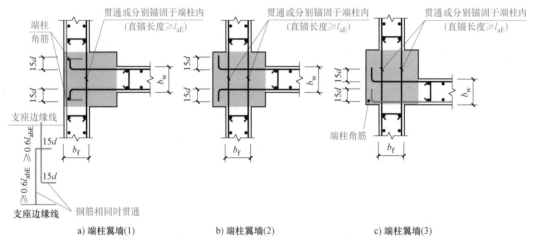

图 5-13　端柱翼墙处剪力墙水平钢筋的做法

3）端柱端部水平钢筋的做法，如图 5-14 所示。

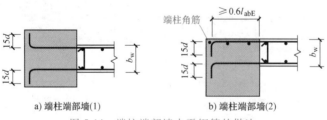

图 5-14　端柱端部墙水平钢筋的做法

2. 剪力墙竖向钢筋构造

（1）剪力墙与基础的连接。墙下基础形式主要有条形基础、筏形基础、承台梁（桩基）。

1）当基础高度满足直锚要求时，剪力墙竖向分布钢筋伸入基础直段长度不小于 l_{aE}，插筋的下端宜做 $6d$ 且 $\geqslant 150mm$ 直钩放在基础底部，如图 5-15 所示。

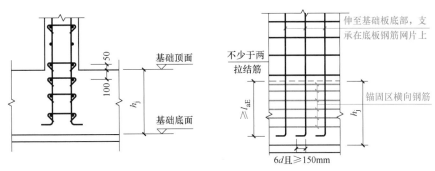

图 5-15　剪力墙与基础直锚构造

当基础高度较高时，经设计确认，可仅将 1/3～1/2 的剪力墙竖向钢筋伸至基础底部，这部分钢筋应满足支撑剪力墙钢筋骨架的要求，其余钢筋伸入基础长度不小于 l_{aE}，如图 5-16 所示。当建筑物外墙布置在筏形基础边缘位置时，其外侧竖向分布钢筋应全部伸至基础底部。

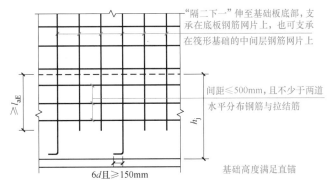

图 5-16　剪力墙纵向钢筋不全伸入基础底部钢筋构造

2）当基础高度 $h_j < l_{aE}$ 时，剪力墙竖向分布钢筋伸入基础直段长度 $\geqslant 0.6 l_{aE}$，插筋的下端宜做 15d 直钩放在基础底部，如图 5-17 所示。

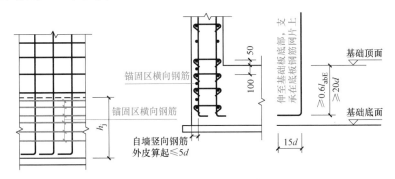

图 5-17　剪力墙伸入基础不能直锚构造

3）对于挡土作用的地下室外墙，当设计判定筏形基础与地下室外墙受弯刚度相差不大时，宜将外墙外侧钢筋与筏形基础底板下部钢筋在转角位置进行搭接，如图 5-18 所示。

4）剪力墙竖向分布钢筋锚入连梁构造和剪力墙上起边缘构件纵筋构造，如图 5-19 所示。

（2）剪力墙竖向分布钢筋连接构造。对于一、二级抗震等级底部加强部位竖向分布钢

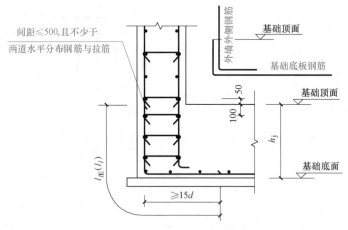

图 5-18 剪力墙与基础连接构造

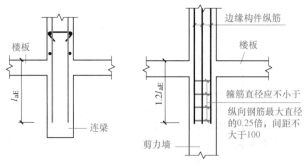

图 5-19 剪力墙竖向分布钢筋锚入连梁构造和剪力墙上起边缘构件纵筋构造

筋搭接如图 5-20a 所示，对于其他情况搭接如图 5-20d、图 5-21 所示。其他连接形式要求如图 5-20b、c 所示。约束边缘构件中非阴影部分竖向钢筋同墙钢筋。

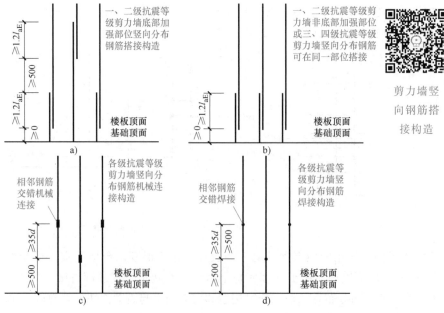

图 5-20 剪力墙竖向分布钢筋连接构造（1）

（3）剪力墙拉筋与水平和竖向钢筋的做法，拉结筋规格、间距详见设计，如图 5-22 所示。

图 5-21　剪力墙竖向分布钢筋连接构造（2）

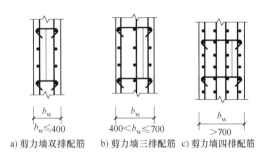

a) 剪力墙双排配筋　b) 剪力墙三排配筋　c) 剪力墙四排配筋

图 5-22　剪力墙拉筋与水平和竖向钢筋的做法

（4）剪力墙竖向钢筋顶部和锚入连梁构造做法，如图 5-23 所示。

1）当剪力墙顶部为屋面板、楼板时，竖向钢筋伸至板顶后弯折 $12d$，如图 5-23a、图 5-23b 所示。

2）当剪力墙顶部为边框梁时，竖向钢筋可伸入边框梁直锚，长度 l_{aE}，如图 5-23c 所示；如边框梁高度不满足直锚要求，则伸至梁顶弯折不小于 $12d$，如图 5-23d 所示。

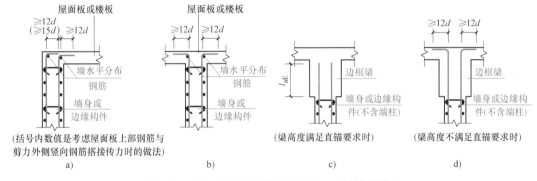

图 5-23　剪力墙竖向钢筋顶部和锚入连梁构造做法

3）当剪力墙顶部为暗梁时，竖向钢筋伸至梁顶弯折 $12d$。

4）剪力墙层高范围最下一排拉结筋位于底部板顶以上第二排分布钢筋位置处，最上一排拉结筋位于层顶板底（梁底）以下第一排水平分布筋位置处。

（5）剪力墙变截面墙竖向分布钢筋的构造做法。

1）变截面 $\Delta \leq 30$ 时，自板顶面向下 6Δ 处，钢筋斜伸到板顶部，如图 5-24c 所示。

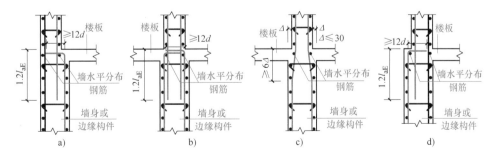

图 5-24　剪力墙变截面墙竖向分布钢筋的构造做法

2）变截面 $\Delta > 30$ 时，分别锚固（类似搭接），剪力墙变截面处下部钢筋伸到板顶弯折 $12d$，上部钢筋向下锚固 $1.2l_{aE}$，如图 5-24a、b、d 所示。

（6）特殊构造做法，如图 5-25 所示。

剪力墙分布钢筋配置若多于两排，水平分布筋宜均匀放置，竖向分布钢筋在保持相同配筋率条件下外排筋直径宜大于内排筋直径。

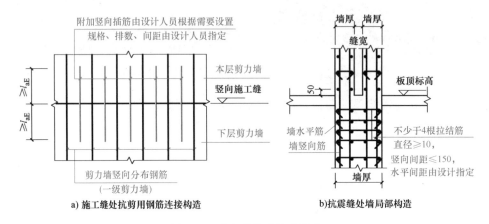

图 5-25 剪力墙特殊构造做法

二、剪力墙柱构造

1. 约束边缘构件 YBZ 构造

拉筋双弯钩处为箍筋位置，几何尺寸 l_c，见具体工程设计。

（1）约束边缘暗柱的构造，如图 5-26 所示。

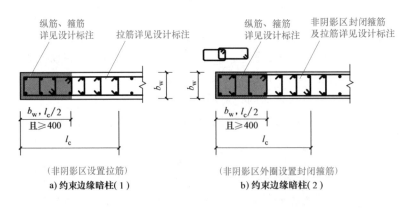

图 5-26 约束边缘暗柱的构造

（2）约束边缘端柱的构造，如图 5-27、图 5-28 所示。

（3）约束边缘翼墙的构造，如图 5-29 所示。

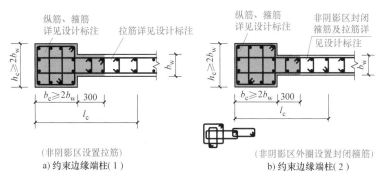

（非阴影区设置拉筋）
a) 约束边缘端柱（1）

（非阴影区外圈设置封闭箍筋）
b) 约束边缘端柱（2）

图 5-27　约束边缘端柱的构造（1）

图 5-28　约束边缘端柱
的构造（2）

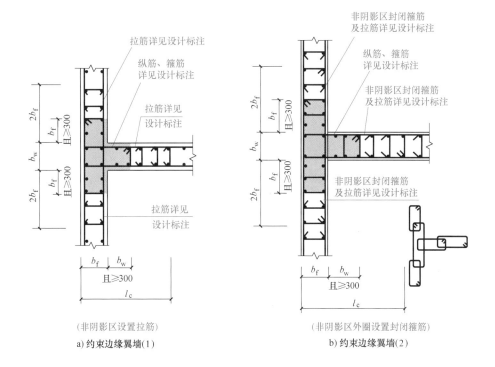

（非阴影区设置拉筋）
a) 约束边缘翼墙(1)

（非阴影区外圈设置封闭箍筋）
b) 约束边缘翼墙(2)

图 5-29　约束边缘翼墙的构造

（4）约束边缘转角墙的构造，如图 5-30 所示。

2. 剪力墙水平钢筋计入约束边缘构件体积配箍率的构造

实际是水平分布钢筋与约束边缘构件的箍筋分层间隔布置，即一层水平分布钢筋，再一层箍筋，墙体水平分布钢筋应在端部可靠连接，且水平分布钢筋之间应设置足够的拉筋形成复合箍筋，端柱做法参考暗柱。墙体水平钢筋应在 l_c 范围外搭接。

（1）约束边缘暗柱水平构造筋构造，如图 5-31 所示。

（2）约束边缘转角墙水平构造筋构造，如图 5-32 所示。

（3）约束边缘翼墙水平构造筋构造，如图 5-33 所示。

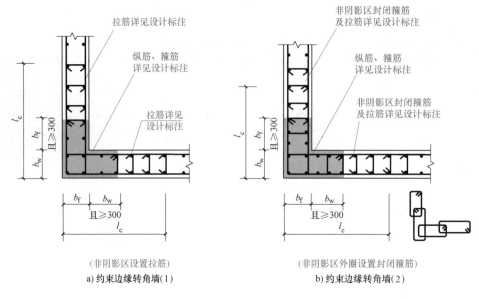

图 5-30 约束边缘转角墙的构造

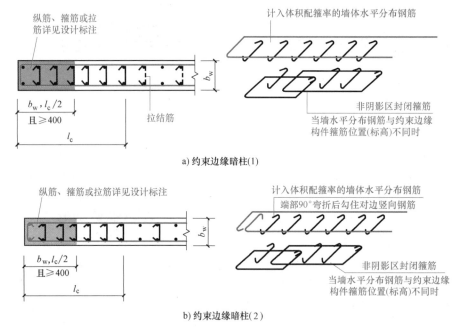

图 5-31 约束边缘暗柱的构造

3. 构造边缘构件水平筋构造

（1）构造边缘暗柱的构造做法如图 5-34 所示。其中图 5-34b、c 的做法用于非底部加强部位。

（2）构造边缘端柱、扶壁柱、非边缘构件暗柱的构造做法。在剪力墙中有时也设有扶壁柱和暗柱，此类柱为剪力墙的非边缘构件。研究表明，剪力墙的特点是平面内的刚度和承

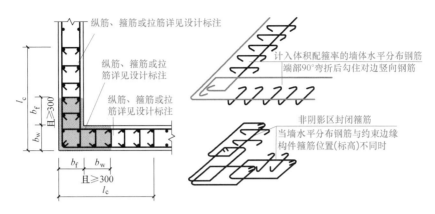

图 5-32　约束边缘转角墙的构造

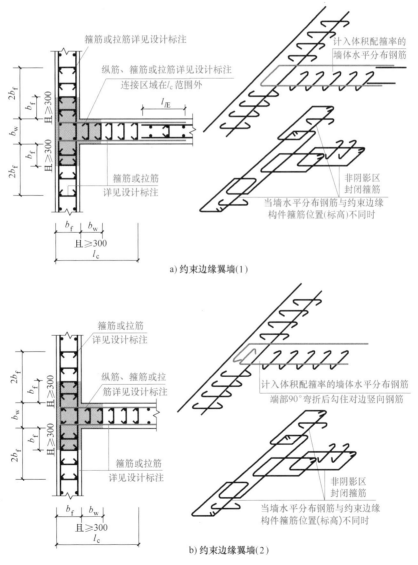

a) 约束边缘翼墙(1)

b) 约束边缘翼墙(2)

图 5-33　约束边缘翼墙的构造

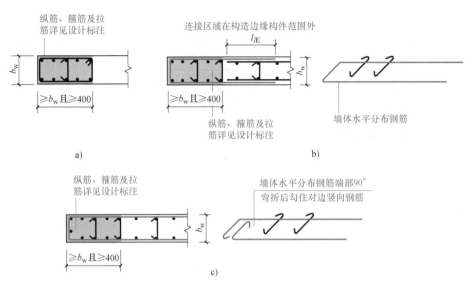

图 5-34　构造边缘构件的构造做法

载力较大，而平面外的刚度和承载力相对较小，当剪力墙与平面外方向的梁相连时，会产生墙肢平面外的弯矩。当梁高大于 2 倍墙厚时，剪力墙承受平面外弯矩。因此，墙与梁交接处宜设置扶壁柱，若不能设置扶壁柱时，应设置暗柱；在非正交的剪力墙中和十字交叉剪力墙中，除在端部设置边缘构件外，在非正交墙的转角处及十字交叉处也设有暗柱。FBZ 表示扶壁柱，AZ 表示非边缘暗柱，要求注明阴影部分尺寸、纵筋及箍筋，并要求给出截面配筋图。若施工图未注明具体的构造要求时，扶壁柱按框架柱，暗柱按构造边缘构件的构造措施，如图 5-35 所示。

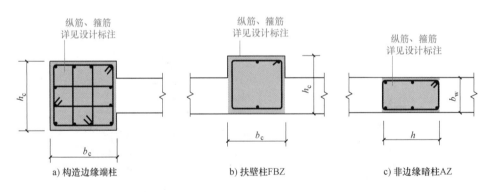

图 5-35　构造边缘端柱、扶壁柱、非边缘构件暗柱构造

（3）构造边缘翼墙的构造如图 5-36 所示。其中图 5-36b、c 用于非底部加强部位，括号里的数字用于高层建筑。

（4）构造边缘转角墙的构造如图 5-37 所示。其中图 5-37b 用于非底部加强部位，括号里的数字用于高层建筑。

4. 边缘构件纵向钢筋连接

（1）边缘构件纵向钢筋在基础中的构造。当边缘构件纵筋在基础中保护层厚度不一致

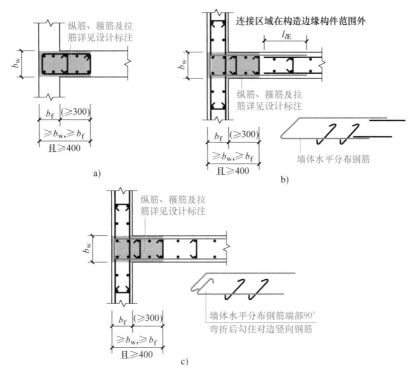

图 5-36 构造边缘翼墙的构造

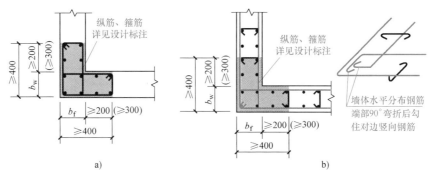

图 5-37 构造边缘转角墙的构造

（如纵筋部分位于梁中，部分位于板内），保护层厚度 ≤5d 的部分应设置锚固区横向箍筋，d 为边缘构件纵筋直径。伸至钢筋网上的边缘构件角部纵筋（不包含端柱）之间间距不应大于 500mm，不满足时应将边缘构件其他纵筋伸至钢筋网上，如图 5-38 所示。

（2）端柱竖向钢筋和箍筋的构造与框架柱相同。矩形截面独立墙肢，当截面高度不大于截面厚度的 4 倍时，其竖向钢筋和箍筋的构造要求与框架柱相同或按设计要求设置。

（3）边缘构件纵向钢筋连接的构造做法。适用于约束边缘构件阴影部分和构造边缘构件的纵向钢筋连接，如图 5-39 所示。约束边缘构件阴影部分、构造边缘构件、扶壁柱及非边缘暗柱的纵筋搭接长度范围内，箍筋直径应不小于纵向搭接钢筋最大直径的 0.25 倍，箍筋间距不大于 100mm。

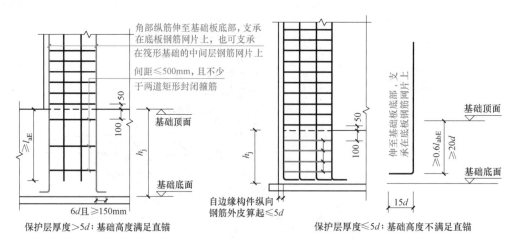

图 5-38　边缘构件纵向钢筋在基础中的构造

（4）剪力墙边缘构件中纵向钢筋在顶层楼板处做法同剪力墙墙身中竖向分布钢筋，在基础中的构造同在基础中的构造；框架-剪力墙结构中，有端柱的墙体在楼盖处宜设置边框梁或暗梁，端柱纵向钢筋构造按框架柱在顶层的构造连接做法。

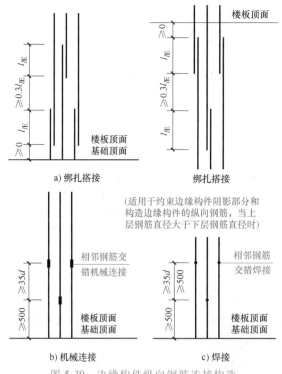

图 5-39　边缘构件纵向钢筋连接构造

三、剪力墙梁（LL、AL、BKL）配筋构造

连梁 LL 用于所有剪力墙中洞口位置，连接两片墙肢。当连梁的跨高比<5 时，竖向荷载作用下产生的弯矩所占的比例较小，水平荷载作用下产生的反弯使它对剪切变形十分敏感，容易出现剪切裂缝。当连梁的跨高比≥5 时，竖向荷载作用下的弯矩所占比例较大，在剪力

墙上由于开洞而形成上部的梁，全部标注为连梁（LLK），不应标注为框架梁（KL）。《高层建筑混凝土结构技术规程》（JGJ 3—2010）规定，剪力墙中由于开洞而形成的上部连梁，当连梁的跨高比≥5 时，宜按框架梁进行设计，具体由设计人员决定。

（1）连梁 LL 配筋构造，能直锚，不必弯锚。端部洞口连梁的纵向钢筋在端支座的直锚长度不小于 l_{aE} 且不小于 600mm 时，可不必弯折。剪力墙的竖向钢筋连续贯穿边框梁和暗梁，如图 5-40 所示。

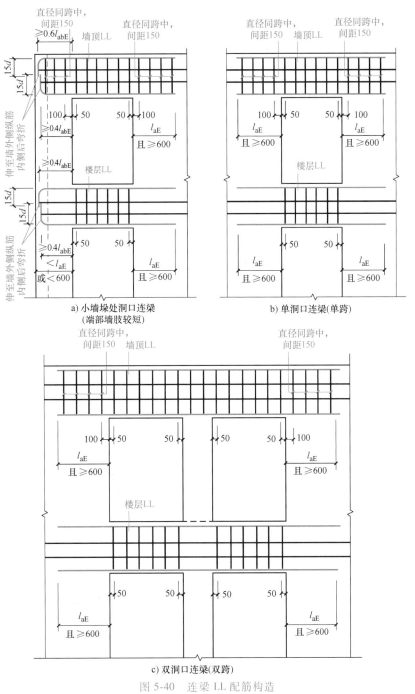

图 5-40　连梁 LL 配筋构造

（2）连梁 LL、暗梁 AL、边框梁 BKL 侧面纵筋与拉筋的构造，拉筋直径：当梁宽不大于 350mm 时为 6mm，梁宽大于 350mm 时为 8mm。拉筋间距为 2 倍箍筋间距，竖向沿侧面水平筋隔一拉一，如图 5-41 所示。

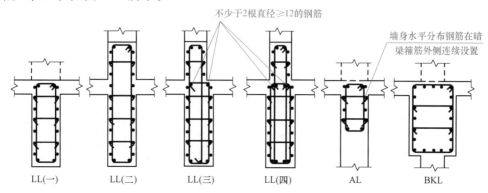

图 5-41 连梁 LL、暗梁 AL、边框梁 BKL 侧面钢筋构造

（3）剪力墙的边框梁 BKL 或暗梁 AL 与连梁 LL 重叠时配筋构造。顶层与一般楼层的区别在于顶层连梁纵筋长度范围内箍筋全部加密。而一般楼层只在洞口上方箍筋加密。顶层 BKL 或 AL 与 LL 重叠时配筋构造，如图 5-42 所示。

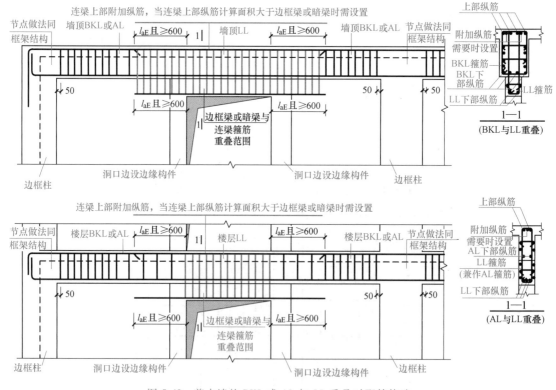

图 5-42 剪力墙的 BKL 或 AL 与 LL 重叠时配筋构造

（4）连梁 LLK 纵向钢筋构造。连梁 LLK 性质同框架梁，上部通长钢筋与连接位置在跨中 $l_n/3$ 范围内；梁下部钢筋连接位置宜位于支座 $l_n/3$ 范围内，且同一连接区段内钢筋接头面积百分率不宜大于 50%；其他构造如图 5-43 所示。

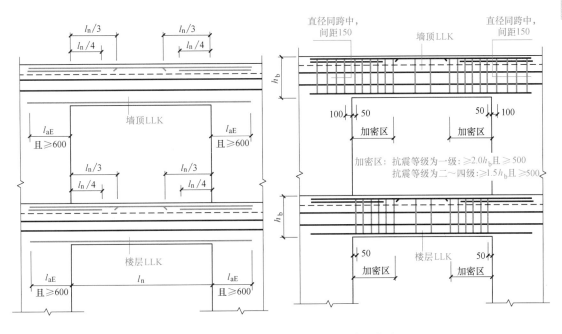

图 5-43　连梁 LLK 纵向钢筋（含箍筋）构造

（5）交叉斜筋配筋连梁 LL（JX），对角暗撑配筋连梁 LL（DX）、LL（JC）配筋构造。洞口连梁截面宽度不小于 250mm，可采用 LL（JX）；连梁截面宽度不小于 400mm，可采用 LL（DX）、LL（JC）；纵向钢筋自洞口边伸入墙体内长度不小于 l_{aE}，且不小于 600mm；交叉斜筋配筋连梁、对角暗撑配筋连梁的水平钢筋及箍筋形成的钢筋网之间应采用拉筋拉结，拉筋直径不宜小于 6mm，间距不宜大于 400mm。

1）交叉斜筋配筋连梁 LL（JX）配筋构造。对角斜筋在梁端部应设置拉筋，如图 5-44所示。

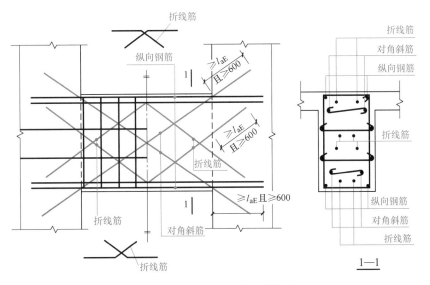

图 5-44　连梁交叉斜筋配筋构造

2）集中对角斜筋配筋连梁 LL（DX）配筋构造。应在梁截面内沿水平方向及竖直方向设置双向拉筋，拉筋应勾住外侧纵向钢筋，间距不应大于 200mm，直径不宜小于 8mm，如图 5-45 所示。

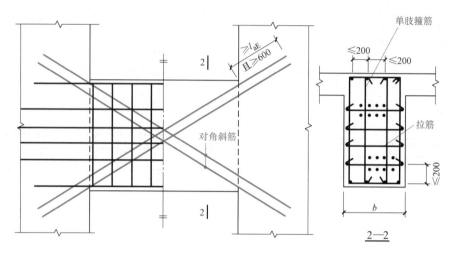

图 5-45　连梁 LL 集中对角斜筋配筋构造

3）对角暗撑配筋连梁 LL（JC）配筋构造。对角暗撑箍筋外缘沿梁宽度方向应不小于梁宽的一半，高度方向不小于梁宽的 1/5；约束箍筋的肢距不大于 350mm，如图 5-46 所示。

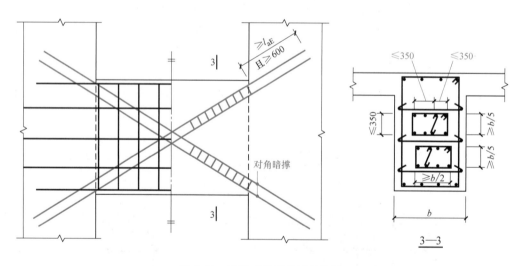

图 5-46　连梁对角暗撑配筋构造

（6）连梁或暗梁及墙体钢筋的摆放层次如下（从外至内），如图 5-47 所示。

1）剪力墙中的水平分布钢筋在最外侧（第一层），在连梁或暗梁高度范围内也应布置剪力墙的水平分布钢筋。

2）剪力墙中的竖向分布钢筋及连梁、暗梁中的箍筋，应在水平分布钢筋的内侧（第二层），在水平方向错开放置，不应重叠放置。

3）连梁或暗梁中的纵向钢筋位于剪力墙中竖向分布钢筋和暗梁箍筋的内侧（第三层）。

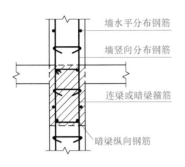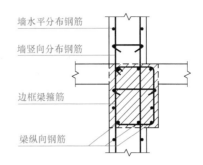

图 5-47 连梁、暗梁边框梁及墙体钢筋的摆放层次

四、地下室外墙的配筋构造

地下室外墙水平钢筋与竖向钢筋的位置关系由设计确定。地下室外墙一般为平面外受弯构件，竖向钢筋设置在外侧，可充分利用截面有效高度，对受力有利；水平钢筋设置在外侧，可起到抵抗地下室外墙的温度收缩应力，对裂缝的控制有利。

1. 地下室外墙外侧水平筋搭接连接构造

（1）当转角处不设置暗柱时。

1）外侧水平钢筋宜在转角处连通。

2）当需要在转角处连接时，在转角处进行搭接连接，如图 5-48 所示。

（2）当转角处设有暗柱时。

1）宜将水平钢筋设置在外侧，按上部剪力墙构造做法进行施工。

2）当设计文件要求将水平钢筋设置在内侧时，在暗柱范围以内，水平侧筋与暗柱箍筋同层，从暗柱范围以外以 1∶12 弯折角度向墙内弯折，然后再在连接区进行连接，如图 5-48 所示；也在转角范围进行搭接连接。

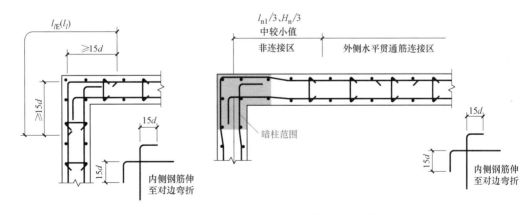

图 5-48 地下室外墙外侧水平筋搭接连接构造

2. 地下室外墙水平钢筋构造（图 5-49）

3. 地下室外墙竖向钢筋构造

外墙与顶板的连接节点做法由设计人员确定，如图 5-49、图 5-50 所示。

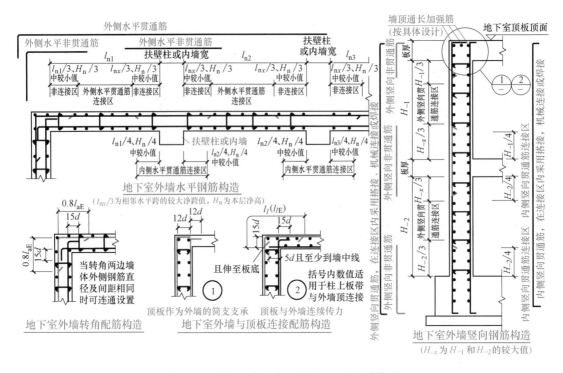

图 5-49 地下室外墙水平钢筋、竖向钢筋构造

地下室外墙钢筋

图 5-50 地下室外墙竖向钢筋构造

五、剪力墙上洞口的补强构造

剪力墙上矩形、圆形洞口的补强构造，如图 5-51 所示。

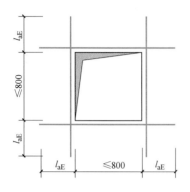

a) 矩形洞宽和洞高均不大于
800时洞口补强钢筋构造

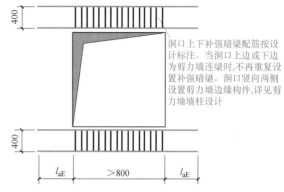

b) 矩形洞宽和洞高均大于800时洞口补强暗梁构造

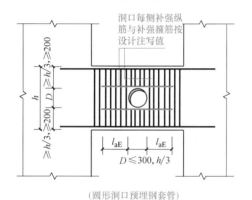

(圆形洞口预埋钢套管)
c) 连梁中部圆形洞口补强钢筋构造

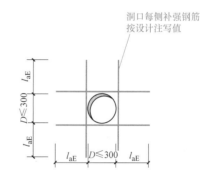

d) 剪力墙圆形洞口直径
不大于300时补强钢筋构造

e) 剪力墙圆形洞口直径大于300
但不大于800时补强钢筋构造

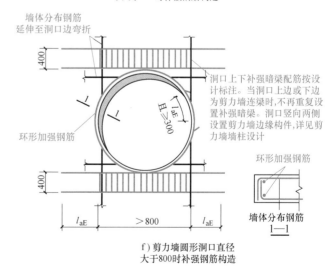

f) 剪力墙圆形洞口直径
大于800时补强钢筋构造

图 5-51 剪力墙上洞口的补强构造

复习思考题

一、选择题

1. 下列钢筋不属于剪力墙墙身钢筋的是（　　）。

A. 箍筋　　　　　　B. 竖向分布筋　　　　C. 拉结筋　　　　　　D. 水平分布筋

2. 下列编号不属于剪力墙墙梁编号的是（　　）。

A. BKL　　　　　　B. JZL　　　　　　　C. AL　　　　　　　D. LL

3. 下列说法不正确的是（　　）。

A. AZ 表示剪力墙暗柱　　　　　　　　　B. Q 表示剪力墙墙身

C. FBZ 表示剪力墙扶壁柱　　　　　　　D. LL 表示剪力墙连梁

4. 关于地下室外墙下列说法错误的是（　　）。

A. 地下室外墙的代号是 DWQ　　　　　　B. h 表示地下室外墙的厚度

C. OS 表示外墙外侧贯通筋　　　　　　　D. IS 表示外墙内侧贯通筋

5. 转角墙外侧水平分布钢筋在转角处搭接，搭接长度为（　　）。

A. l_{lE}　　　　　　B. $1.2l_{aE}$　　　　　C. $1.6l_{aE}$　　　　　D. $1.6l_{lE}$

6. 楼层连梁 LLK 箍筋加密范围（　　）。

A. 同楼层框架梁加密范围　　　　　　　B. 加密区为 500mm

C. 加密 $2.0h_b$ 且不小于 500mm　　　　　D. 加密 $1.5h_b$ 且不小于 500mm

7. 剪力墙水平变截面，节点说法正确的是（　　）。

A. 变截面一侧钢筋必须断开　　　　　　B. 变截面一侧必须连续通过

C. 连续通过时允许偏差角度为 10°　　　D. 断开时弯折段长度为 15d

8. 跨高比不小于 5 的连梁，按框架梁设计时，代号为（　　）。

A. LKL　　　　　　B. LL　　　　　　　C. LLK　　　　　　B. BKL

9. 剪力墙端部无暗柱时，做法为（　　）。

A. 弯折 15d　　　　B. 弯折 10d　　　　C. 互相搭接　　　　D. 180°弯钩

10. 剪力墙洞口处的补强钢筋每边伸过洞口（　　）。

A. 500mm　　　　　B. 15d　　　　　　C. l_{aE}　　　　　　D. 洞口宽/2

11. 墙端为端柱时，外侧钢筋其长度如何计算（　　）。

A. 墙长-保护层　　　　　　　　　　　　B. 墙净长+锚固长度（弯锚或直锚）

C. 墙长-保护层+0.65l_{aE}　　　　　　　D. 墙净长+支座宽度-保护层+15d

12. 剪力墙竖向钢筋在顶部可弯锚，弯锚时伸至墙顶弯折（　　）。

A. 12d　　　　　　B. 15d　　　　　　C. 总长大于 l_{aE}　　　D. 5d

13. 剪力墙端部为暗柱时，内侧钢筋伸至墙边弯折长度为（　　）。

A. 10d　　　　　　B. 12d　　　　　　C. 150mm　　　　　D. 250mm

14. 剪力墙边缘构件纵向钢筋连接构造，钢筋露出长度说法错误的是（　　）。

A. 绑扎连接时，纵筋露出长度为 0

B. 绑扎连接时，纵筋露出长度为 500mm

C. 机械连接时，纵筋露出长度为 500mm

D. 焊接连接时，纵筋露出长度为 500mm

15. 下列说法不正确的是（　　　）。

A. 双洞口楼层连梁，跨之间不设置箍筋

B. 顶层连梁锚固支座部分箍筋设置同跨中箍筋间距为 150mm

C. 双洞口顶层连梁，跨之间不设置箍筋

D. 洞口上连梁箍筋起步距离洞口边 100mm

16. 构造边缘构件不包括（　　　）。

A. 构造边缘暗柱　　　B. 构造边缘框柱　　　C. 构造边缘翼墙　　　D. 构造边缘转角墙

17. 剪力墙端部无暗柱时，水平筋弯折是（　　　）。

A. $5d$　　　　　　　B. $10d$　　　　　　　C. $15d$　　　　　　　D. l_{aE}

18. 剪力墙上起边缘构件纵筋构造，下插纵筋设有箍筋，其箍筋间距为（　　　）。

A. $\max(5d, 100)$　　B. $\min(5d, 100)$　　C. 100mm　　　　　D. $5d$

二、简答题

1. 剪力墙由哪几类构件组成？

2. 剪力墙平法施工图有哪些注写方式？

3. 墙柱有哪几种类型？

4. 墙柱纵筋连接构造有哪些要求？

5. 墙身竖向分布筋连接构造是什么？墙身变截面时怎么做？

6. 墙身水平分布筋是如何连接的？

7. 墙身水平分布筋进入边缘构件的构造做法是什么？

8. 墙身分布筋遇洞口时怎么做？

9. 墙身洞口什么情况下设补强钢筋？什么情况下设补强暗梁且洞口竖向两侧设置剪力墙边缘构件？

10. 小墙肢如何定义？

11. 剪力墙顶部连梁与非顶部连梁钢筋构造有何不同？

12. 约束边缘构件和构造边缘构件各包含哪四种？

13. Q2（3 排）的含义是什么？剪力墙钢筋网排数是如何规定的？

14. 矩形双向拉筋与梅花双向拉筋有什么特点？

15. 墙身插筋在基础内如何锚固？

16. 约束边缘构件 YBZ 的水平横截面配筋构造有哪些？

17. 什么是墙身水平分布钢筋计入约束边缘构件体积配箍率？

18. 剪力墙连梁 LL 配筋构造有哪些？

19. 剪力墙洞口补强钢筋标注构造有哪些？

20. 剪力墙后浇带分哪两种钢筋构造？

21. 矩形洞口原位注写为 JD2　600×400　+3.000　3B18/3Φ14，其表示的含义是什么？

22. 圆形洞口原位注写为 YD1　D = 200　2 层：-0.800　3 层：-0.700　其他层：-0.500　2Φ16 A10@ 100（2），其表示的含义是什么？

23. 根据附录图纸结合工程实例识读剪力墙。

项目六 楼梯施工图平法识读

项目分析

脚踏实地，一步一个台阶。

楼梯间结构类似竖起来的桁架，斜向梯板相当于竖向桁架的斜腹杆，随着地震横向力作用方向往复变化，侧向刚度高于框架，弱于剪力墙，故在框架结构中，楼梯间提高了整体抗震能力，因此在经受强震后，往往房屋倒塌而楼梯间不倒。但有些结构抗震能力较强，为避免楼梯局部影响整体抗震能力，而在楼层楼梯低端设置了滑动支座。

任务目标

1. 了解不同踏步位置推高与高度减少构造。
2. 掌握楼梯施工图的表示方法和构造详图。

能力目标

能够正确识读楼梯施工图。

任务 1 楼梯施工图的表示方法

楼梯平法施工图的表示方法，包括平面注写、剖面注写和列表注写三种，由楼梯的平法施工图和标准构造详图两大部分组成。楼梯平法施工图上根据楼梯平台板所处位置分为 12 种楼梯形式，并列举各类配筋构造图，见表 6-1。本书主要讲述 AT、ATc、BT 型楼梯的平法知识。除 ATc 外，其他类型楼梯，不参与结构整体抗震计算。

表 6-1 楼梯形式

楼板代号	抗震构造措施	梯板组成	适用范围	适用结构
AT	无	全部踏步段组成	高端梯梁（梯板高端支座） 踏步段 低端梯梁（梯板低端支座）	剪力墙、砌体结构

（续）

楼板代号	适用范围			适用结构
	抗震构造措施	梯板组成		
BT	无	踏步段+低端平板	踏步段　高端梯梁（梯板高端支座）　低端平板　低端梯梁（梯板低端支座）	剪力墙、砌体结构
CT		踏步段+高端平板	高端梯梁（梯板高端支座）　高端平板　踏步段　低端梯梁（梯板低端支座）	
DT		低端平板+踏步段+高端平板	高端梯梁（梯板高端支座）　高端平板　踏步段　低端平板　低端梯梁（梯板低端支座）	
ET		踏步段+中位平板	高端梯梁（楼层梯梁）　高端踏步段　中位平板　低端踏步段　低端梯梁（楼层梯梁）	
FT		楼层平板+踏步段+层间平板	踏步段　楼层梁或砌体墙或剪力墙　三边支承层间平板　层间梁或砌体墙或剪力墙　三边支承楼层平板踏步段　三边支承楼层平板楼层梁或砌体墙或剪力墙	

（续）

楼板代号	适用范围			适用结构
	抗震构造措施	梯板组成		
GT	无	踏步段+层间平板		剪力墙、砌体结构
ATa	有	全部踏步段		框架结构、框剪结构中的框架部分
ATb	有		与 Ata 相比,滑动支座支撑在挑板上	
ATc	有		与 At 相比,参与结构整体抗震计算	
BTb	有	踏步段+低端平板	与 BT 相比,低端平板滑动支座支撑在梯梁上	
CTa	有		与 Ctb 相比,滑动支座支撑在梯梁上	
CTb	有	踏步段+高端平板		
DTb	有	低端平板+踏步段+高端平板	与 DT 相比,低端平板滑动支座支撑在梯梁上	

一、AT 型和 ATc 型楼梯的特征

1. AT 型楼梯

梯板由踏步段构成。

2. ATc 型楼梯

（1）梯板全部由踏步段构成，其支承方式为梯板两端均支承在梯梁上。

（2）楼梯休息平台与主体结构可连接，也可脱开。

（3）梯板厚度应按计算确定，且不宜小于 140mm；梯板采用双层配筋。

（4）平台板按双层双向配筋。

二、平面注写方式

楼梯平面注写方式是指在楼梯平面布置图上注写截面尺寸和配筋具体数值的方式来表达楼梯施工图，主要包括集中标注和原位标注。

1. 集中标注

（1）梯板类型代号与序号，如 ATc1。

（2）梯板厚度，注写为 $h = \times\times\times$。当带平板的厚度与梯段的厚度不同时，可在梯段板厚度后面括号里以字母 P 打头注写平板厚度。

（3）踏步段总高度和踏步级数，之间以"/"分隔。

（4）梯板支座上部纵筋，下部纵筋，之间以";"分隔。

（5）楼板分布筋，以"F"打头注写具体数值。

【例 6-1】 解释下列楼梯集中标注。

（1）ATc1 $h = 120$，梯板名为 1 号 ATc 楼梯，板厚 120mm。

（2）1800/12，踏步段总高度 1800，踏步级数 12 级。

（3）"$\Phi 10@200$；$\Phi 10@150$"，上部纵筋 $\Phi 10@200$，下部纵筋 $\Phi 10@150$。

（4）F$\phi 8@250$，分布钢筋 $\phi 8@250$。

2. 原位标注

楼梯原位标注的内容有楼梯间的平面尺寸、楼层结构标高、层间结构标高、楼梯的上下方向、梯板的平面几何尺寸、平台板配筋、梯梁和梯柱配筋。

三、剖面注写方式

楼梯剖面注写方式是指在楼梯平面布置图中绘制楼梯平面布置图和楼梯剖面图，注写方式分平面注写和剖面注写。

1. 平面注写

平面注写内容有楼梯间的平面尺寸、楼层结构标高、层间结构标高、楼梯的上下方向、梯板的平面几何尺寸、平台板配筋、梯梁和梯柱配筋。

2. 剖面注写

剖面图注写内容包括集中标注、梯柱、梯梁编号、梯板水平及竖向尺寸、楼层结构标高、层间结构标高。当为单向板时，分布筋可不必注写，而在图中统一注明。如图 6-1 所示

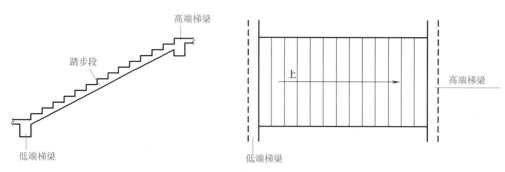

图 6-1 AT 型板截面形状与支座位置图

为 AT 型板截面形状与支座位置图。

3. AT 型楼梯平面注写方式与适用条件

（1）如图 6-2 所示，两梯梁之间的矩形梯板全部由踏步板构成，以梯梁为支座，可组成

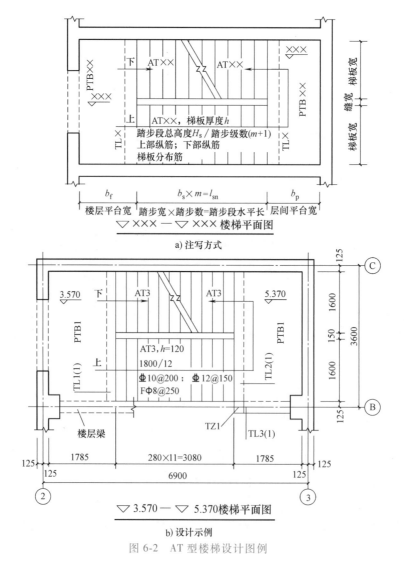

图 6-2 AT 型楼梯设计图例

双跑楼梯（图 6-2）、双分平行楼梯。平台板 PTB、梯梁 TL、梯柱 TZ，按照框架梁、板、剪力墙进行配筋。

（2）AT 型楼梯平面注写方式如图 6-2a 所示。集中标注有 5 项，第 1 项为楼梯类型代号与序号 AT××，第 2 项为梯板厚度 h，第 3 项为踏步段总高度 H_s/踏步级数（$m+1$），第 4 项为上部纵筋及下部纵筋；第 5 项为梯板分布筋。

任务 2   楼梯标准构造详图

一、AT 型与 ATc 型楼梯配筋构造

1. AT 型楼梯配筋构造

如图 6-3~图 6-5 所示，图 6-3 中上部纵筋锚固长度 $0.35l_{ab}$ 用于设计按铰接的情况，括号内数据 $0.6l_{ab}$ 用于设计考虑充分利用钢筋抗拉强度的情况，具体工程中设计应指明采用何种情况。上部纵筋有条件时可直接伸入平台板内锚固，从支座内边算起应满足锚固长度 l_a，如图中虚线所示。

2. AT 型楼梯与 ATc 比较

ATc 是抗震板式楼梯，厚度按计算确定，且不小于 140mm，双层配筋。梯板两侧设置边缘构件（暗梁），边缘构件的宽度取 1.5 倍板厚；边缘构件纵筋数量，当抗震等级为一、二

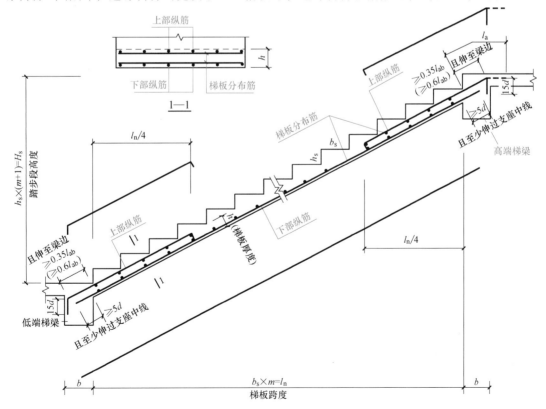

图 6-3   AT 型楼梯板配筋构造（1）

图 6-4 AT 型楼梯板配筋构造（2）

图 6-5 AT 型楼梯板配筋构造（3）

级时不少于 6 根，当抗震等级为三、四级时不少于 4 根；纵筋直径不小于Φ12 且不小于梯板纵向受力钢筋的直径；箍筋直径不小于Φ6，间距不大于 200mm，如图 6-6 所示。

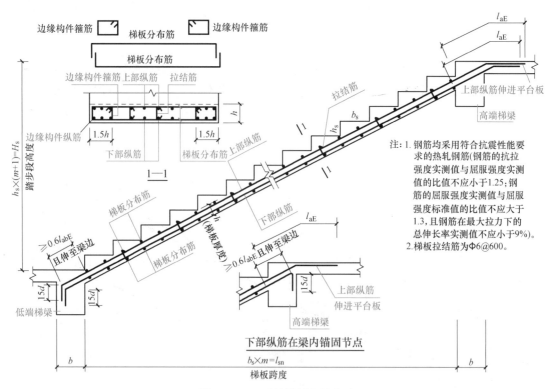

图 6-6 ATc 型楼梯板配筋构造

3. BT 型楼梯板配筋构造（图 6-7）

（1）图中上部纵筋锚固长度 $0.35l_{ab}$ 用于设计按铰接的情况，括号内数据 $0.6l_{ab}$ 用于设计考虑充分发挥钢筋抗拉强度的情况，具体工程中设计应指明采用何种情况。

（2）上部纵筋需伸至支座对边再向下弯折 $15d$，上部纵筋有条件时可直接伸入平台板内锚固，从支座内边算起总锚固长度不小于 l_a，如图中虚线所示。

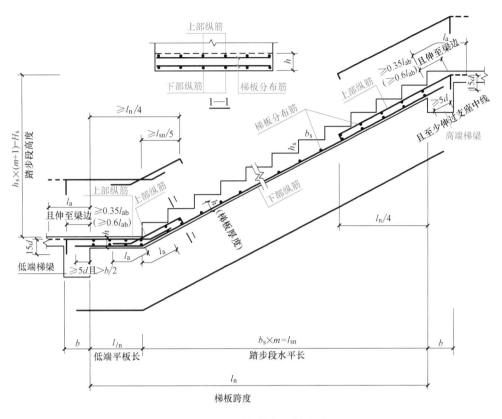

图 6-7　BT 型楼梯板配筋构造

（3）梯段与平台交界处，钢筋在内折角内侧断开，伸到底板分别锚固 l_a。

二、不同踏步位置推高与高度减少构造

当第一级踏步根部面层厚度与中间踏步及最上一级踏步建筑面层做法厚度不一致时，需调整踏步混凝土浇筑高度，如图 6-8 所示。第一步踏步调整后的混凝土踏步高度 ＝ 标准高度 − 上部面层做法厚度 ＋ 下部面层做法厚度，即 $h_{s1} = h_s - \Delta_2 + \Delta_1$，$h_{s2} = h_s + \Delta_2 - \Delta_3$。当楼梯及楼面做法一致时，不会存在这种问题。

【例 6-2】　某楼梯第一级踏步根部面层做法厚度为 60mm，楼梯踏步每阶高 150mm，楼梯踏步面层做法为 50mm，最上一级踏步建筑面层做法厚度 60mm，则第一级和最上一级踏步高各为多少？

答：第一级踏步高 $h_{s1} = 150mm + 60mm - 50mm = 160mm$

最上一级踏步高 $h_{s2} = 150mm + 50mm - 60mm = 140mm$

三、楼梯第一跑与基础连接构造

当为 ATc 楼梯时，锚固长度 l_{ab} 应改为 l_{abE}，如图 6-9 所示；对于其他类型的楼梯应慎重使用滑动支座连接构造。

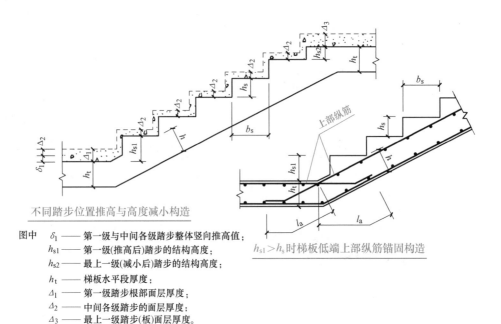

不同踏步位置推高与高度减小构造

$h_{s1} > h_s$ 时梯板低端上部纵筋锚固构造

图中　δ_1 —— 第一级与中间各级踏步整体竖向推高值；
　　　h_{s1} —— 第一级(推高后)踏步的结构高度；
　　　h_{s2} —— 最上一级(减小后)踏步的结构高度；
　　　h_t —— 梯板水平段厚度；
　　　Δ_1 —— 第一级踏步根部面层厚度；
　　　Δ_2 —— 中间各级踏步的面层厚度；
　　　Δ_3 —— 最上一级踏步(板)面层厚度。

图 6-8　不同踏步位置推高与高度减小构造

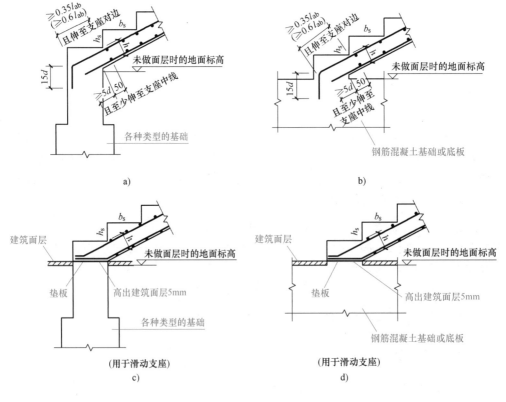

图 6-9　各型楼梯第一跑与基础连接构造

四、楼梯的梯柱与梯梁（图 6-10）

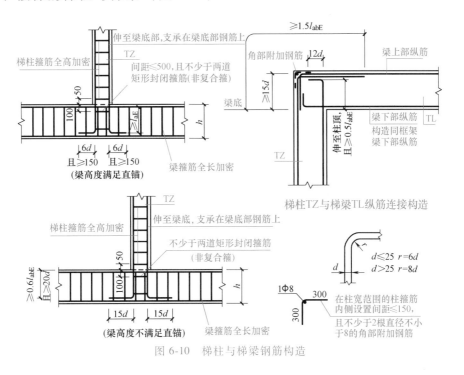

图 6-10 梯柱与梯梁钢筋构造

五、楼梯示例（图 6-11、图 6-12）

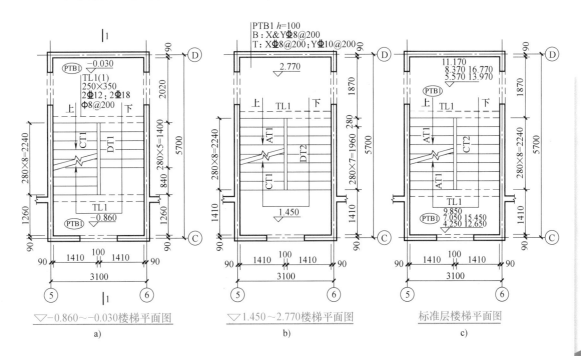

图 6-11 楼梯示例（1）

项目六 楼梯施工图平法识读

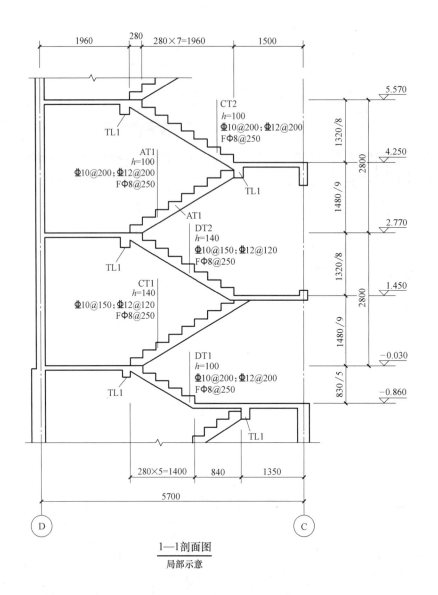

1—1剖面图

局部示意

列表注写方式见下:

梯板类型编号	踏步高度/踏步级数	板厚h	上部纵筋	下部纵筋	分布筋
AT1	1480/9	100	Φ10@200	Φ12@200	Φ8@250
CT1	1480/9	140	Φ10@150	Φ12@120	Φ8@250
CT2	1320/8	100	Φ10@200	Φ12@200	Φ8@250
DT1	830/5	100	Φ10@200	Φ12@200	Φ8@250
DT2	1320/8	140	Φ10@150	Φ12@120	Φ8@250

注:本示例中梯板上部钢筋在支座处考虑充分发挥钢筋抗拉强度作用进行锚固。

图 6-12 楼梯示例(2)

6

CHAPTER

复习思考题

一、选择题

1. 某楼梯集中标注处 Fϕ8@200 表示（　　　）。

A. 梯板下部钢筋ϕ8@200　　　　　　　B. 梯板上部钢筋ϕ8@200

C. 梯板分布筋ϕ8@200　　　　　　　　D. 平台梁钢筋ϕ8@200

2. 梯板上部纵筋的延伸长度为净跨的（　　　）。

A. 1/2　　　　　　B. 1/3　　　　　　C. 1/4　　　　　　D. 1/5

3. 某楼梯集中标注处 1800/13 表示（　　　）。

A. 路步段宽度及踏步级数　　　　　　　B. 踏步段长度及踏步级数

C. 层间高度及路步宽度　　　　　　　　D. 踏步段总高度及踏步级数

4. 下面说法正确的是（　　　）。

A. CT3 $h = 110$ 表示 3 号 CT 型梯板，板厚 110mm

B. Fϕ8@200 表示梯板上部钢筋ϕ8@200

C. 1800/13 表示踏步段宽度 1800 及踏步级数 13

D. PTB1 $h = 100$ 表示 1 号踏步板，板厚 110mm

5. 以下纵筋伸入支座（　　　）。

A. 不小于 10d 且至少伸过支座中线　　　B. 不小于 15d

C. 不小于 5d 且至少伸过支座中线　　　　D. 不小于 5d

二、简答题

1. 平法将板式楼梯分为哪几类？简述其主要特征。

2. 现浇混凝土板式楼梯平法施工图有哪三种表达方式？

3. 板式楼梯的平面注写方式包括哪两种标注？

4. 楼梯的剖面注写方式包括哪些内容？

5. 楼梯的列表注写方式包括哪些内容？

6. AT 型楼梯的适用条件是什么？

7. AT 型楼梯的平面注写包含哪些内容？

8. AT 型楼梯的标准配筋构造有哪些特点？

9. 楼梯第一跑与基础或地板等的连接构造有哪些特点？

10. 根据附录图纸识读 AT1 型楼梯的平面注写、标准配筋构造和剖面注写施工图。

11. 楼梯不考虑抗震与考虑抗震时，楼板上部和下部钢筋在两端支座处的锚固有何不同？

项目六　楼梯施工图平法识读

项目七　基础施工图平法识读

项目分析

万丈高楼平地起，做好基础最关键。

基础是房屋的地下承重结构部分，它把房屋的各种荷载传递到地基，起到了承上传下的作用。钢筋混凝土基础具有良好的抗弯和抗剪能力，按构造形式的不同，可以分为独立基础、条形基础、筏板基础、桩基础等形式。

任务目标

1. 了解基础相关构造，了解平板式、梁板式筏形基础施工图表示方法和标准构造图。

2. 掌握独立基础、条形基础、桩基础施工图表示方法和构造详图。

能力目标

能够正确识读独立基础、条形基础、桩基础施工图。

任务 1　独立基础施工图平法识读

一、独立基础分类

当建筑物上部结构采用框架结构或单层排架结构承重时，基础常采用方形独立式基础，这类基础称为独立基础。独立基础按类型可分为普通独立基础和杯口独立基础；按基础底板截面形状可分为阶形基础和锥形基础。

独立基础平法施工图，有平面注写、截面注写和列表注写三种表达方式。本书主要介绍平面注写和截面注写方式。

二、独立基础的平面注写方式

独立基础平面注写方式分为集中标注和原位标注两部分内容。

1. 集中标注

集中标注包括基础编号、截面竖向尺寸、配筋三项必注内容，以及基础底面标高和必要的文字注解两项选注内容。

（1）独立基础编号见表 7-1。

（2）截面竖向尺寸见表 7-1。

表 7-1　普通独立基础编号及截面竖向尺寸

类型	基础截面形状	代号	序号	示意图	竖向尺寸注写方式
普通独立基础	阶形	DJ_J	××	阶形独立基础 $h_1/h_2/h_3$	
	锥形	DJ_z	××		h_1/h_2
杯口独立基础	阶形	BJ_J	××		$h_1/h_2/h_3$ a_1/a_0
	锥形	BJ_z	××		$h_1/h_2/h_3$ a_1/a_0

【例 7-1】　阶形截面普通独立基础 DJ_{j2} 的竖向尺寸注写为 400/300/300 时，表示 $h_1 = 400mm$、$h_2 = 300mm$、$h_3 = 300mm$，基础底板总高度为 1000mm。

【例 7-2】　阶形截面杯口独立基础 BJ_{j2} 的杯口深尺寸为 600 时，表示 $a_0 = 600mm$。

（3）独立基础配筋见表 7-2。

表 7-2　独立基础配筋

配筋情况	示意图	标注说明
独立基础底板底部配筋	B：X⏀16@150 Y⏀16@200 Y向钢筋 X向钢筋	以 B 代表各种独立基础底板的底部配筋 X 向配筋以 X 打头，Y 向配筋以 Y 打头注写；当两向配筋相同时，则以 X&Y 打头注写

（续）

配筋情况	示意图	标注说明
普通独立深基础短柱竖向尺寸及钢筋	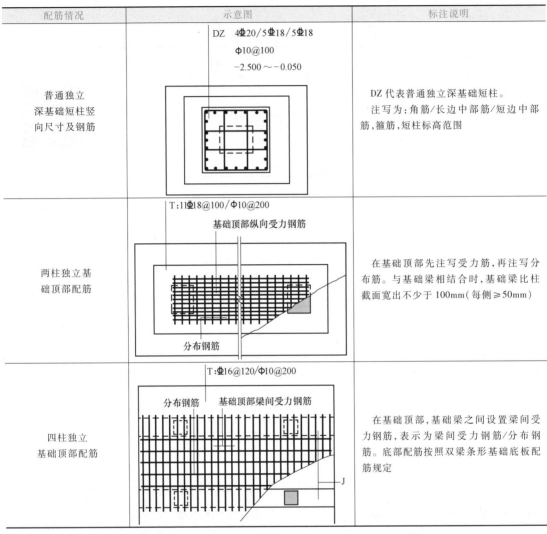 DZ　4⏀20/5⏀18/5⏀18 Φ10@100 −2.500～−0.050	DZ 代表普通独立深基础短柱。 注写为：角筋/长边中部筋/短边中部筋,箍筋,短柱标高范围
两柱独立基础顶部配筋	T:11⏀18@100/Φ10@200 基础顶部纵向受力钢筋 分布钢筋	在基础顶部先注写受力筋,再注写分布筋。与基础梁相结合时,基础梁比柱截面宽出不少于100mm（每侧≥50mm）
四柱独立基础顶部配筋	T:⏀16@120/Φ10@200 分布钢筋　基础顶部梁间受力钢筋 J	在基础顶部,基础梁之间设置梁间受力钢筋,表示为梁间受力钢筋/分布钢筋。底部配筋按照双梁条形基础底板配筋规定

【例 7-3】　当短柱配筋标注为 DZ 4⏀20/5⏀18/5⏀18，Φ10@100，−2.500～−0.050 时，表示独立基础的短柱设置在−2.500～−0.050m 高度范围内，配置 HRB400 竖向纵筋和 HPB300 箍筋；其竖向纵筋为角筋4⏀20、x 边中部筋5⏀18、y 边中部筋5⏀18；其箍筋直径为 10mm，间距 100mm。

（4）基础底面标高（选注内容）。当独立基础的底面标高与基础底面基准标高不同时，应将独立基础底面标高直接注写在括号内。

（5）必要的文字注解（选注内容）。当独立基础的设计有特殊要求时，宜增加必要的文字注解。例如，基础底板配筋长度是否采用减短方式等，可在该项内注明。

2. 原位标注

（1）普通独立基础的原位标注（平面尺寸）是指在基础平面布置图上标注独立基础的平面尺寸。x、y 为普通独立基础两向边长，x_c、y_c 为柱截面尺寸，x、y 等为阶宽或锥形平面尺寸，如图 7-1、图 7-2 所示。

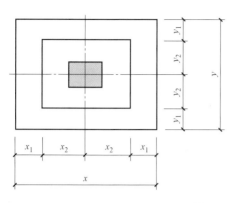

图 7-1　坡形独立基础

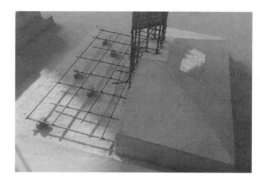

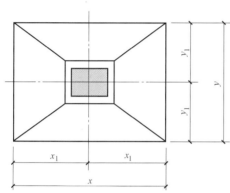

图 7-2　阶形独立基础

（2）普通独立基础采用平面注写方式的集中标注和原位标注综合设计表达示意，如图 7-3 所示。

三、多柱独立基础（双柱或四柱等）

独立基础通常为单柱独立基础，也可为多柱独立基础，其编号、几何尺寸和配筋的标注方法与单柱独立基础相同。

当为双柱独立基础且柱距较小时，通常仅配置基础底部钢筋；当柱距较大时，除基础底部配筋外，尚需在两柱间配置基础顶部钢筋或设置基础梁；当为四柱独立基础时，通常可设置两道平行的基础梁，需要时可在两道基础梁之间配置基础顶部钢筋，如图 7-4 所示。

双柱独立基础的顶部配筋，通常对称分布在双柱中心线两侧。以大写字母"T"打头，注写为：双柱间纵向受力钢筋/分布钢筋。当纵向受力钢筋在基础底板顶面非满布时，应注明其总根数。

$DJ_j \times \times, h_1/h_2$
$B: X \Phi \times \times @ \times \times$
$Y \Phi \times \times @ \times \times$

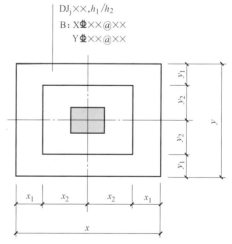

图 7-3　集中标注与原位标注综合表达

【例 7-4】 表 7-2 中，两柱独立基础顶部配筋 T：11 ⏀ 18@ 100/Φ 10@ 200；表示独立基础顶部配置 HRB400 纵向受力钢筋，直径为 18mm 设置 11 根，间距 100mm；配置 HPB300 分布筋，直径为 10mm，间距 200mm。

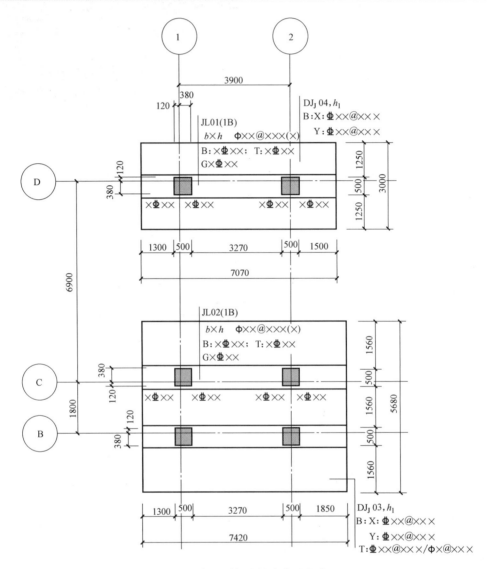

图 7-4 柱基础标注综合表达方式

四、独立基础构造详图

1. 独立基础底板配筋构造

（1）单柱底板双向交叉钢筋长向设置在下，短向设置在上，如图 7-5～图 7-7 所示。图中 s 为 Y 向配筋间距；s' 为 X 向配筋间距；h_1、h_2 为独立基础竖向尺寸。

（2）对于双柱底板双向交叉钢筋，则根据基础两个方向从柱外缘至基础的外边缘的伸出长度及 e_x 和 e_y 的大小，较大者方向的钢筋放在下面，如图 7-8 所示。

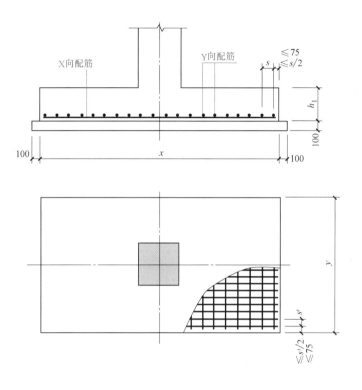

图 7-5　阶形独立基础钢筋布置图

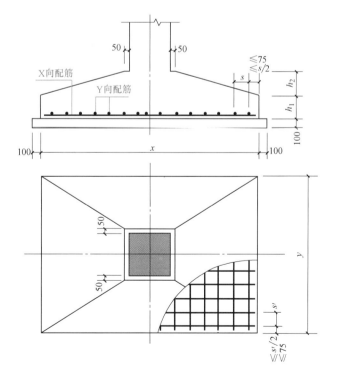

图 7-6　坡形独立基础钢筋布置图

图 7-7　独立基础钢筋布置图

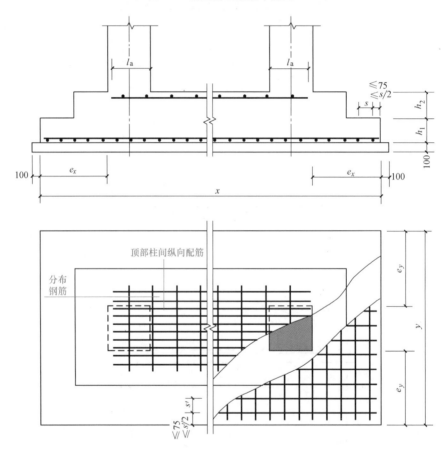

图 7-8　双柱普通独立基础配筋构造

（3）对于双柱底板设有基础梁时，底板短向钢筋设置在基础梁纵筋之下，与基础梁箍筋的下水平段位于同一层面。基础梁宽度宜比柱截面宽 100mm，否则应采用梁包柱侧腋的形式，如图 7-9 所示。

（4）独立基础底板配筋长度减短 10% 构造，如图 7-10 所示。

1）当独立基础底板长度不小于 2500mm 时，除外侧钢筋外，底板配筋长度可取相应方向底板长度的 0.9 倍。

2）当非对称独立基础底板长度不小于 2500mm，但基础某侧从柱中心至基础底板边缘的距离小于 1250mm 时，钢筋在该侧不减短。

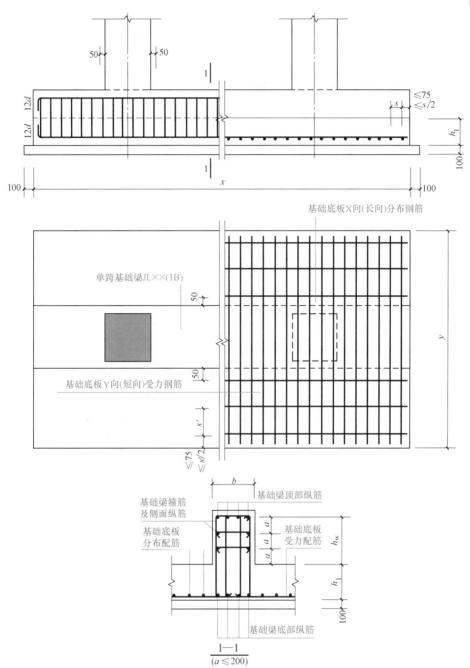

图 7-9 双柱底板设有基础梁时钢筋构造

2. 普通独立深基础短柱配筋构造

采用独立基础的建筑，如果基础持力层比较深，或者某区域内柱子基底比较深，为减小底层柱计算高度，可采用独立深基础短柱。

短柱作为上部柱的嵌固端，其箍筋间距相同，纵向钢筋伸入基础中长度按柱插筋处理，四角及每隔 1000mm 伸至基底钢筋网片上，弯折 $6d$ 且不小于 150mm，其他钢筋伸入基础长度不小于 l_{aE}（l_a），如图 7-11 所示。

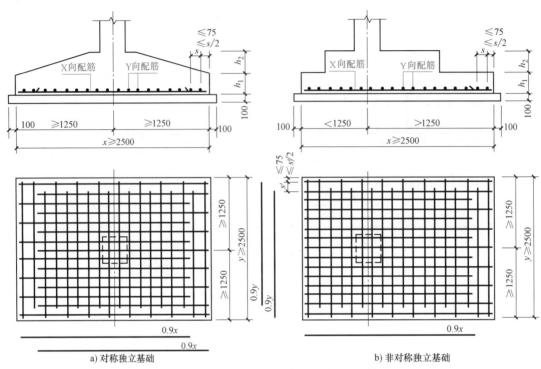

a) 对称独立基础　　　　　　　　　　　　b) 非对称独立基础

图 7-10　独立基础底板配筋长度缩短 10% 构造

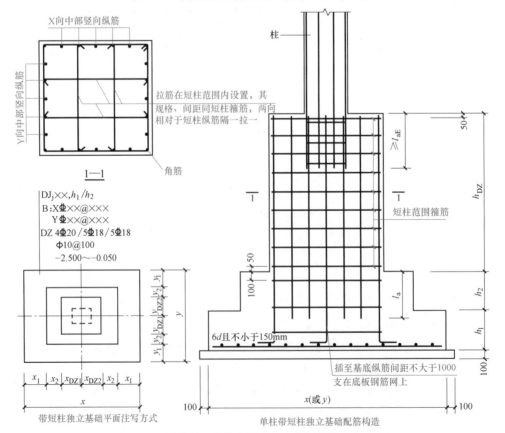

图 7-11　单柱带短柱独立基础构造

五、多柱独立基础钢筋计算

某柱混凝土强度 C30，锚固长度 $l_a = 30d$，混凝土保护层厚度 40mm，基础图如图 7-12 所示。

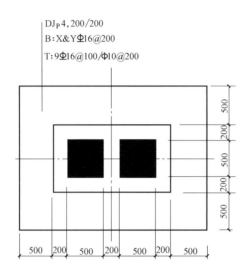

DJ$_P$4，200/200
B：X&YΦ16@200
T：9Φ16@100/Φ10@200

500
200
500
200
500

500 200 500 200 500 200 500

图 7-12　双柱基础图

钢筋计算：

1. 顶部钢筋

顶部受力钢筋长度 = 柱净距+$2l_a$ = 200mm+2×30×16mm = 1160mm，根数 9 根。

顶部分布钢筋长度 = 受力钢筋分布宽度+2×超出钢筋长度 = 8×100mm+2×50mm = 900mm

根数 = [受力钢筋长度-min(75mm,$s/2$)×2]÷200+1 = [(1160-75×2)÷200+1]根 = 6 根

2. 底部钢筋

（1）X 向：

1）外侧钢筋长度 = $x-2c$ = 2600mm-2×40mm = 2520mm，根数 2 根。

2）内边因为基础底板长度大于 2500mm，故间隔一侧缩短 10%。

内边钢筋长度 = 2600mm×0.9 = 2340mm

根数 = [y-min(75mm,$s/2$)×2]÷s+1-2 = [(1900-75×2)÷200+1]根-2 = 8 根

（2）Y 向：

外侧钢筋长度 = $y-2c$ = 1900mm-2×40mm = 1820mm

根数 = [x-min(75mm,$s/2$)×2]÷s+1 = [(2600-75×2)÷200+1]根 = 14 根

任务 2　条形基础施工图平法识读

条形基础包括墙下条形基础和柱下条形基础。条形基础整体上可分为梁板式条形基础和

板式条形基础两类。梁板式条形基础适用于钢筋混凝土框架结构、框架-剪力墙结构、部分框支剪力墙结构和钢结构；板式条形基础适用于钢筋混凝土剪力墙和砌体结构。平法表示法将梁板式条形基础分为基础梁和条形基础底板分别进行表达。

一、基础梁的平面注写方式

基础梁的平面注写分集中标注和原位标注。

1. 基础梁的集中标注

集中标注内容：基础梁编号、截面尺寸、配筋三项必注内容，以及基础梁底面标高（与基础底面基准标高不同时）和必要的文字注解两项选注内容。

（1）基础梁编号。基础梁编号（必注内容）方式见表7-3。

表7-3 条形基础梁编号

类 型		代号	序号	跨数及有无悬挑
基础梁		JL	××	（××）端部无外伸
条形基础底板	坡形	TJB_P	××	（××A）一端有外伸
	阶形	TJB_J	××	（××B）两端有外伸

（2）注写基础梁截面尺寸（必注内容）。注写 $b×h$，表示梁截面宽度与高度。当为加腋梁时，用 $b×h \ Yc_1×c_2$ 表示，其中 c_1 为腋长，c_2 为腋高。

（3）注写基础梁配筋（必注内容）。包括基础梁箍筋，底部、顶部及侧面纵向钢筋。

1）基础梁箍筋：当具体设计仅采用一种箍筋间距时，注写钢筋级别、直径、间距与肢数；当具体设计采用两种箍筋时，用"/"分隔不同箍筋，按照从基础梁两端向跨中的顺序注写。当基础梁相交时，截面较高的梁箍筋贯通设置。

【例7-5】 9Φ16@100/Φ16@200（6），表示配置两种 HRB300 级箍筋，直径 16mm，从梁两端起向跨内按间距100mm 各设置9道，其余部位的间距为200mm，均为六肢箍。

2）基础梁底部、顶部及侧面纵向钢筋：以 B 打头，表示梁底部贯通纵筋，少于箍筋肢数时，应设置架立钢筋，连接位置在跨中 1/3 净跨长度范围内；以 T 打头，表示梁顶部贯通纵筋；当梁底部或顶部贯通纵筋多于一排时，用"/"将各排纵筋自上而下分开；以 G 打头表示梁两侧面对称设置的纵向构造钢筋的总配筋值。

（4）基础梁底面标高。当条形基础的底面标高与基础底面基准标高不同时，将条形基础底面标高注写在"（ ）"内。

2. 基础梁的原位标注

原位标注基础梁端或梁在柱下区域的底部全部纵筋（包括底部非贯通纵筋和已集中注写的底部贯通纵筋），当梁端或梁在柱下区域的底部纵筋多于一排时用"/"将各排纵筋自上而下分开，当同排纵筋有两种直径时，用"+"将两种直径的纵筋相连。

二、条形基础底板平面注写方式

1. 条形基础底板的集中标注

条形基础底板平面注写分集中标注与原位标注。

条形基础底板的集中标注内容：条形基础底板编号、截面竖向尺寸、配筋三项必注内容，以及条形基础底板底面标高（与基础底面基准标高不同时）、必要的文字注解两项选注内容。

（1）条形基础底板编号，见表 7-3。

（2）条形基础底板截面竖向尺寸。自下而上注写 h_1/h_2，如坡形基础截面尺寸注写为 300/250，表示 $h_1 = 300\text{mm}$、$h_2 = 250\text{mm}$、基础底板根部总厚度 550mm，如图 7-13 所示。

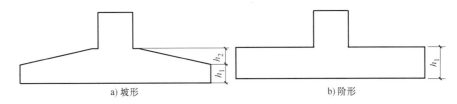

图 7-13　条形基础底板截面竖向尺寸

（3）条形基础底板底部及顶部配筋。以 B 打头，表示条形基础底板底部的横向受力钢筋；以 T 打头，表示条形基础底板顶部的横向受力钢筋。条形基础底板的横向受力钢筋与构造钢筋之间用 "/" 分隔。两梁（墙）之间顶部配置钢筋时，受力钢筋的锚固从梁的内边缘起算，如图 7-14 所示。

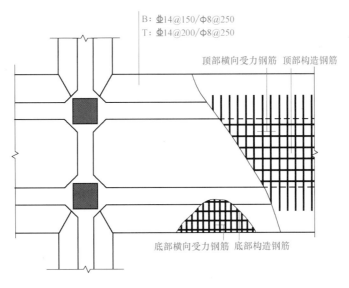

图 7-14　条形基础底板底部及顶部配筋

（4）条形基础底板底面标高。当条形基础的底面标高与基础底面基准标高不同时，将条形基础底板底面标高注写在 "（　）" 内。

2. 条形基础底板的原位标注

条形基础底板的原位标注主要对尺寸、配筋不同的情况进行标注，具体示例如图 7-15 所示。

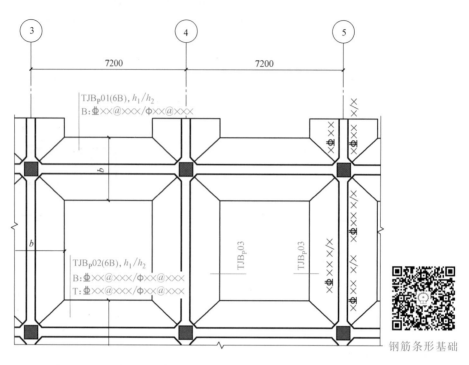

图 7-15　条形基础底板原位标注

【例 7-6】　识读如图 7-16 所示条形基础施工图。

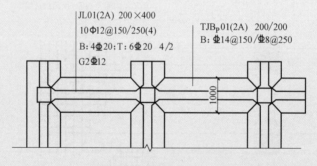

图 7-16　条形基础施工图

基础梁：

JL01（2A）　200×400——基础梁 01，两跨、一端外伸；基础梁截面宽度 200mm，高度 400mm。

10Φ12@150/250（4）——基础梁箍筋，两端向里先各布置 10 根 HPB300 的箍筋，直径 12mm，间距 150mm，中间剩余部位布置间距 250mm 的箍筋，均为四肢箍。

B：4Φ20；T：6Φ20 4/2——梁底部配置贯通纵筋为 4 根 HRB400 的钢筋，直径 20mm；梁顶部配置贯通纵筋共 6 根 HRB400 的钢筋，直径 20mm，分两排，上排 4 根 HRB400 的钢筋，直径 20mm，下排 2 根 HRB400 的钢筋，直径 20mm。

G2Φ12——梁侧面配置共 2 根Φ12 纵向构造钢筋，每侧 1 根。

基础底板：

TJB$_P$01（2A）　200/200——坡形条形基础底板01，2跨，一端外伸；基础底板竖向截面尺寸自下而上 $h_1 = 200mm$，$h_2 = 200mm$。

B：Φ14@150/Φ8@250——条形基础底板配置 HRB400 横向受力钢筋，直径为 14mm，间距 150mm；配置 HRB400 构造钢筋，直径为 8mm，间距 250mm。

1000——条形基础底板总宽度为 1000mm。

三、条形基础标准构造详图

1. 条形基础底板配筋构造

（1）基础底板交接处钢筋构造。除梁板端（无延伸）外，其余基础底板交接处受力筋均为一方向梁受力筋全部通过，另一方向梁受力筋伸进该梁底板宽 1/4 范围内布置。当有基础梁时，基础底板的分布筋在梁宽范围内不设置；在两向受力筋交接处的网状部位，分布钢筋与同向受力筋的构造搭接长度为 150mm，如图 7-17、图 7-18 所示。

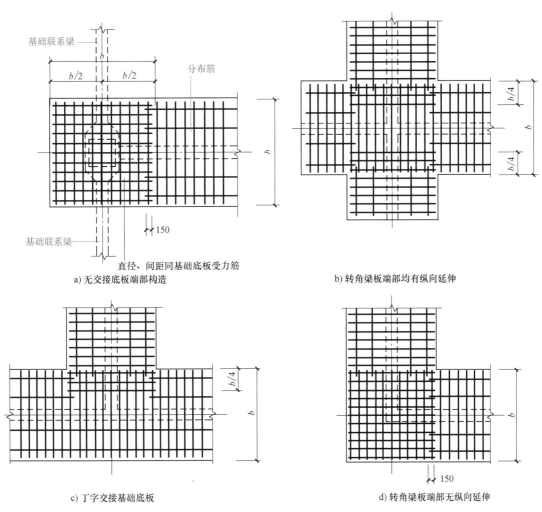

a) 无交接底板端部构造　　　　　　　　b) 转角梁板端部均有纵向延伸

c) 丁字交接基础底板　　　　　　　　　d) 转角梁板端部无纵向延伸

图 7-17　条形基础底板配筋构造（1）

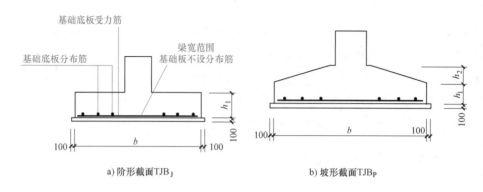

图 7-18　条形基础底板配筋构造（2）

（2）条形基础底板配筋长度减短 10% 构造。如图 7-19 所示，板底交接区的受力钢筋和底板端部的第一根钢筋不减短。

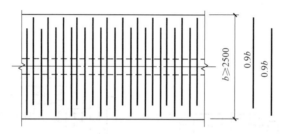

图 7-19　条形基础底板配筋长度减短 10% 构造

（3）条形基础板底不平构造。钢筋在不平处交接时，分布钢筋转换为受力钢筋，锚固长度均为 l_a，如图 7-20 所示。

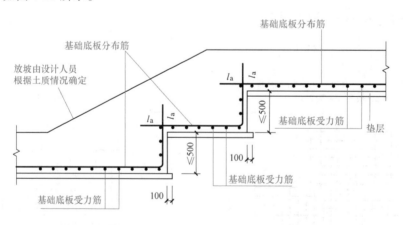

图 7-20　条形基础板底不平构造（板式条形基础）

2. 条形基础基础梁配筋构造

（1）基础主梁纵筋　基础主梁顶部贯通纵筋连接区为支座两边 $l_n/4$，底部贯通纵筋连接区为跨中 $l_n/3$；底部非贯通筋伸入跨内长度一、二排均为 $l_n/3$，其中 l_n 为中间支座左右净跨的较大值，边跨边支座为本跨的净跨长度值。梁交接处的箍筋按截面高度较大的基础梁设置。底部贯通筋配置不同时，较大一跨的伸至较小一跨的跨中连接区进行连接，如图 7-21 所示。

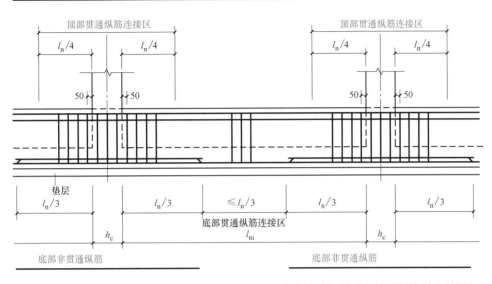

图 7-21　基础主梁纵筋与箍筋构造

（2）基础次梁纵筋　端部无外伸构造，基础次梁上部纵筋伸入基础主梁内长度不小于 $12d$ 且至少到梁中线；下部纵筋伸入基础梁内水平段长度，设计按铰接时不小于 $0.35l_{ab}$，充分利用钢筋的抗拉强度时不小于 $0.6l_{ab}$，弯折长度 $15d$，如图 7-22 所示。

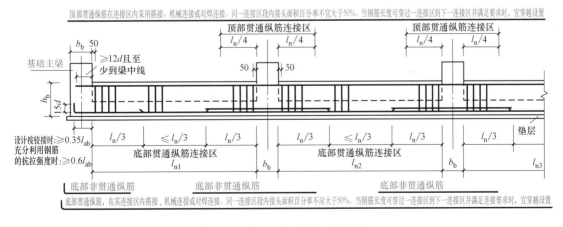

图 7-22　基础次梁纵筋与箍筋构造

（3）附加箍筋、吊筋构造，如图 7-23 所示。

（4）基础主梁端部钢筋构造。

1）基础主梁端部有外伸时，如图 7-24a 所示。

下部钢筋伸至尽端后弯折，从柱内侧算起平直段长度不小于 l_a 时，弯折段长度 $12d$；从

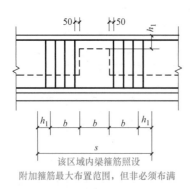
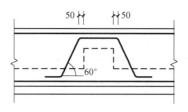

a) 附加箍筋构造　　　　　　　b) 附加(反扣)吊筋构造

图 7-23　附加箍筋、吊筋构造

柱内侧算起平直段长度小于 l_a 时，应满足不小于 $0.4l_{ab}$，弯折段长度为 $15d$。

上部钢筋无需全部伸至尽端，施工单位可根据设计施工图的平法标注进行施工。连续通过的钢筋伸至外伸尽端后弯折 $12d$；第二排钢筋在支座处截断，从柱内侧算起直段长度应不小于 l_a。

2）基础主梁端部无外伸时，如图 7-24b 所示。

下部钢筋可伸至尽端基础底板中锚固，从柱内侧算起直段长度 $\geqslant l_a$；当不能满足以上要求时，从柱内侧算起直段长度应不小于 $0.4l_{ab}$，并伸至板尽端弯折，弯折段长度 $15d$。

上部钢筋全部伸至尽端后弯折，从柱内侧算起直段长度应不小于 $0.4l_{ab}$，并伸至板尽端弯折，弯折段长度 $15d$。当直段长度 $>l_a$ 时可不弯折。

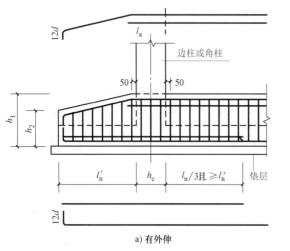
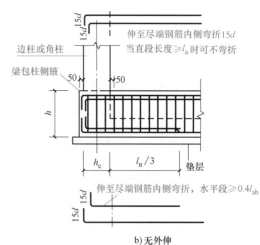

a) 有外伸　　　　　　　　b) 无外伸

图 7-24　基础主梁端部钢筋构造

（5）基础次梁端部钢筋构造。

1）当端部有外伸时，如图 7-25 所示。下部钢筋伸至尽端后弯折，从支座内侧算起直段长度不小于 l_a 时，弯折段长度 $12d$；从支座内侧算起直段长度小于 l_a 时，当按铰接时直段长度应大于 $0.35l_{ab}$，当充分利用钢筋抗拉强度时应大于 $0.6l_{ab}$，弯折段长度 $15d$。

上部钢筋无须全部伸至尽端，连续通过的钢筋伸至外伸尽端后弯折 $12d$；在支座处截断的钢筋从支座内侧算起直段长度应不小于 l_a。

2）当端部无外伸时，下部钢筋全部伸至尽端后弯折 $15d$；从支座内侧算起的直段长度，当按铰接时应大于 $0.35l_{ab}$，当充分利用钢筋抗拉强度时应大于 $0.6l_{ab}$；上部钢筋伸入支座内 $12d$，且至少过支座中线。

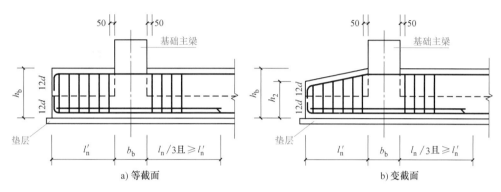

a) 等截面

b) 变截面

图 7-25　基础次梁端部钢筋构造

（6）梁底、梁顶有高差时的钢筋构造。

1）底部钢筋无论第一排还是第二排，均从变截面钢筋交接处伸长 l_a；顶部钢筋第一排在高变截面处主梁的一侧伸入另一截面的长度为 l_a，其余排如不能满足直锚时，则伸到尽端弯折 $15d$，如图 7-26 所示。

2）次梁底部钢筋和主梁一样无论第一排还是第二排，均从变截面钢筋交接处伸长 l_a；高变截面处顶部钢筋伸到尽端钢筋内侧弯折 $15d$，另一截面顶部钢筋则至少伸到主梁中线，且不小于 l_a，如图 7-27 所示。

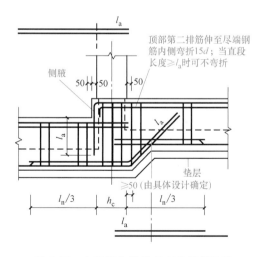

图 7-26　主梁底和顶均有高差钢筋构造

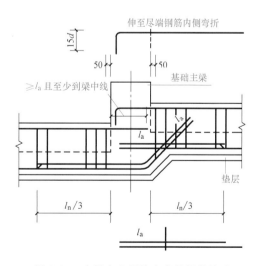

图 7-27　次梁底和顶均有高差钢筋构造

（7）支座边梁宽不同时钢筋构造　基础主梁上部纵筋伸至尽端弯折 $15d$，当直锚长度不小于 l_a 时可不弯折；下部纵筋伸至尽端弯折 $15d$（次梁下部钢筋直段长度不小于 l_a 时可不弯折），如图 7-28、图 7-29 所示。

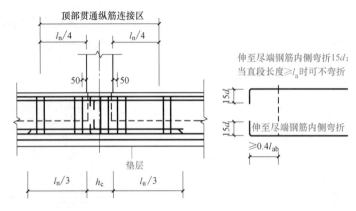

图 7-28　柱两边梁宽不同时钢筋构造

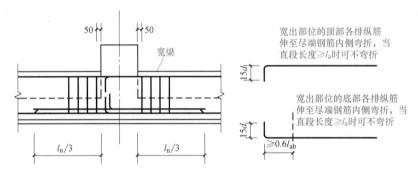

图 7-29　钢筋主梁两边梁宽不同时钢筋构造

（8）基础梁配置两种箍筋时构造　主梁与次梁箍筋基本相同，只是注意主梁与次梁交接处，主梁配置箍筋，按梁端第一种箍筋增加设置（不计入总数），如图 7-30、图 7-31 所示。

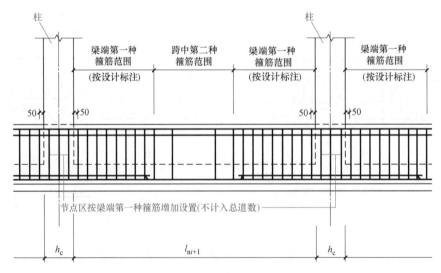

图 7-30　基础主梁配置两种箍筋构造

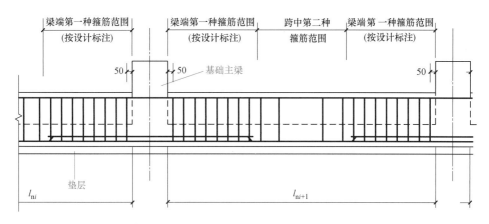

图 7-31 基础次梁配置两种箍筋构造

（9）基础梁竖向加腋构造 主梁和次梁加腋处钢筋从变截面处均延长 l_a。箍筋高度为变值，如图 7-32 所示。

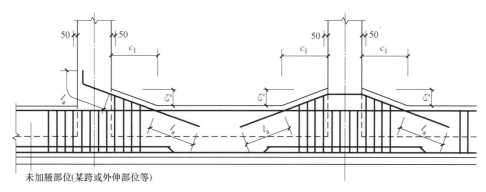

图 7-32 基础梁竖向加腋构造

（10）基础梁与柱结合部位侧腋构造 各边侧腋宽处尺寸与配筋均相同。腋宽出柱边50mm，钢筋在变截面处伸 l_a，如图 7-33 所示。

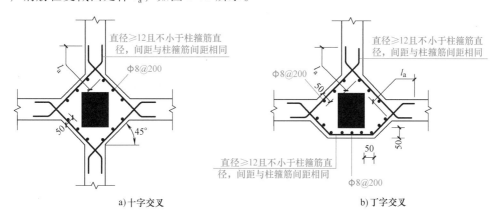

图 7-33 基础梁与柱结合部位侧腋构造

（11）基础梁侧面构造钢筋构造 梁侧钢筋的拉筋间距为箍筋间距的 2 倍，设有多排时，竖向错开设置；侧面纵向构造钢筋搭接和锚固长度均为15d，侧面受扭钢筋搭接为l_l，锚固长度l_a，如图7-34所示。

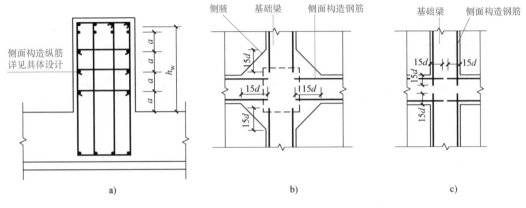

图7-34　基础梁侧面构造钢筋构造

任务3　梁板式筏形基础施工图平法识读

柱下或墙下连续的钢筋混凝土板式基础称为筏形基础。筏形基础分为梁板式筏形基础和平板式筏形基础，如图7-35、图7-36所示。

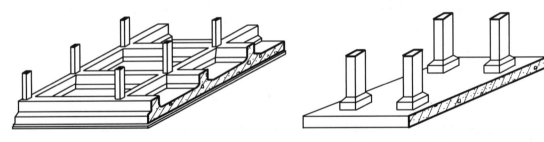

图7-35　梁板式筏形基础　　　　　　　　图7-36　平板式筏形基础

一、梁板式筏形基础平法识读

梁板式筏形基础由基础主梁、基础次梁、基础平板等组成。编号应符合表7-4的规定。

表7-4　梁板式筏形基础构件编号

构件类型	代号	序号	跨数及有无外伸
基础主梁（柱下）	JL	××	（××）或（××A）或（××B）
基础次梁	JCL	××	（××）或（××A）或（××B）
基础平板	LPB	××	

1. 基础主梁与基础次梁的平面注写

基础主梁与基础次梁的平面注写分集中注写与原位注写两部分内容。基础主、次梁的集中标注包括编号、截面尺寸、配筋三项必注内容，以及基础梁底面标高高差（相对于筏形基础平板底面标高）一项选注内容，如图 7-37、图 7-38 所示。

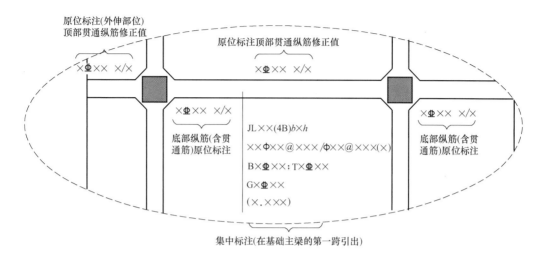

图 7-37　基础主梁的平面注写图

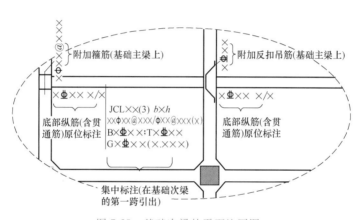

图 7-38　基础次梁的平面注写图

　　基础主、次梁的原位标注包括基础主、次梁端区域底部全部纵筋、附加箍筋或吊筋，外伸部位的变截面高度尺寸、原位标注修正内容。

　　筏形基础主、次梁示意图标注说明见表 7-5。

表 7-5　筏形基础主、次梁示意图标注说明

集中标注说明（集中标注应在第一跨引出）		
注写形式	表达内容	附加说明
JL××（×B）或 JCL××（×B）	基础主梁 JL 或基础次梁 JCL 编号，包括代号、序号（跨数及外伸状况）	
$b \times h$	截面尺寸，梁高×梁宽	加腋，用 $b \times h Y c_1 \times c_2$ 表示
××A××@ ×××/ A××@ ×××（×）	第一种箍筋道数、强度等级、直径、间距/第二种箍筋（肢数）	
B×C××； T×C××	底部（B）贯通纵筋根数、强度等级、直径，顶部（T）贯通纵筋根数、强度等级、直径	底部纵筋≥1/3 贯通，顶部全部贯通

（续）

集中标注说明(集中标注应在第一跨引出)		
注写形式	表达内容	附加说明
G×C××	两侧面纵向构造钢筋总根数、强度等级、直径	梁侧面总数
(×,×××)	梁底面相对于筏板基础平板底面标高的高差(高位板、中位板高差均为负值)	高者前加+号,低者前加-号,无高差不注
原位标注(含贯通筋)说明		
注写形式	表达内容	附加说明
×C×× ×/×	基础主梁柱下与基础次梁支座区域底部纵筋根数、强度等级、直径,以及用"/"分隔的各排筋根数	
×A××@ ×××	附加箍筋总根数、规格、直径及间距	在主次梁相交处
其他原位标注	某部位与集中标注不同的内容	原位标注取值优先
注:相同的基础主梁与基础次梁只标注一根,其他仅注编号		

2. 梁板式筏形基础平板标注识读 (图7-39)

梁板式筏形基础平板 LPB 标注说明见表 7-6。

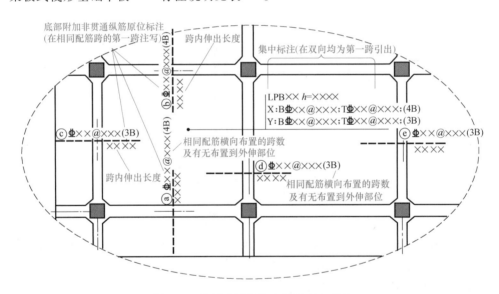

图 7-39 梁板式筏形基础平板 LPB 标注

表 7-6 梁板式筏形基础平板 LPB 标注说明

集中标注说明(集中标注应在双向均为第一跨引出)		
注写形式	表达内容	附加说明
LPB××	编号基础平板	梁板式基础的基础平板
h = ××××	基础平板厚度	
X:BC××@ ×××; TC××@ ×××;(×A) Y:BC××@ ×××; TC××@ ×××;(×A)	1. X向底部与顶部贯通纵筋强度等级、直径、间距(跨数及外伸) 2. Y向底部与顶部贯通纵筋强度等级、直径、间距(跨数及有无外伸)	1. 用 B、T 分别引导底部、顶部贯通纵筋 2. (×)表示跨数,(×A)表示跨数及一端有外伸,(×B)表示跨数及两端有外伸 3. 图面从左至右为 X 向,从下至上为 Y 向

板底部附加非贯通筋的原位标注说明（在基础梁相同配筋跨的第一跨下注写）		
注写形式	表达内容	附加说明
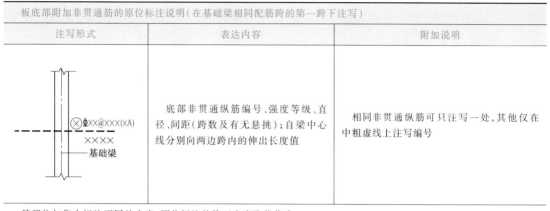	底部非贯通纵筋编号、强度等级、直径、间距（跨数及有无悬挑）；自梁中心线分别向两边跨内的伸出长度值	相同非贯通纵筋可只注写一处，其他仅在中粗虚线上注写编号
某部位与集中标注不同的内容，原位标注的修正内容取值优先		

二、梁板式筏形基础构造

（1）梁板式筏形基础的平板钢筋构造，如图 7-40 所示。

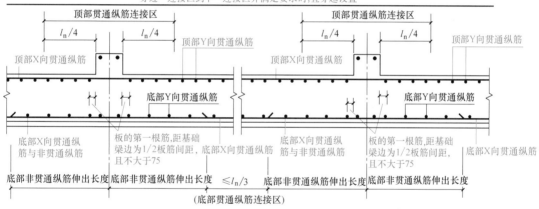

图 7-40　梁板式筏形基础的平板钢筋构造

（2）梁板式筏形基础的平板端部构造。上部钢筋伸入梁内不小于 $12d$ 且至少到梁中线，板的第一根钢筋距离基础梁边为 1/2 板筋间距且不大于 75mm。端部等（变截面）外伸构造中，当从支座内边算起至外伸端头不大于 l_a，基础平板下部钢筋伸至端部后，弯折 $15d$；大于 l_a 时，基础平板下部钢筋伸至端部后，弯折 $12d$，如图 7-41 所示。端部有外伸板外边缘应封边。

（3）梁板式筏形基础的平板变截面构造。底部钢筋从变截面钢筋交接处伸长 l_a；高变截面处顶部钢筋伸到尽端钢筋内侧弯折 $15d$，另一截面则至少伸到梁中线，且不小于 l_a，如图 7-42 所示。

三、梁板式筏形基础钢筋排布时注意事项

（1）构件及钢筋之间是相互支承的关系。

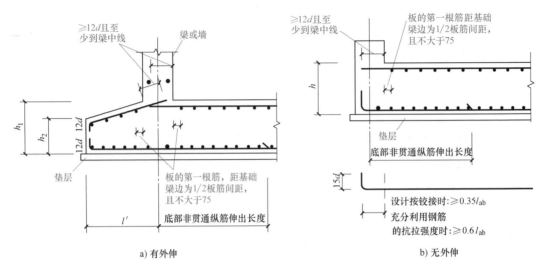

图 7-41　平板（有外伸和无外伸）端部构造

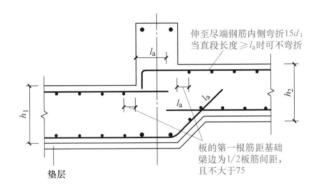

图 7-42　梁板式筏形基础的平板变截面构造

（2）宜保证主要受力方向构件或钢筋的位置。

（3）执行上一条时，也应对整个基础钢筋排布进行综合考虑，避免钢筋层数过多，钢筋应通长布置避免不必要的截断。

（4）当钢筋排布造成截面有效高度削弱时，应与设计人员沟通。

（5）按以上第2~4条内容选择钢筋排布方案时，应得到设计人员的确认。

任务4　平板式筏形基础施工图平法识读

一、平板式筏形基础平法识读

平板式筏形基础的识读可划分为柱下板带和跨中板带；也可不分板带，按基础平板进行表达，如图 7-43、图 7-44 所示。柱下板带 ZXB 与跨中板带 KZB 识读、平板式筏形基础基础平板 BPB 识读说明见表 7-7 和表 7-8。

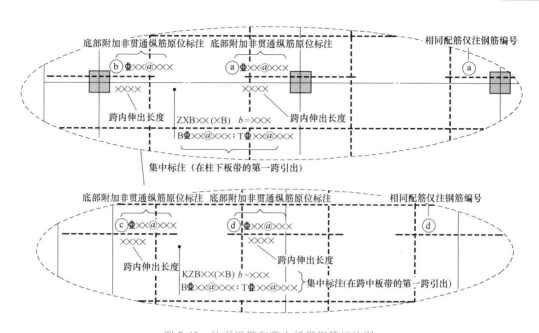

图 7-43　柱下板带和跨中板带钢筋标注图

表 7-7　柱下板带 ZXB 与跨中板带 KZB 识读说明

集中标注说明（集中标注应在第一跨引出）		
注写形式	表达内容	附加说明
ZXB××（×B）或 KZB××（×B）	柱下板带或跨中板带编号，具体包括：代号、序号（跨数及外伸状况）	（×）跨数无外伸 （×A）一端外伸 （×B）两端外伸
b＝××××	板带宽度	
BC××@ ×××； TC××@ ×××；	B 底部贯通纵筋等级、直径、间距 T 顶部贯通纵筋等级、直径、间距	底部纵筋应有不少于 1/3 贯通全跨
板底部附加非贯通纵筋原位标注		
注写形式	表达内容	附加说明
ⓐΦ××@ ××× ×××× 柱下板带：ⓐΦ××@××× ×××× 跨中板带：ⓑΦ××@××× ××××	底部非贯通筋编号、强度等级、直径、间距；自中线分别向两边跨内的伸出长度值	向两侧对称伸出时，可只在侧注写伸出长度值
某部位与集中标注不同的内容原位标注的内容取值优先		

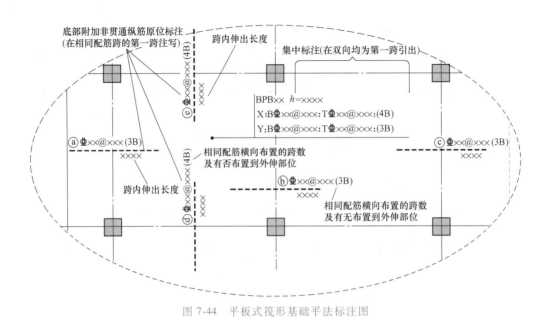

图 7-44　平板式筏形基础平法标注图

表 7-8　平板式筏形基础平板 BPB 识读说明

集中标注说明（集中标应在第一跨引出）		
注写形式	表达内容	附加说明
BPB××	基础平板编号,包括代号及编号	
h =××××	基础平板厚度	
X:BC××@ ×××; TC××@ ×××;(×、×A、×B) Y:BC××@ ×××;TC××@ ×××;(×、×A、×B)	X向、Y向底部与顶部贯通纵筋等级、直径、间距(跨数及有无外伸)	底部纵筋应有不少于1/3贯通全跨图面从左至右为 X 向,从下至上为Y 向
板底部附加非贯通纵筋原位标注		
注写形式	表达内容	附加说明
ⓧ Φ××@×××(×、×A 、×B) 　×××× 柱中线	底部非贯通筋编号、强度等级、直径、间距;自(梁)中线分别向两边跨内的伸出长度值	向两侧对称伸出时,可只在侧注写伸出长度值
某部位与集中标注不同的内容原位标注的内容取值优先		

二、平板式筏形基础构造

1. 平板式筏形基础纵向钢筋构造

不同配置的底部贯通钢筋,在毗邻较小跨的跨中连接区连接,柱下板带与跨中板带的底部贯通钢筋,在跨中1/3净跨范围内连接,顶部贯通钢筋在柱网轴线附近1/4净跨范围内连接。底部贯通钢筋与非贯通钢筋宜采用"隔一布一"的方式进行布置,如图7-45、图7-46所示。基础平板钢筋构造如图7-47～图7-49所示,平板式筏形基础平板跨中区域上部钢筋构造同柱下区域。

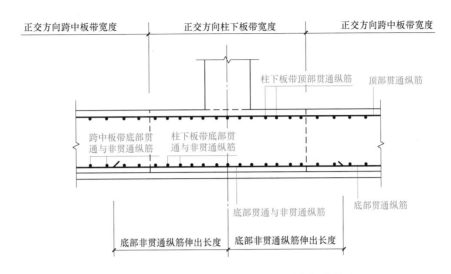

图 7-45　平板式筏形基础柱下板带纵向钢筋构造

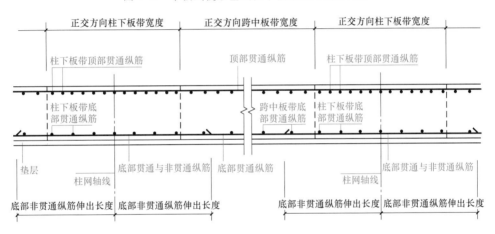

图 7-46　平板式筏形基础跨中板带纵向钢筋构造

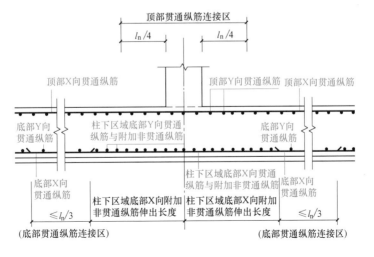

图 7-47　平板式筏形基础平板钢筋构造（柱下区域）（1）

项目七　基础施工图平法识读

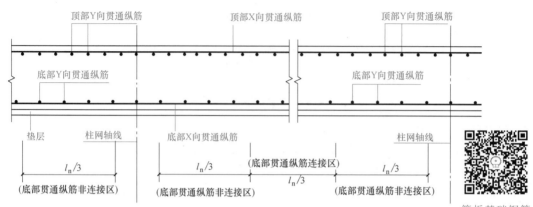

图 7-48　平板式筏形基础平板钢筋构造（柱下区域）（2）

筏板基础钢筋

2. 平板式筏形基础变截面钢筋构造

下部钢筋从变截面钢筋交接处伸长 l_a；顶部钢筋在高变截面处柱的另一侧伸入另一截面 l_a，低截面钢筋则直锚 l_a。当板厚度不小于 2000mm 时，应设置中层双向钢筋网，直径不小于 12mm，间距不大于 300mm，端部弯折 12d，如图 7-50 所示。

3. 平板式筏形基础平板端部和外伸构造

无外伸时，上部钢筋伸到墙或梁中不小于 12d 且至少到墙或梁的中线，下部钢筋按照设计要求伸到端部边后弯折 15d；端部等截面外伸，上下钢筋伸到端部后，均弯折 12d。

图 7-49　平板式筏形基础平板钢筋构造

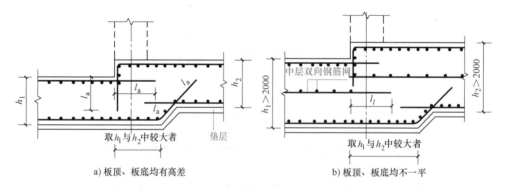

a) 板顶、板底均有高差　　　　　b) 板顶、板底均不一平

图 7-50　变截面部位及中层钢筋构造

4. 板的封边构造

筏板基础厚度一般均不小于 400mm，因此筏板基础边缘部位应采取构造措施进行封边；当筏板边缘部位设置了边梁、布置墙体时，可不再进行板封边，如图 7-51 所示。

1）封边钢筋可采用 U 形钢筋，间距宜与板中纵向钢筋一致。

2）可将板上、下纵向钢筋弯折搭接 150mm 作为封边钢筋。

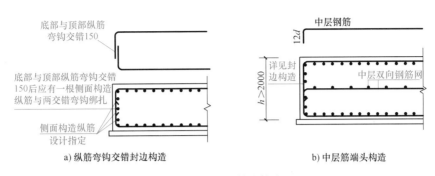

a) 纵筋弯钩交错封边构造　　　　　b) 中层筋端头构造

图 7-51　板的封边构造

5. 筏板基础底板上剪力墙洞口位置构造

当筏形基础上为剪力墙结构时，剪力墙下没有设置基础梁，应在剪力墙洞口位置下设置过梁，承受基底反力引起的剪力、弯矩作用。

过梁宽度可与墙厚一致；也可大于墙厚，在墙厚加两倍底板截面有效高度范围设置，过梁上下纵筋自洞口边缘伸入墙体长度不小于 l_a，锚固长度范围内箍筋间距同跨内，如图 7-52 所示。

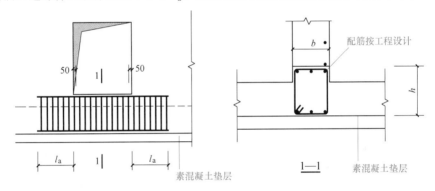

图 7-52　筏板基础底板上剪力墙洞口位置设置过梁

任务 5　桩基础施工图平法识读

桩基础施工图平法识读部分内容包括灌注桩和桩承台两部分。

一、灌注桩施工图平法识读

1. 灌注桩平法施工图表示方法

灌注桩主要采用列表注写方式。列表注写方式是在灌注桩平面布置图上，分别标注定位尺寸，在桩表中注写桩编号、桩尺寸、纵筋、螺旋箍筋、桩顶标高、单桩竖向承载力特征值。

（1）注写桩编号，桩编号由类型和序号组成，灌注桩用 GZH 表示，扩底灌注桩用 GZH_K 表示。

（2）注写桩尺寸，包括桩径 D、桩长 L，当为扩底灌注桩，还应注写扩底端尺寸。

（3）注写桩纵筋，包括桩周均布的纵筋根数、钢筋强度级别、从桩顶起算的纵筋配置长度。

1）通长等截面配筋：注写全部纵筋，如，××𝚽××。

2）部分长度配筋：注写桩纵筋，如××𝚽××/L_1，其中L_1表示从桩顶起算的入桩长度。

3）通长变截面配筋：注写桩纵筋包括通长纵筋××𝚽××；非通长纵筋××𝚽××/L_1，其中L_1表示从桩顶起算的入桩长度。通长纵筋与非通长纵筋沿桩周间隔均匀布置。

如：15𝚽20，15𝚽18/6000，表示桩通长纵筋为15𝚽20；桩非通长纵为15𝚽18，从桩顶起算的入桩长度为6000mm。实际桩上段纵筋为15𝚽20+15𝚽18，通长纵筋与非通长纵筋间隔均匀布置于桩周。

（4）注写桩螺旋箍筋，以大写字母L打头，包括钢筋强度级别、直径与间距。

1）用斜线"/"区分桩顶箍筋加密区与桩身箍筋非加密区长度范围内箍筋的间距。（16G101-1）标准图集中箍筋加密区为桩顶以下5D（D为桩身直径）。

2）当桩身位于液化土层范围内时，箍筋加密区长度应由设计者根据具体工程情况注明，或者箍筋全长加密。

如：L𝚽8@100/200，表示箍筋强度级别为HRB400级钢筋，直径为8mm，加密区间距为100mm，非加密区间距为200mm，L表示螺旋箍筋。

（5）注写桩顶标高。

（6）注写单桩竖向承载力特征值。

2. 灌注桩配筋构造

灌注桩通长等截面和部分长度配筋构造，如图7-53所示。灌注桩通长变截面配筋构造，如图7-54所示。灌注桩顶与承台的连接构造，如图7-55所示。

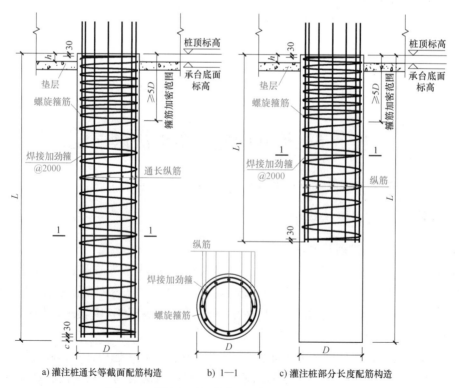

a) 灌注桩通长等截面配筋构造　　b) 1—1　　c) 灌注桩部分长度配筋构造

图7-53　灌注桩通长等截面和部分长度配筋构造

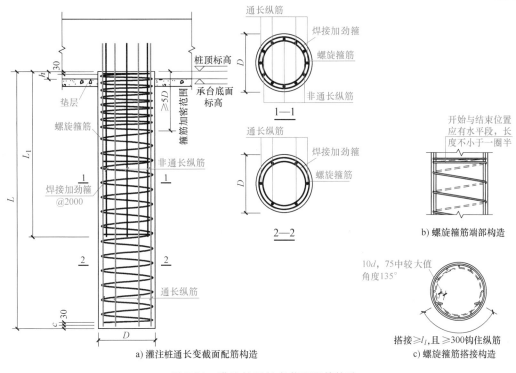

a) 灌注桩通长变截面配筋构造

b) 螺旋箍筋端部构造

c) 螺旋箍筋搭接构造

图 7-54　灌注桩通长变截面配筋构造

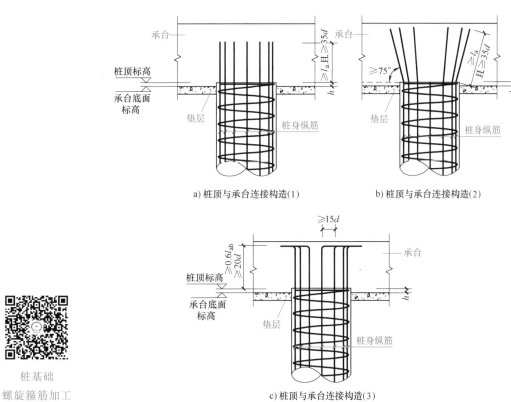

a) 桩顶与承台连接构造(1)

b) 桩顶与承台连接构造(2)

c) 桩顶与承台连接构造(3)

图 7-55　灌注桩顶与承台的连接构造

桩基础
螺旋箍筋加工

二、桩承台施工图平法识读

1. 桩承台平法施工图表示方法

桩基承台分为独立承台和承台梁 CTL。独立承台分为阶形 CT_J 和坡形 CT_P 两种形式。

承台梁 CTL 的平面注写方式分集中标注和原位标注两部分内容。集中标注内容为：承台梁编号、截面尺寸、配筋三项必注内容，以及承台梁底面标高（与承台底面基准标高不同时）、必要的文字注解两项选注内容；承台梁的原位标注为承台梁的附加箍筋或（反扣）吊筋。

2. 桩承台配筋构造

（1）桩承台配筋构造要求。

1）当桩直径或桩截面边长小于 800mm 时，桩顶嵌入承台 50mm；当桩直径或桩截面边长不小于 800mm 时，桩顶嵌入承台 100mm。

2）桩中纵向钢筋伸入承台或承台梁内的长度不宜小于 35 倍钢筋直径，且不小于 l_a，如图 7-56 所示。

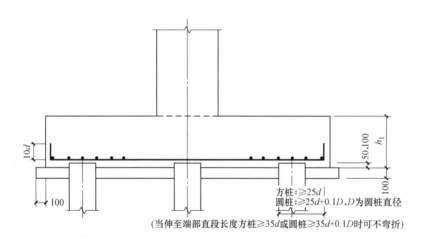

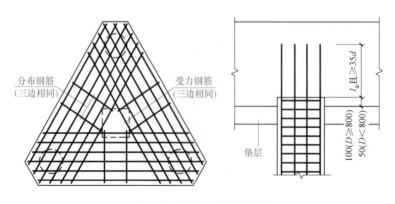

三桩承台

图 7-56　三桩承台钢筋布置

3）拉筋直径一般为 8mm，间距为箍筋的 2 倍，当设有多排拉筋时，上下两排拉筋竖向错开设置。

4）当柱下采用大直径的单桩且柱的截面小于桩的截面时，也可以取消承台，将柱中的纵向受力钢筋锚固在大直径桩内。

5）以三桩承台为例，受力钢筋按三向板带均匀布置，钢筋按三向咬合布置，最里面的三根钢筋应在柱截面范围内。承台纵向受力钢筋直径不宜小于 12mm，间距不宜大于 200mm，其最小配筋率不小于 0.15%，板带上宜布置分布钢筋，施工按设计文件标注的钢筋进行施工，如图 7-56 所示。

（2）矩形承台配筋构造，如图 7-57 所示。

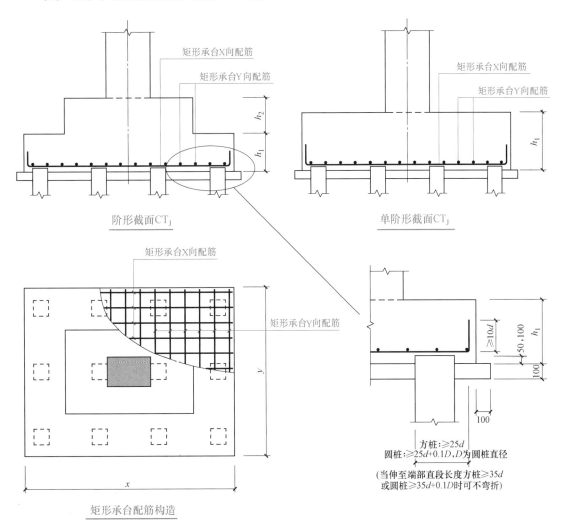

图 7-57 矩形承台配筋构造

（3）墙下单排桩承台梁钢筋构造，如图 7-58 所示。

拉筋直径为 8mm，间距为箍筋的 2 倍。当设有多排拉筋时，上下两排拉筋竖向错开设置。

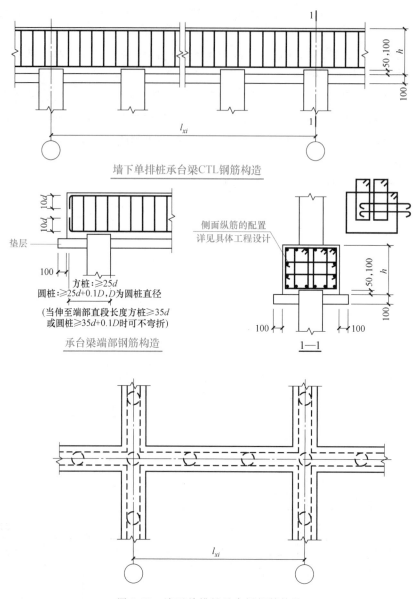

墙下单排桩承台梁CTL钢筋构造

垫层

100

方桩：≥25d

圆桩：≥25d+0.1D，D为圆桩直径

(当伸至端部直段长度方桩≥35d
或圆桩≥35d+0.1D时可不弯折)

承台梁端部钢筋构造

侧面纵筋的配置
详见具体工程设计

1—1

图 7-58　墙下单排桩承台梁钢筋构造

任务 6　基础相关构造

一、基础后浇带构造（HJD）

　　基础梁后浇带构造和基础底板后浇带构造除配筋以外均相同，分为贯通留筋（代号 GT，宽度≥800mm）和 100%搭接留筋（代号 100%，宽度≥l_1+60mm 且≥800mm）两种形式，分为一般构造、抗水压垫层构造和超前止水构造三种构造，如图 7-59 ~ 图 7-61 所示。

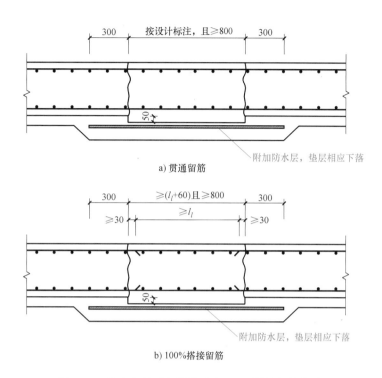

图 7-59　基础底板后浇带贯通和 100%搭接留筋构造

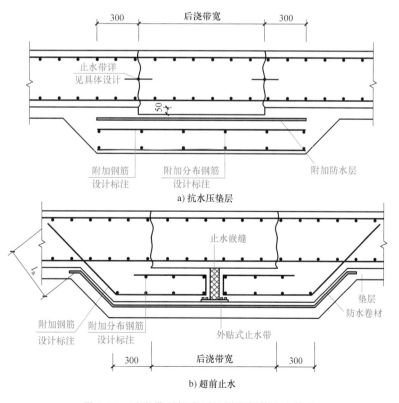

图 7-60　后浇带下抗水压垫层和超前止水构造

图 7-61 后浇带 100%搭接留筋构造

二、上柱墩构造（SZD）

上柱墩下部外伸钢筋直锚 l_a，如图 7-62 所示。

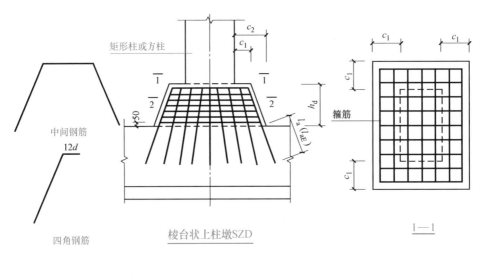

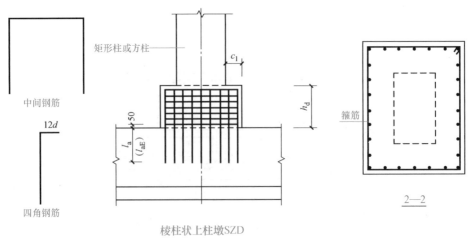

图 7-62 上柱墩构造

三、柱下筏板局部增加板厚构造（JBH）（图 7-63、图 7-64）

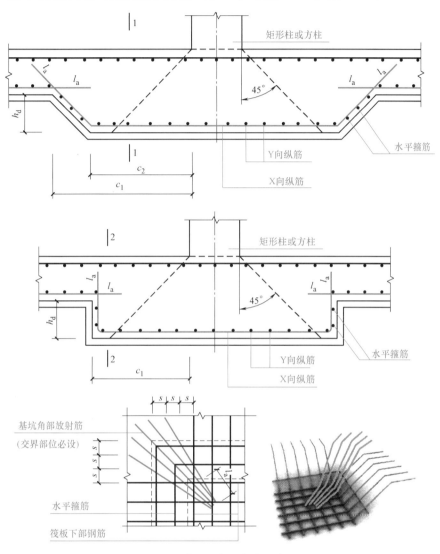

图 7-63 柱下筏板局部增加板厚构造（1）

图 7-64 柱下筏板局部增加板厚构造（2）

项目七 基础施工图平法识读

185

四、防水板与基础的连接构造（图 7-65）

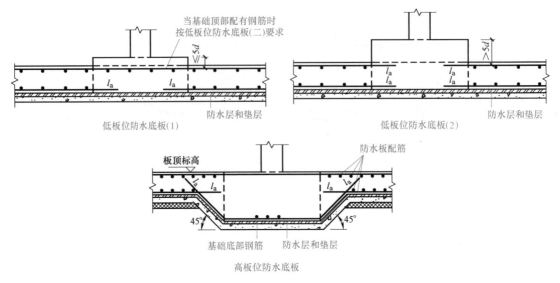

图 7-65　地下室防水板与基础的连接构造

五、基础连系梁

（1）框架梁 KL。当独立基础埋置深度较大，设计人员为了降低底层柱的计算高度，也会设置与柱相连的梁（不同时作为联系梁设计），此时设计将该梁定义为框架梁 KL，按框架梁 KL 的构造要求进行施工。

（2）非框架梁 KL。有些情况下，设计为了布置上部墙体而设置了一些梁（不同时作为联系梁设计），可视为直接以独立基础或桩基承台为支座的非框架梁，设计标注为 L，按非框架梁进行施工。

（3）基础梁 JL。基础梁属于基础的重要组成部分。

（4）基础联系梁。是指连接独立基础、条形基础或柱基承台的梁。当建筑基础形式采用桩基础时，桩基承台间设置联系梁能够起到传递并分布水平荷载、减小上部结构传至承台弯矩的作用，增强各桩基之间的共同作用和基础的整体性。当建筑基础形式采用柱下独立基础时，为了增强基础的整体性，调节相邻基础的不均匀沉降也会设置联系梁。联系梁顶面宜与独立基础顶面位于同一标高。有些工程中，设计人员将基础联系梁设置在基础顶面以上，也可能兼作其他的功用。配筋构造中，基础联系梁顶面与基础顶面平齐时，基础顶面为嵌固部位，联系梁伸入支座内长度 l_a，如图 7-66 所示。

设计标注为基础联系梁 JLL 的构件，应满足以下构造要求：

1）纵向受力钢筋在跨内连通，钢筋长度不足时锚入支座内，从柱边缘开始锚固，其锚固长度应不小于 l_a。

2）当基础联系梁位于基础顶面上方时，上部柱底部箍筋加密区范围从联系梁顶面起算。

3）一般情况下，基础联系梁第一道箍筋从柱边缘 50mm 开始布置；当承台配有钢筋笼

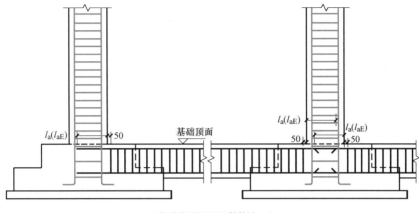

a) 基础联系梁JLL配筋构造(一)

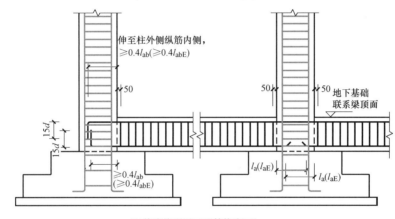

b) 基础联系梁JLL配筋构造(二)

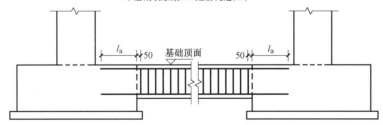

(不作为基础联系梁；梁上部纵筋保护层厚度≤5d时，
锚固长度范围内应设横向钢筋)

c) 搁置在基础上的非框架梁

图 7-66　基础联系梁 JLL 各类形式

时，第一道箍筋可从承台边缘开始布置。

4）上部结构按抗震设计时，为平衡柱底弯矩而设置的基础联系梁，应按抗震设计，抗震等级同上部框架。

5）桩基础连系梁，一柱一桩时，应在桩顶两个主轴方向上设置联系梁。当桩与柱的截面直径之比大于 2 时，可不设联系梁。两桩桩基的承台，应在短向设置联系梁。有抗震设防要求的柱下桩基承台，宜沿两个主轴方向设置联系梁。桩基承台间的联系梁顶面宜与承台顶面位于同一标高。

6）当上部结构底层地面以下设置基础连系梁时，该梁应称为地下框架梁 KL，构造形式同前面框架梁，地下框架梁位于基础顶面以下连接底层柱时，上部结构底层框架柱下端的箍筋加密高度从地下框架梁顶面开始计算，地下框架梁顶面至基础顶面为短柱时见具体设计。地下框架梁端支座纵筋水平段长度不小于 $0.4l_{ab}$，弯折长度为 $15d$，中间支座顶部筋贯通，下部筋锚固 l_a，地下框架梁的第一道箍筋距柱边缘 50mm 开始设置，如图 7-66 所示。

六、基坑构造（JK）（图 7-67）

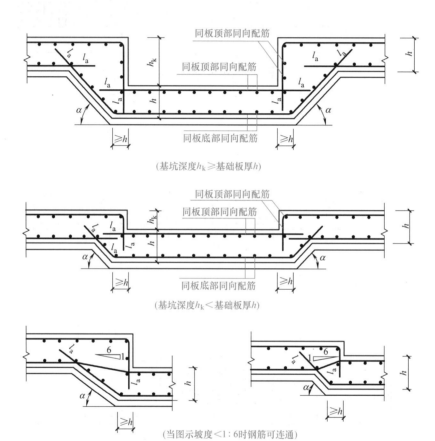

图 7-67　基坑构造

复习思考题

一、选择题

1. 设置基础梁的独立基础配筋构造，独立基础钢筋距基础梁边的起步距离为（　　）。

A. 50mm　　　　　　　B. 100mm　　　　　　　C. $s/2$　　　　　　　D. 200mm

2. 条形基础底板配筋构造中，在两向受力钢筋交接处的网状部位，分布钢筋与同向受力钢筋的搭接长度为（　　）。

A. l_{lE} 　　　　B. 150mm 　　　　C. $b/4$ 　　　　D. l_l

3. 下面关于灌注桩纵筋的表示方法叙述错误的是（　　）。

A. 通长筋等截面配筋，注写全部纵筋，如 16 $\underline{\Phi}$ 25

B. 部分长度配筋，注写桩纵筋，如 16 $\underline{\Phi}$ 20/15000

C. 通长变截面配筋，注写桩纵筋包括通长纵筋 12 $\underline{\Phi}$ 25，8 $\underline{\Phi}$ 22/10000，表示桩通长筋为 12 $\underline{\Phi}$ 25；桩非通长筋为 8 $\underline{\Phi}$ 22，从桩顶伸入桩内长度为 10000mm，桩顶范围内 10000mm 内钢筋为 12 $\underline{\Phi}$ 25+8 $\underline{\Phi}$ 22

D. 通长变截面配筋，注写桩纵筋包括通长纵筋 12 $\underline{\Phi}$ 25+8 $\underline{\Phi}$ 22/10000，表示桩通长筋为 8 $\underline{\Phi}$ 22；桩非通长筋为 12 $\underline{\Phi}$ 25，从桩顶伸入桩内长度为 10000mm，桩顶 10000mm 范围内钢筋为 12 $\underline{\Phi}$ 25+8 $\underline{\Phi}$ 22

4. 关于后浇带钢筋构造错误的是（　　）。

A. 墙后浇带 HJD100% 搭接钢筋构造，其搭接长度为 l_l

B. 墙后浇带 HJD100% 搭接钢筋构造，其搭接长度为 l_{lE}

C. 当板、梁、墙构件抗震等级为一级~四级时，搭接长度 l_l 应改为 l_{lE}

D. 后浇带混凝土强度等级必须比原有混凝土高一级

5. 平板式筏形基础平板端部等截面外伸时，节点做法正确的是（　　）。

A. 上下部弯折 12d 　　　　　　　　B. 上下部弯折

C. 上部弯折 12d，下部弯折 15d 　　　　D. 必须封闭

二、简答题

1. 平法中介绍的基础类型有哪几种？

2. 独立基础的集中标注和原位标注的内容有哪些？

3. 双柱独立基础地板顶部钢筋的上、下位置关系应如何确定？

4. 条形基础梁的集中标注和原位标注的内容有哪些？

5. 条形基础底板的集中标注和原位标注的内容有哪些？

6. 条形基础基础梁端部变截面外伸的钢筋构造要点是什么？

7. 梁板式筏形基础由哪些构件构成？其受力特点是什么？

8. 梁板式筏形基础主梁与基础次梁的集中标注和原位标注的内容有哪些？集中标注中 G4 $\underline{\Phi}$ 14 表示什么？

9. 梁板式筏形基础平板的集中标注和原位标注的内容有哪些？集中标注中 X：B$\underline{\Phi}$ 20 @ 150；T$\underline{\Phi}$ 20@ 180（4A）表示什么意义？

10. 两向基础主梁相交的柱下区域，梁中箍筋怎么布置？

11. 基础主梁上部钢筋的连接区位置在哪里？底部贯通纵筋连接区位置在哪里？

12. 梁式筏形基础平板的跨数如何计算？

13. 梁式筏形基础平板原位标注底部附加非贯通筋时何为"隔一布一""隔一布二"？

14. 基础主梁 JL 与基础次梁 JCL 梁顶（或梁底）有高差时钢筋构造有何不同？

15. 基础主梁 JL 与基础次梁 JCL 纵向钢筋连接区与框架梁（KL）的纵筋连接区位置有何不同？

16. 平板式筏形基础可以划分为哪些板带？

17. 独立基础底板钢筋缩短10%的条件是什么？其构造要点是什么？

18. 筏形基础中基础主梁的端部构造要点是什么？

19. 筏形基础中基础次梁的端部构造要点是什么？与基础主梁有何不同之处？

20. 筏形基础中平板式基础的端部边缘侧面封边钢筋构造要点是什么？

21. 根据附录图纸结合工程实例识读基础钢筋。

22. 根据附录图纸结合工程实例计算基础钢筋。

7 CHAPTER

项目八　钢筋平法识图及翻样排布图绘制技能训练

项目分析

技能练到极致就是绝招。

钢筋工程是建筑工程中最为重要的材料之一，我国钢筋原材料严重依赖进口，因此根据规范要求，节约使用钢筋尤为重要，同时钢筋工程的核心技术为钢筋翻样（把图纸设计的钢筋以每根钢筋大样图的形式反映到书面上，供工人加工安装），因此只有练就了钢筋翻样技能，才能在工程中进行钢筋精细化施工，才能真正做一名大国工匠。

任务目标

1. 了解平法识图技能要求及钢筋翻样计算规则。
2. 掌握框架梁、框架柱钢筋翻样及排布图绘制要求。

能力目标

能够正确绘制框架梁、框架柱钢筋排布图。

任务1　平法识图技能要求及钢筋翻样计算规则

目前工程上提到的排布图是指钢筋下料排布图，又称翻样排布图，是指技术人员根据平法图纸将计算好的构件下料钢筋，以加工好的外包尺寸形式，按照在构件中的位置逐根排布在构件下方（左右），用于指导工人正确进行钢筋安装施工。

一、钢筋平法识图技能要求

本项目参照《2023年山东省春季高考统一考试招生专业类别考试标准》中的建筑工程施工专业技能考试说明中的项目二中第5项技术要求编写，对于框架柱、梁截面钢筋排布图目前国家标准无统一要求，本书仅以钢筋翻样排布图为依据，进行编写。

技能考试中的项目二平法识图内容为：

1. 技术要求

（1）能掌握柱、梁、有梁楼盖板、独立基础平法施工图制图规则。

（2）能识读柱、梁、有梁楼盖板、独立基础平法标准构造详图。

（3）能识读抗震框架柱钢筋构造图。

（4）能识读抗震楼层框架梁钢筋构造图。

（5）能绘制框架柱、框架梁截面钢筋排布图。

（6）能计算抗震框架柱钢筋长度。

（7）能计算抗震楼层框架梁钢筋长度。

2. 设备及工具

考场提供：施工图纸一套，《国家建筑标准设计图集》（22G101-1）相关内容复印件。

考生自带：签字笔、铅笔、橡皮、直尺、计算器等。

二、钢筋翻样

1. 钢筋翻样的概念

钢筋翻样又称钢筋配料计算，是指在施工过程中根据图纸详细列示钢筋混凝土结构中钢筋构件的规格、形状、尺寸、数量、重量等内容，形成钢筋构件下料单，便于钢筋工按下料单进行钢筋构件制作、施工装配。钢筋翻样是降低施工成本的核心要素，是从图纸到实体工程的最后一道把关工作，翻样水平高低直接决定了工程的安全、质量和效益。

2. 翻样前的一些准备工作

通常先要详细地查看结构总说明。了解工程的具体情况和设计要求，根据抗震等级、混凝土的强度等级确定钢筋的锚固长度、搭接长度，确定钢筋的保护层厚度和连接方式。再根据施工方案确定施工范围，包括流水段的处理、采用何种措施钢筋，确定不同直径的钢筋分别采用何种连接方式（包括马镫钢筋的施工方法）等。

3. 钢筋下料长度的计算

构件配筋图中注明的尺寸一般是指钢筋外轮廓尺寸，即从钢筋外皮到另一侧钢筋外皮量得的尺寸。钢筋在弯曲后，外皮尺寸伸长，内皮尺寸缩短，中轴线长度保持不变。按钢筋外包尺寸总和下料是不准确的，只有按钢筋轴线长度尺寸下料加工，才能使加工后的钢筋形状、尺寸符合设计要求。

钢筋的外包尺寸和轴线长度之间存在一个差值，称为弯曲调整值。

钢筋下料长度为各段外包尺寸之和减去弯曲处的弯曲调整值，再加上两端弯钩的增长值。具体为：

直钢筋下料长度＝构件长度－保护层厚度＋弯钩增加长度

弯起钢筋下料长度＝直段长度＋斜段长度－弯曲调整值＋弯钩增加长度

箍筋下料长度＝箍筋周长－8×保护层厚度＋箍筋调整值

钢筋弯曲处的弯曲调整值与钢筋弯心直径和弯曲角度有关。对于 HRB400 钢筋，弯曲处直径不小于钢筋直径的 4 倍，当弯折 30°时，弯曲调整值近似为 $0.3d$（d 为钢筋直径）；当弯折 45°时，弯曲调整值近似为 $0.5d$；当弯折 60°时，弯曲调整值为近似 $1d$；当弯折 90°时，弯曲调整值为近似 $2d$。

箍筋调整值：对于 HPB300 钢筋，φ6 为 $23.5d$，φ8 为 $18.5d$；对于 HRB400 钢筋，Φ6 为 $25d$，Φ8 为 $20d$。

任务 2 绘制框架梁钢筋翻样及排布图

钢筋的配料计算与钢筋预算计算相比，更为具体，表现在钢筋配料计算要落实到具体施工构件上，中间层框架梁上部纵向钢筋伸入端节点的锚固长度，当采用直锚时，钢筋排布图如图 8-1 所示。当不满足直锚固时，梁上部纵向钢筋采用弯锚方式，此时梁上部纵向钢筋伸至柱外侧纵向钢筋内边并弯折 15d，排布图如图 8-2、图 8-3 所示。

梁纵向钢筋支座处弯折锚固时，上部（或下部）的上、下排纵筋竖向弯折段之间宜保持净距 25mm，如图 8-3 所示，上部与下部纵筋的竖向弯折段间隔 25mm，纵筋最外排竖向弯折段与柱外边纵向钢筋净距不宜小于 25mm。上部与下部纵筋的竖向弯折段钢筋也可以贴靠，上部与下部纵筋的竖向弯折段重叠时，宜采用如图 8-4 所示的钢筋排布方案。

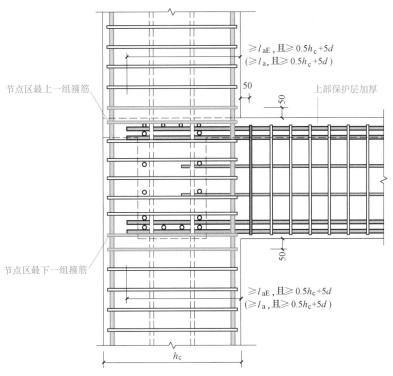

图 8-1 中间层端节点框架梁纵向受力钢筋直锚图

图 8-2 中间层端节点框架梁纵向钢筋弯折锚固

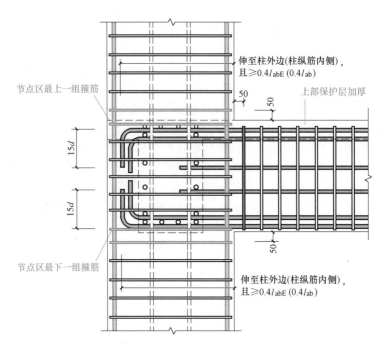

节点区最上一组箍筋

伸至柱外边(柱纵筋内侧)，
且≥0.4l_{abE}(0.4l_{ab})

50

50

上部保护层加厚

15d

15d

50

节点区最下一组箍筋

伸至柱外边(柱纵筋内侧)，
且≥0.4l_{abE}(0.4l_{ab})

图 8-3　框架梁中间层端节点构造图（1）

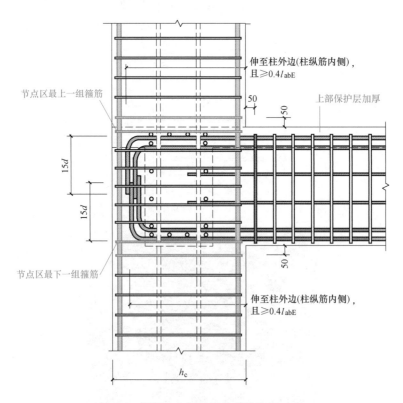

节点区最上一组箍筋

伸至柱外边(柱纵筋内侧)，
且≥0.4l_{abE}

50

50

上部保护层加厚

15d

15d

50

节点区最下一组箍筋

伸至柱外边(柱纵筋内侧)，
且≥0.4l_{abE}

h_c

图 8-4　框架梁中间层端节点构造图（2）

8 CHAPTER

【例 8-1】 计算附录 A 图纸第 14 张⑨轴线上 KL4 的钢筋下料长度。

查图纸总说明得：该楼三级抗震，梁、柱保护层厚度 $c=25\text{mm}$，C30 混凝土，直螺纹连接，钢筋定尺每 9m 一根，上部通长钢筋为 2⊈20。柱的钢筋为⊈16，箍筋为Φ8。

计算过程：

查表 1-8 得 $l_{abE}=37d$

BD 轴线间净跨 $=9000\text{mm}-120\text{mm}-280\text{mm}=8600\text{mm}$

BC 轴线间净跨 $=7200\text{mm}-280\text{mm}-300\text{mm}=6620\text{mm}$

CD 轴线间净跨 $=1800\text{mm}-100\text{mm}-120\text{mm}=1580\text{mm}$

1. 上部通长筋 2⊈20

判断两端支座锚固方式：$l_{aE}=l_{abE}=37d=37\times20\text{mm}=740\text{mm}$

左右端支座 $400\text{mm}-25\text{mm}=375\text{mm}<l_{aE}$，两端支座均弯锚。

锚固区平直段长度：$h_c-C-D_{箍}-D_{柱}-25=400\text{mm}-(25+8+16+25)\text{mm}=400\text{mm}-74\text{mm}$（翻样软件直接设置该数值，根据柱筋不同，设置为 70～100）$=326\text{mm}>0.4l_{abE}=0.4\times740\text{mm}=296\text{mm}$（满足要求）。

锚固长度：平直段长度 $+15d=326\text{mm}+15\times20\text{mm}=626\text{mm}$

钢筋外包尺寸：$8600\text{mm}+626\text{mm}\times2=9852\text{mm}$

下料长度：$9852-2d\times2=9852\text{mm}-2\times20\text{mm}\times2=9772\text{mm}$

两根钢筋在第 BD 跨机械连接：从边支座到第二跨中间 1/3 净跨长。

$6620\text{mm}\div3=2207\text{mm}$，$326\text{mm}+2207\text{mm}=2533\text{mm}$，$2533\text{mm}+2207\text{mm}=4740\text{mm}$，错开 $35d=35\times20\text{mm}=700\text{mm}$，按规范规定的机械接长连接区间为跨中 1/3 净跨范围：2533～4740mm，且错开至少 700mm。按 3m、4m、4.5m、5m、6m 模数，第一根钢筋从 B 轴开始下料长度取 3000mm，第二根取 4500mm，错开 1500mm。各有一个接头。

第一根钢筋①从 B 轴开始，平直段为 $3000\text{mm}-300\text{mm}+2\times20\text{mm}=2740\text{mm}$，弯折 300mm，$2740\text{mm}>2533\text{mm}$，满足要求，另一部分取 $9772\text{mm}-3000\text{mm}=6772\text{mm}$，平直段长度 $6772\text{mm}-300\text{mm}+2\times20\text{mm}=6521\text{mm}$，弯折 300mm。

第二根钢筋②从 B 轴开始平直段为 $4500\text{mm}-300\text{mm}+2\times20\text{mm}=4240\text{mm}$，弯折 300mm，$4240\text{mm}<4740\text{mm}$，满足要求；另一部分取 $9772\text{mm}-4500\text{mm}=5272\text{mm}$，平直段长度 $5272\text{mm}-300\text{mm}+2\times20\text{mm}=5012\text{mm}$，弯折 300mm。

2. 端支座上部非通长筋长度

③B 轴支座上部上排非通长筋 1⊈20，平直段 $=326\text{mm}+6620\text{mm}/3=2533\text{mm}$，弯折 300mm，下料长度 $2533\text{mm}+300\text{mm}-2\times20\text{mm}=2793\text{mm}$。

④B 轴支座上部下排非通长筋 2⊈18。

锚固区平直段 $=h_c-(C+D_{箍}+D_{柱}+25+D_{上排钢筋}+25)=400\text{mm}-(25+8+16+25+20+25)\text{mm}=400\text{mm}-119\text{mm}$（翻样软件直接设置该数值，根据柱筋不同,设置为 120～140）$=281\text{mm}$。

$281\text{mm}>0.4l_{abE}=0.4\times37\times18\text{mm}=266\text{mm}$（满足要求）

平直段 $281\text{mm}+6620\text{mm}/4=1936\text{mm}$，弯折 $15d=15\times18\text{mm}=270\text{mm}$

下料长度 $=1936\text{mm}+270\text{mm}-2\times18\text{mm}=2170\text{mm}$

3. CD 轴上部非通长钢筋长度

⑤CD 轴上部上排非通长筋 1 $\underline{\Phi}$ 20。

平直段长度 6620mm/3+400mm+1580mm+326mm=4513mm，弯折 $15d$=300mm

下料长度 4513mm+300mm-2×20mm=4773mm

⑥CD 轴支座上部下排非通长筋 2 $\underline{\Phi}$ 18。

平直段长度 6620mm/4+400mm+1580mm+281mm=3916mm，弯折 $15d$=270mm

下料长度 3916mm+270mm-2×18mm=4150mm

4. ⑦BC 轴纵向构造钢筋 4 $\underline{\Phi}$ 12

6620mm+15×12mm×2=6980mm

拉筋 ϕ6，间距为 400mm。

长度=240mm-2×25mm+2×6mm+2×[$\max$(75,10×6)+1.9×6]=375mm

根数=(6620mm-200mm×2)÷400mm=16 根（拉筋起始间距取间距的一半）

5. 下部钢筋长度

分析：该梁 BC 轴梁高 600mm，CD 轴梁高 450mm，属于变截面，(600-450)mm÷(400-50)mm=0.43>1/6；BC 轴下部钢筋在 C 轴支座处按端支座弯锚，CD 轴梁下部钢筋在 C 轴支座处直锚，在 D 轴处弯锚。

⑧BC 轴下部上排钢筋 2 $\underline{\Phi}$ 18（紧靠上部下排钢筋布置）。

锚固区平直段长度=281mm(上部下排钢筋平直段)-18mm=263mm，263mm>0.4l_{abE}=0.4×37×16mm=237mm（满足要求）

平直段 263mm×2+6620mm=7146mm，弯折两个 $15d$=15×18mm=270mm

下料长度=7146mm+270mm×2-2×16mm×2=7622mm

⑨BC 轴下部下排钢筋 3 $\underline{\Phi}$ 20mm（紧靠上部上排钢筋布置）。

锚固区平直段=326mm(上部上排钢筋平直段)-20=306mm

306mm>0.4l_{abE}=0.4×740mm=296mm（满足要求）

平直段 306mm×2+6620mm=7232mm，弯折两个 $15d$=15×20mm=300mm

下料长度=7232mm+300mm×2-2×20mm×2=7752mm

⑩CD 轴下部钢筋 3 $\underline{\Phi}$ 16，在 C 支座处直锚长度为 37×16mm=592mm。

在 D 支座（紧靠上部上排钢筋）锚固平直段长为 326mm-20mm=306mm

平直段长度 592mm+1580mm+306mm=2478mm，弯折 $15d$=15×16mm=240mm

下料长度=2478mm+240mm-16mm×2=2686mm

6. 箍筋

（1）BC 段

箍筋宽 240mm-25×2mm=190mm，箍筋高 600mm-25×2mm=550mm

箍筋外包长度=(190+550)mm×2=1480mm

下料长度 1480mm+18.5mm×8=1628mm

箍筋加密区长度=1.5×600mm=900mm

加密区根数=[(900-50)÷100+1]根=10 根

非加密区长度＝[（6620－900×2）÷200－1]根＝23.1根≈24根

合计：（10×2+24）根＝44根

（2）CD跨箍筋

箍筋宽240mm－25×2mm＝190mm，箍筋高450mm－25×2mm＝400mm

箍筋外包长度＝（190+400）mm×2＝1180mm

下料长度1180mm+18.5mm×8＝1328mm

箍筋根数＝[（1580－50×2）÷100+1]根＝16根

总长度＝1628mm×44+1328mm×16＝92880mm

钢筋排布如图8-5所示。

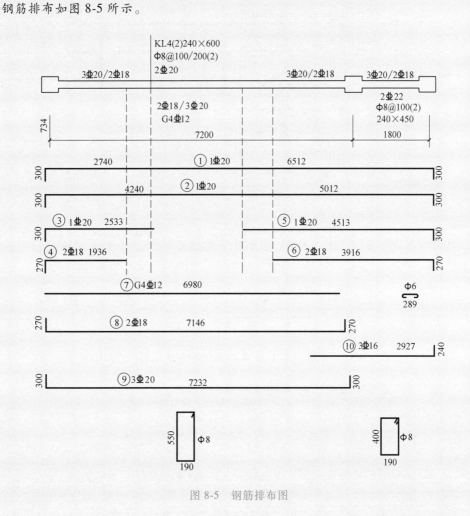

图8-5　钢筋排布图

任务3　绘制框架柱钢筋翻样及排布图

框架柱钢筋翻样计算与预算相比，翻样计算需要每层进行计算，同时考虑钢筋的合理截长，以便于合理利用钢筋。

项目八　钢筋平法识图及翻样排布图绘制技能训练

框架柱边柱顶部排布图如图 8-6 所示（以节点三为例）。

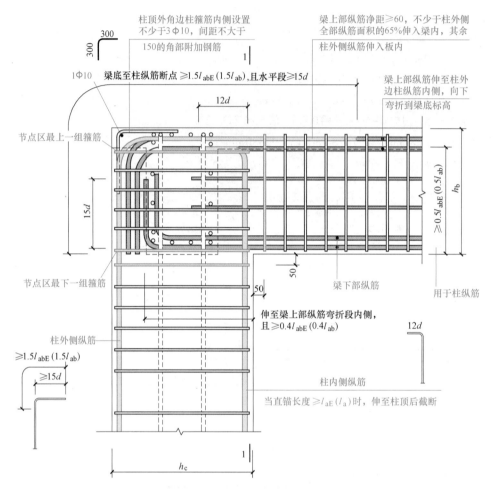

柱顶外角边柱箍筋内侧设置
不少于3Φ10，间距不大于
150的角部附加钢筋

梁上部纵筋净距≥60，不少于柱外侧
全部纵筋面积的65%伸入梁内，其余
柱外侧纵筋伸入板内

1Φ10　梁底至柱纵筋断点≥1.5l_{abE}(1.5l_{ab})，且水平段≥15d

12d

梁上部纵筋伸至柱外
边柱纵筋内侧，向下
弯折到梁底标高

节点区最上一组箍筋

15d

节点区最下一组箍筋

柱外侧纵筋

≥1.5l_{abE}(1.5l_{ab})

≥15d

50

≥0.5l_{abE}(0.5l_{ab})

h_b

梁下部纵筋

用于柱纵筋

50

伸至梁上部纵筋弯折段内侧，
且≥0.4l_{abE}(0.4l_{ab})

12d

柱内侧纵筋

当直锚长度≥l_{aE}(l_a)时，伸至柱顶后截断

h_c

①　梁上部纵筋伸至柱外边柱纵筋
内侧，向下弯折到梁底标高

梁端及顶部搭接方式(柱外侧纵筋配筋率≤1.2%)
柱顶现浇板厚度≥100mm时，梁宽范围以外的柱外侧纵筋伸入板内

图 8-6　框架柱边柱顶部节点构造（柱包梁）排布图

【例 8-2】　根据附录 A 图纸第 9 张 KZ-4，进行钢筋翻样计算。

根据图纸总说明得知：该楼三级抗震，柱保护层厚度 $c = 25$mm，C30 混凝土，直螺纹连接，钢筋定尺每 9m 一根。查表得 $l_{aE} = l_{abE} = 37d = 37 \times 20$mm $= 740$mm。

1. 基础部分及−0.050 部分

KZ-4 所在的基础为 J_1，基础底板钢筋为 Φ12，基础深度 $H_j = 600$mm $< l_{aE}$，柱筋在基础内弯折 $15d = 15 \times 20$mm $= 300$mm，柱筋在基础内的深度为 600mm $- 40$mm $- 12$mm $- 12$mm $= 536$mm。

由于嵌固部位在基础顶面，伸出 -0.050 部分为非嵌固部位，所有钢筋均为 $\Phi20$，所以该部分钢筋隔一错一，共分为两种。一种编号为①，共 4 根，伸出地面长度取 $\max(H_n/6, h_c, 500) = \max[(4150+50-650)\div6, 400, 500] = 592mm$，取 600mm；另一种编号为②，共 4 根，比①种错开 $35d = 35\times20mm = 700mm$。具体计算结果为：

① 4Φ20，竖向段为 536mm + (2000-50)mm + 600mm = 3086mm

加弯折后外包尺寸 = 3086mm + 300mm = 3386mm

下料长度 = 3386 - 2d = 3386mm - 2×20mm = 3346mm

在实际下料过程中，可在允许连接区域内，调整下料长度，本数值可调整为 3400 或 3500，鉴于理论计算，本例题不做取整和符合加工模数调整。

② 4Φ20，错开 700mm。

竖向段 = 3386mm + 700mm = 4086mm，下料长度 = 3346mm + 700mm = 4046mm

2. -0.050~4.150 部分钢筋

该部分钢筋隔一错一，共分为两种。一种编号为③，共 4 根，伸出 4.150m，高度取 $\max(H_n/6, h_c, 500) = \max[(7750-4150-650)\div6, 400, 500] = 500mm$；另一种编号为④，共 4 根，比③种错开 $35d = 35\times20mm = 700mm$。具体计算结果为：

③ 4Φ20，竖向段为 4150mm + 50mm + 500mm - 600mm（下层伸出长度）= 4100mm

下料长度 = 4100mm

④ 4Φ20，错开 700mm。

竖向段 = 4150mm + 50mm + 500mm + 700mm - 600mm（下层伸出长度）- 700mm（下层错开长度）= 4100mm，下料长度 = 4100mm。

3. 4.150~7.750 部分钢筋

该部分钢筋隔一错一，共分为两种：一种编号为⑤，4 个角筋，4Φ18，伸出 7.750m，高度取 $\max(H_n/6, h_c, 500) = \max[(11350-7750-600)\div6, 400, 500] = 500mm$；另一种编号为⑥，4 个中部筋，4$\Phi$16，比⑤种错开 $35d = 35\times18mm = 630mm$（连接区段取较大钢筋直径）。具体计算结果为：

⑤ 4Φ18，竖向段为 7750mm - 4150mm + 500mm - 500mm（下层伸出长度）= 3600mm

下料长度 = 3600mm

⑥ 4Φ16，错开 630mm。

竖向段 = 7750mm - 4150mm + 500mm + 630mm - 500mm（下层伸出长度）- 700mm（下层错开长度）3530mm，下料长度 = 3530mm

4. 7.750~11.350 部分钢筋

该柱属于边柱，临边一侧钢筋 2Φ18 和 1Φ16 从梁底伸入梁顶部（板内）$1.5l_{aE}$，由于顶部梁高为 600mm，Φ16 和 Φ18 直锚段长度均小于 l_{aE}，所以其余钢筋伸到梁顶弯折 12d，根据下层钢筋伸出长度和本层钢筋锚固情况，该层钢筋共分为 5 种。

层高：11350mm - 7750mm = 3600mm

⑦ 3Φ16，下部错开 35d，中柱梁宽范围内筋，伸到柱顶弯折 $12d = 16\times12mm = 192mm$。

竖直段长度 = 3600mm - 500mm - 630mm - 25mm - 8mm = 2437mm

钢筋外包尺寸 $=2437\text{mm}+192\text{mm}=2629\text{mm}$

下料长度 $=2629\text{mm}-2\times16\text{mm}=2597\text{mm}$

⑧⑨ 2$\oplus$18，中柱梁宽范围内⑧、外⑨，伸到柱顶弯折 $12d=12\times18\text{mm}=216\text{mm}$。

竖直段长度 $=2437\text{mm}$

钢筋外包尺寸 $=2437\text{mm}+216\text{mm}=2653\text{mm}$

下料长度 $=2653\text{mm}-2\times18\text{mm}=2617\text{mm}$

⑩⑪ 2$\oplus$18，边柱梁宽范围内⑩、外⑪，从梁底开始伸入梁顶部 $1.5l_{aE}=1.5\times37\times18\text{mm}=999\text{mm}$。

竖直段长度 $=2437\text{mm}$

水平段长度 $=999\text{mm}-(600-25-8)\text{mm}=432\text{mm}$

钢筋外包尺寸 $=2437\text{mm}+432\text{mm}=2869\text{mm}$

下料长度 $=2869\text{mm}-2\times18\text{mm}=2833\text{mm}$

⑫ 1$\oplus$16，边部中筋，从梁底开始伸入梁顶部 $1.5l_{aE}=1.5\times37\times16\text{mm}=888\text{mm}$。

竖直段长度 $=2437\text{mm}$

水平段长度 $=888\text{mm}-(600-25-8)\text{mm}=321\text{mm}>15d=15\times16\text{mm}=240\text{mm}$

钢筋外包尺寸 $=2437\text{mm}+321\text{mm}=2758\text{mm}$

下料长度 $=2758\text{mm}-2\times16\text{mm}=2726\text{mm}$

5. 箍筋 3×3

（1）外箍

长和宽均为 $400\text{mm}-25\text{mm}\times2=350\text{mm}$

外包尺寸 $=350\text{mm}\times4=1400\text{mm}$

下料长度 $=1400\text{mm}+18.5\times8\text{mm}=1548\text{mm}$

内箍，单支，水平段长度 $400\text{mm}-25\text{mm}\times2=350\text{mm}$。

下料长度 $=350\text{mm}+11.9\times8\text{mm}=445\text{mm}$

（2）根数

① 基础内 $[(600-50\times2)\div500+1]$ 根 $=2$ 根（只有外箍）

② 基础顶（-0.050）该部位为嵌固部位，图纸为全部加密，$[(2000-50-50\times2)\div100+1]$ 根 $=20$ 根。

③ $-0.050\sim4.150$，共分4部分。

上下加密区高度为 $\max[(4150+50-650)\div6,400,500]=600\text{mm}$

根数 $[(650-50)\div100+1]$ 根 $=7$ 根

非加密区 $=[(4150+50-600-700\times2)\div200-1]$ 根 $=10$ 根

梁柱核心区 $=(600\div100+1)$ 根 $=7$ 根

合计：$(7\times2+10+7)$ 根 $=31$ 根

④ $4.150\sim7.750$ 计算同上，28 根。

⑤ $7.750\sim11.350$ 计算同上，28 根。

排布图如图 8-7 所示。

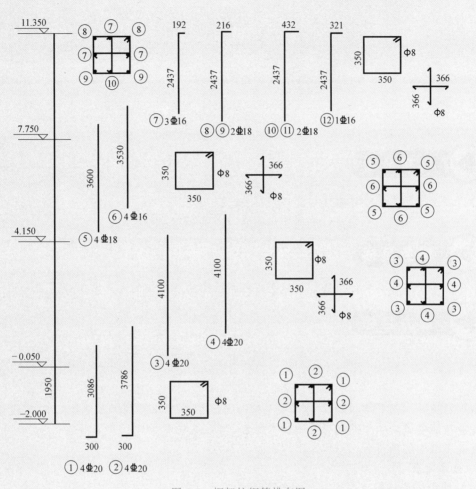

图 8-7　框架柱钢筋排布图

项目九　建筑工程结构图识图技能训练

项目分析

　　熟能生巧，技能练到极致就是绝招。
　　只有反复训练，找出规律，才能更好地识读图纸。

任务目标

　　了解各类构件平法知识，掌握并归纳平法习题中的重点知识。

能力目标

　　能够较好地完成梁、板、基础、柱、剪力墙的平法识读技能训练。

　　本项目参照《2023年山东省春季高考统一考试招生专业类别考试标准》中的建筑工程施工专业技能考试说明中的项目五中技术要求（4）编写。

　　技能考试中的项目五——建筑工程识图内容为：

　　1. 技术要求

　　（1）能识读形体的三视图、剖面图和断面图。

　　（2）能识读常用符号、图例。

　　（3）能识读建筑施工图，包括建筑设计总说明、总平面图、平面图、立面图、剖面图和建筑详图（楼梯和墙身）。

　　（4）能识读结构施工图，包括结构设计总说明、基础、柱、梁、板等平法施工图和结构详图。

　　（5）能掌握柱、梁、有梁楼盖板、独立基础平法施工图制图规则。

　　（6）能识读柱、梁、有梁楼盖板、独立基础平法标准构造详图。

　　2. 设备及工具

　　现场提供：计算机（配备：Windows7操作系统、ZW建筑工程识图能力实训评价软件）、纸质图纸。

　　考生自带：签字笔等。

　　ZW建筑工程识图能力实训评价软件共分为两部分内容。第一部分为基础知识训练部分，主要根据基础知识内容设置了各类试题；第二部分为综合应用部分，根据软件提供的图纸，进行图纸识读的综合训练。鉴于本书篇幅，本书只节选了软件中的有关平法方面基础知识训练试题，具体训练方法采用软件进行训练。

任务 1 梁的平法识读训练

1. 本工程混凝土均为 C30，框架抗震等级为三级；按图中标注，请选择框架梁纵筋构造正确的一项。（   ）

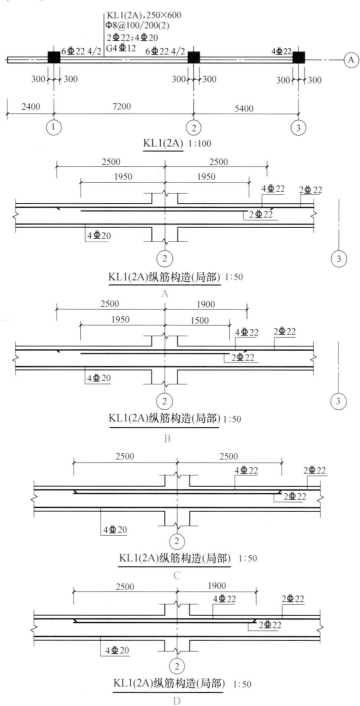

2. 本工程混凝土均为 C30，框架抗震等级为三级，请选择 KL2（2）中支座处底筋构造符合平法图集要求且经济合理的一项。（ ）

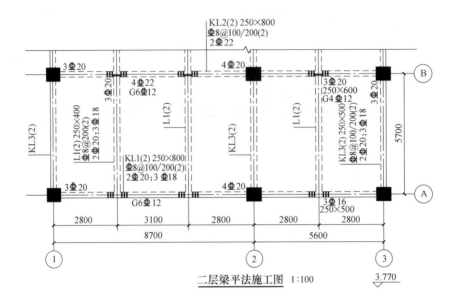

二层梁平法施工图 1:100

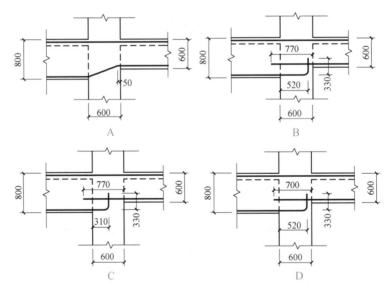

3. 请选择附加吊筋构造做法正确的一项。（ ）

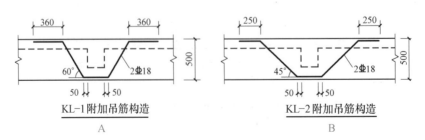

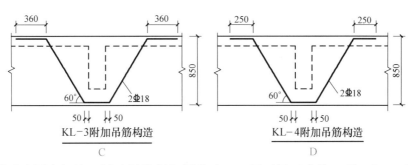

KL-3附加吊筋构造　C　　　　KL-4附加吊筋构造　D

4. 按照平法图中标注，请选择该框架梁跨中 1-1 断面图正确的一项。（　　　）

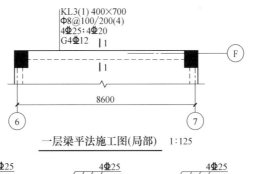

KL3(1) 400×700
Φ8@100/200(4)
4Φ25;4Φ20
G4Φ12

8600

一层梁平法施工图(局部)　1:125

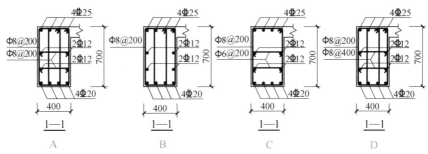

1—1　A　　　　1—1　B　　　　1—1　C　　　　1—1　D

5. 请选择图中屋框梁中支座底筋锚固长度 L_1 符合平法图集要求且经济合理的一项。（　　　）

受拉钢筋基本锚固长度 l_{ab}、l_{abE}

钢筋种类	抗震等级	混凝土强度等级	
		C25	C30
HRB335	三级(l_{abE})	35d	31d
	四级(l_{abE}) 非抗震(l_{ab})	33d	29d
HRB400	三级(l_{abE})	42d	37d
	四级(l_{abE}) 非抗震(l_{ab})	40d	35d

受拉钢筋锚固长度 l_a、l_{aE}

非抗震	抗震	注：
$l_a=\zeta_a l_{ab}$	$l_{aE}=\zeta_{aE} l_a$	1.l_a不应小于200。 2.ζ_a为锚固长度修正系数。本工程中取1.00。 3.ζ_{aE}为抗震锚固长度修正系数，抗震等级为一、二级取1.15,三级取1.05,四级取1.00。

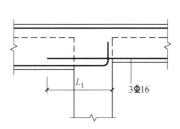

WKL中支座纵筋构造　1:50

注:本工程为框架结构,抗震等级三级;
本工程混凝土为C25。

A. L_1=675mm　　　B. L_1=710mm　　　C. L_1=560mm　　　D. L_1=590mm

6. 图中工程混凝土均为 C25，框架抗震等级为四级，图为框架梁下部筋构造做法，请选择既符合规范要求又经济合理的一项。（　　）

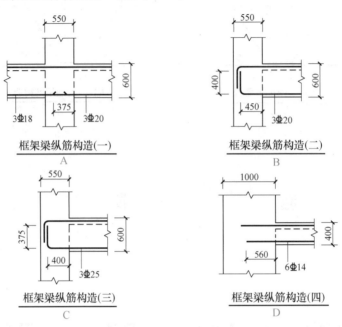

框架梁纵筋构造(一)
A

框架梁纵筋构造(二)
B

框架梁纵筋构造(三)
C

框架梁纵筋构造(四)
D

7. 图中工程混凝土均为 C30，框架抗震等级为四级，按图中标注，请选择框架梁侧向筋构造正确且经济合理的一项。（　　）

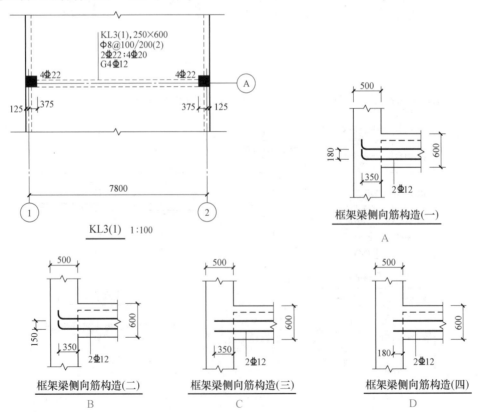

KL3(1) 1:100

框架梁侧向筋构造(一)
A

框架梁侧向筋构造(二)
B

框架梁侧向筋构造(三)
C

框架梁侧向筋构造(四)
D

8. 图中工程框架抗震等级为四级，请选择梁箍筋构造符合平法图集要求的一项。（　　）

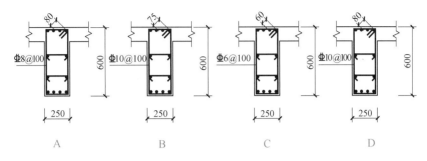

9. 请选择图中非框架梁 L 中支座纵筋锚固长度 L_1 符合平法图集要求且经济合理的一项。（　　）

受拉钢筋基本锚固长度 l_{ab}、l_{abE}

钢筋种类	抗震等级	混凝土强度等级	
		C25	C30
HRB335	三级 (l_{abE})	35d	31d
	四级 (l_{abE}) 非抗震 (l_{ab})	33d	29d
HRB400	三级 (l_{abE})	42d	37d
	四级 (l_{abE}) 非抗震 (l_{ab})	40d	35d

受拉钢筋锚固长度 l_a、l_{aE}

非抗震	抗震	注：
$l_a = \zeta_a l_{ab}$	$l_{aE} = \zeta_{aE} l_a$	1. l_a 不应小于200。 2. ζ_a 为锚固长度修正系数。本工程中取1.00。 3. ζ_{aE} 为抗震锚固长度修正系数，抗震等级为一、二级取1.15，三级取1.05，四级取1.00。

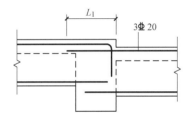

非框架梁L中支座纵筋构造 1:50

注：本工程为框架结构，抗震等级三级；本工程混凝土为C25。

A．L_1=700 mm　　B．L_1=885mm　　C．L_1=840mm　　D．L_1=800mm

10. 图中工程混凝土均为 C25，框架抗震等级为三级，图中为框架梁支座筋构造做法，请选择符合规范要求的一项。（　　）

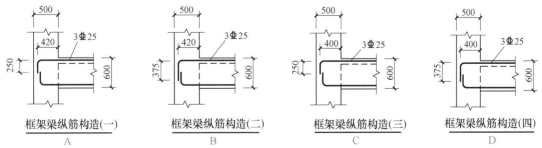

11. 图中工程混凝土均为 C30，框架抗震等级为三级，按图中标注，请选择框架梁箍筋加密范围符合规范要求且经济合理的一项。（　　）

207

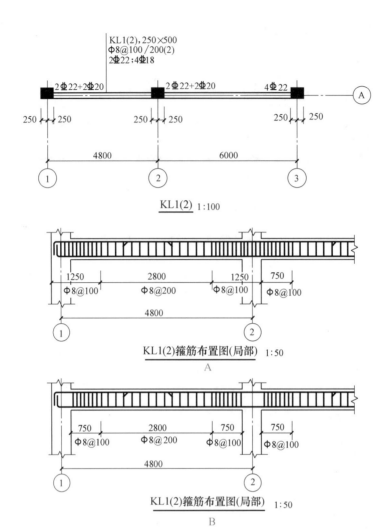

KL1(2) 1:100

KL1(2)箍筋布置图(局部) 1:50

A

KL1(2)箍筋布置图(局部) 1:50

B

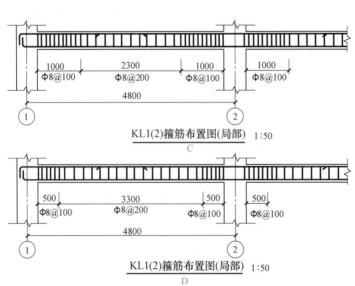

KL1(2)箍筋布置图(局部) 1:50

C

KL1(2)箍筋布置图(局部) 1:50

D

9

CHAPTER

任务 2　板的平法识读训练

1. 请选择悬挑板钢筋构造正确一项。（　　）

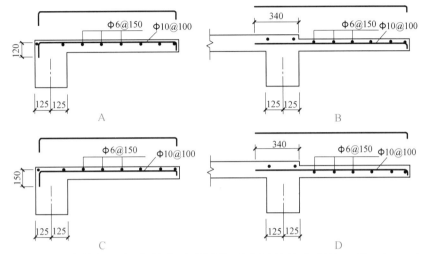

2. 请选择楼面板底筋锚固长度符合平法图集要求且经济合理的一项。（　　）

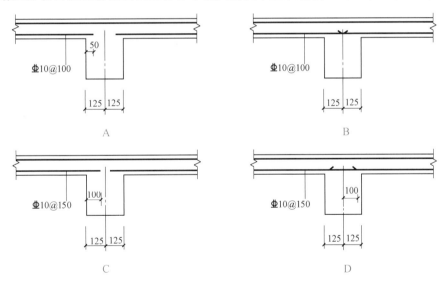

3. 请选择升降板配筋构造正确的一项。（　　）

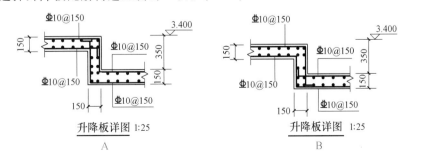

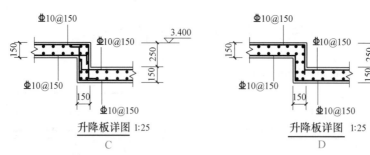

升降板详图 1:25
C

升降板详图 1:25
D

4. 请选择屋面板洞口边构造处理错误的一项。（　　）

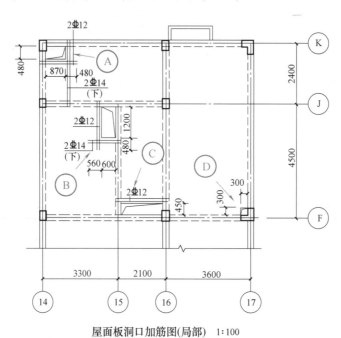

屋面板洞口加筋图(局部)　1:100

任务3　基础的平法识读训练

1. 基础梁与柱交接处构造做法错误的一项。（　　）

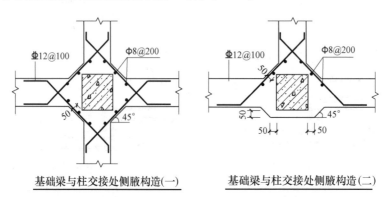

基础梁与柱交接处侧腋构造(一)

A

基础梁与柱交接处侧腋构造(二)

B

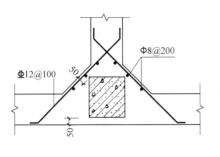

基础梁与柱交接处侧腋构造(三)

C

基础梁与柱交接处侧腋构造(四)

D

2. 请选择承台下各桩桩顶标高正确的一项。( )

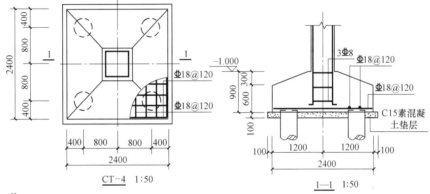

CT-4 1:50

1—1 1:50

注:
1. 本工程为框架结构,抗震等级为三级;
2. 本工程基础采用Φ400预应力混凝土管桩,图中以⌒表示;
3. 预应力混凝土管桩Φ400选用国家标准图集16G101"预应力混凝土管桩"中型号为PC 400 AB 95-12、12、10b,C60混凝土;
4. 本工程以地质勘察报告中4-2角砾层为桩端持力层;
5. Φ400预应力管桩的单桩承载力特征值取650kN;
6. 桩顶嵌入承台50mm。

A. 桩顶相对标高为-2.000m

B. 桩顶相对标高为-1.900m

C. 桩顶相对标高为-1.850m

D. 桩顶相对标高为 1.800m

3. 请选择钢筋混凝土条形基础底板钢筋布置正确的一项。( )

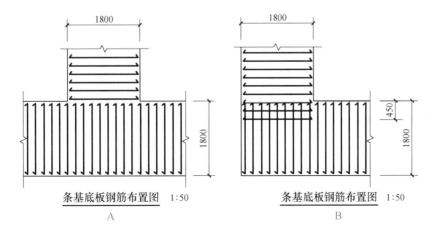

条基底板钢筋布置图 1:50

A

条基底板钢筋布置图 1:50

B

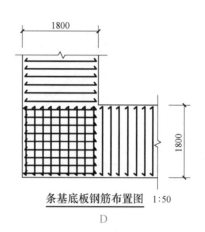

条基底板钢筋布置图 1:50
C

条基底板钢筋布置图 1:50
D

4. 该工程基础地面标高为-1.800m，请选择基础配筋构造正确的一项。（ ）

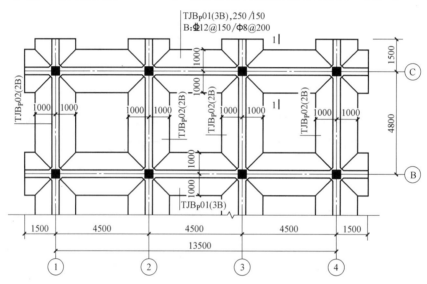

基础平面图(局部) 1:100

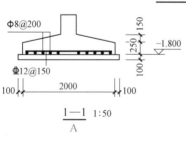

1—1 1:50
A

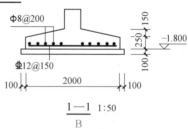

1—1 1:50
B

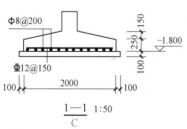

1—1 1:50
C

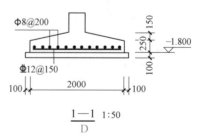

1—1 1:50
D

5. 请选择基础连系梁箍筋设置正确的一项。（　　　）

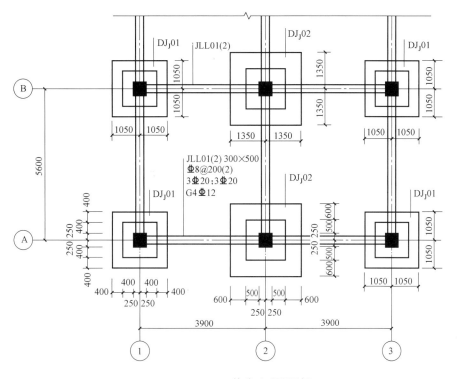

基础平面图(局部)　1:100

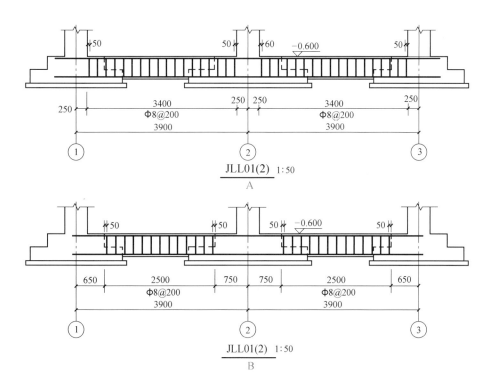

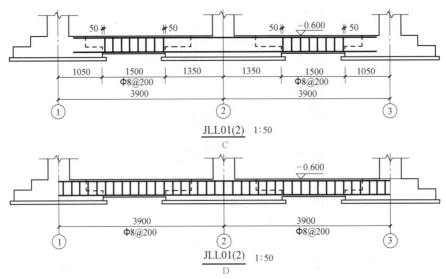

6. 请选择独立基础截面图正确的一项。（　　　）

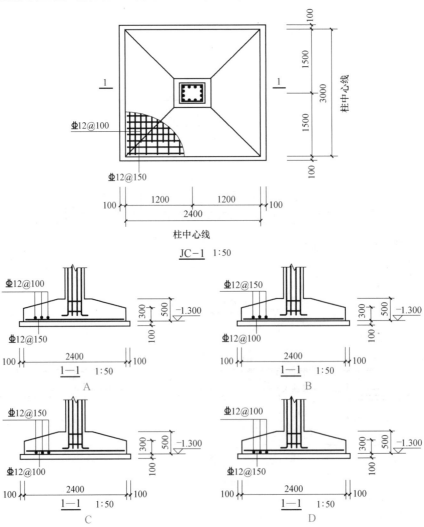

7. 请选择 KZ1 在基础中锚固构造正确且经济合理的一项。（　　）

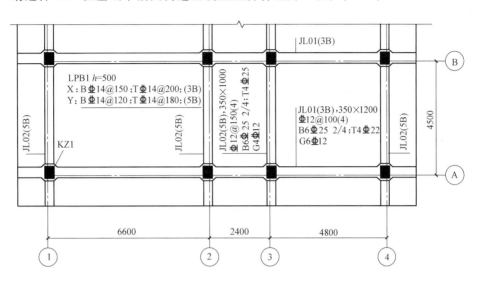

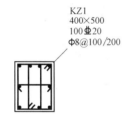

KZ1
400×500
100 ⊈20
Φ8@100/200

基础平面图(局部)　1:100

1. 本工程采用框架结构，框架抗震等级为三级。
2. 本工程混凝土采用C30。
3. 本工程制图规则和构造详图按照16G101平法系列图集执行。
4. 本工程±0.000的绝对标高：10.500；基础底面基准标高：-1.500。

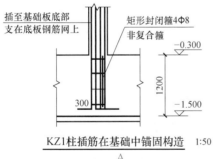

KZ1柱插筋在基础中锚固构造　1:50
A

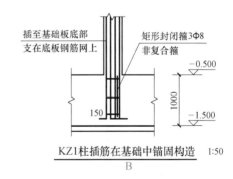

KZ1柱插筋在基础中锚固构造　1:50
B

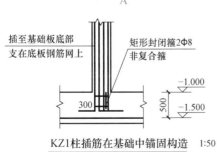

KZ1柱插筋在基础中锚固构造　1:50
C

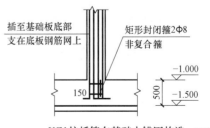

KZ1柱插筋在基础中锚固构造　1:50
D

8. 请选择独立基础底板配筋布置正确的一项。（　　）

项目九　建筑工程结构图识图技能训练

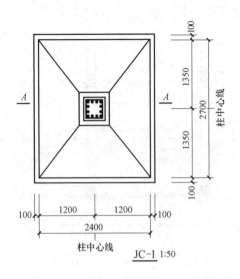

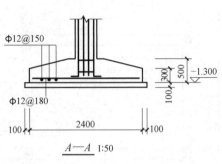

$A—A$ 1:50

JC-1 1:50

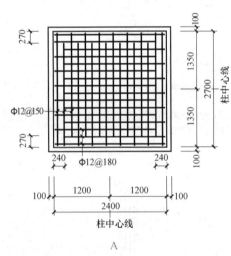

A

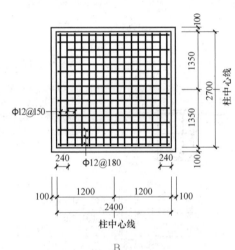

B

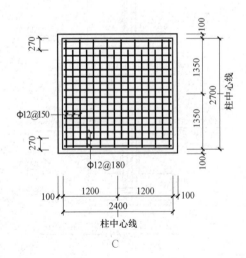

C

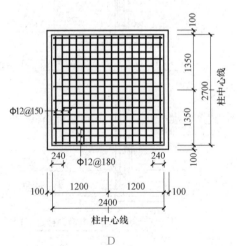

D

9
CHAPTER

9. 请选择基础梁纵筋构造正确的一项。（   ）

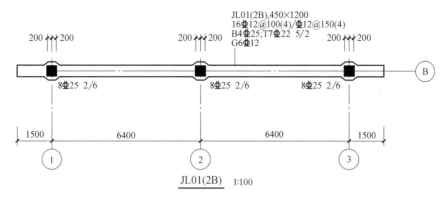

JL01(2B),450×1200
16Φ12@100(4)/Φ12@150(4)
B4Φ25;T7Φ22 5/2
G6Φ12

200 ↑↑↑ 200   200 ↑↑↑ 200   200 ↑↑↑ 200

8Φ25 2/6   8Φ25 2/6   8Φ25 2/6

1500   6400   6400   1500

① ② ③

JL01(2B)   1:100

注：本工程混凝土均为C30；
　　基础梁构造标准按照图集16G101-3执行。

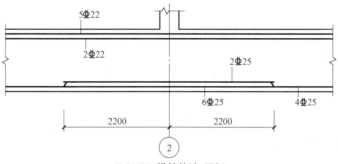

5Φ22

2Φ22   2Φ25

6Φ25   4Φ25

2200   2200

②

JL01(2B)纵筋构造(局部)   1:50

A

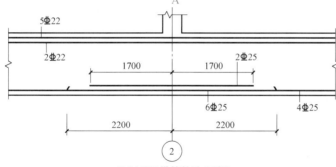

5Φ22

2Φ22   2Φ25

1700   1700

6Φ25   4Φ25

2200   2200

②

JL01(2B)纵筋构造(局部)   1:50

B

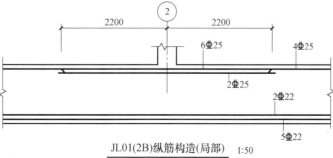

②

2200   2200

6Φ25   4Φ25

2Φ25

2Φ22

5Φ22

JL01(2B)纵筋构造(局部)   1:50

C

项目九　建筑工程结构图识图技能训练

217

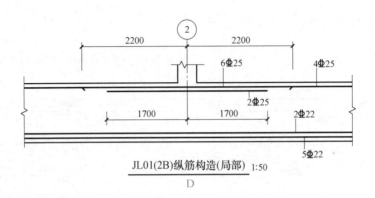

JL01(2B)纵筋构造(局部) 1:50

D

10. 请选择基础梁纵筋构造符合要求且经济合理的一项。（　　　）

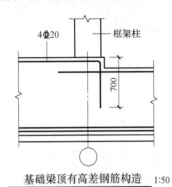

基础梁顶有高差钢筋构造 1:50

注：本工程为框架结构，抗震等级三级；
　　本工程混凝土为C30。

A

基础梁顶有高差钢筋构造 1:50

注：本工程为框架结构，抗震等级三级；
　　本工程混凝土为C30。

B

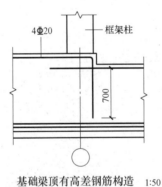

基础梁顶有高差钢筋构造 1:50

注：本工程为框架结构，抗震等级三级；
　　本工程混凝土为C30。

C

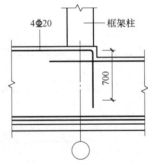

基础梁顶有高差钢筋构造 1:50

注：本工程为框架结构，抗震等级三级；
　　本工程混凝土为C30。

D

任务4　柱的平法识读训练

1. 该工程柱混凝土为 C25，抗震等级 4 级，屋面板厚 100mm，请选择 KZ1 在柱顶纵筋

构造满足要求且经济合理的一项。（　　　）

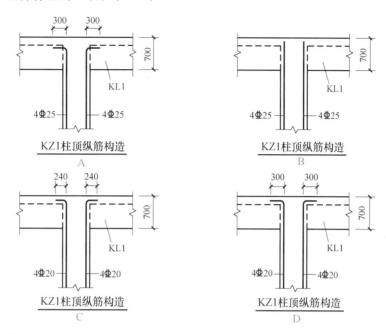

2. 该柱抗震等级为四级，截面尺寸均为 400mm×500mm；柱纵筋采用机械连接。请选择框架柱的底层柱根加密区范围满足规范要求且经济合理的一项。（　　　）

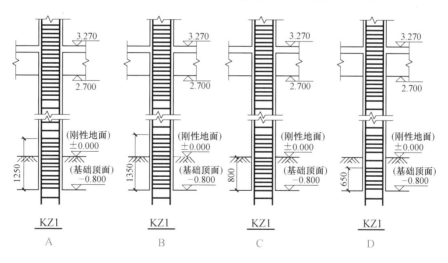

3. 请选择矩形箍筋复合方式错误的一项。（　　　）

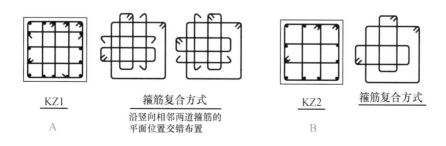

项目九　建筑工程结构图识图技能训练

219

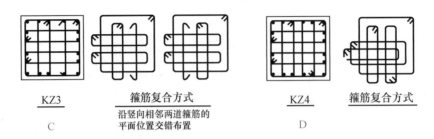

KZ3 C

箍筋复合方式
沿竖向相邻两道箍筋的
平面位置交错布置

KZ4 D

箍筋复合方式

4. 该工程抗震等级为四级，截面尺寸均为 400mm×550mm；混凝土为 C25。KZ1 纵筋采用绑扎连接构造，请选择既满足规范要求且经济合理的一项。（   ）

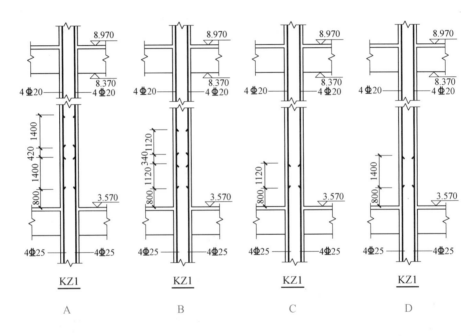

KZ1 A

KZ1 B

KZ1 C

KZ1 D

5. 该工程抗震等级为四级，KL1 截面尺寸为 250mm×700mm；混凝土为 C25。请选择框架柱 KZ1 柱顶纵筋构造正确的一项。（   ）

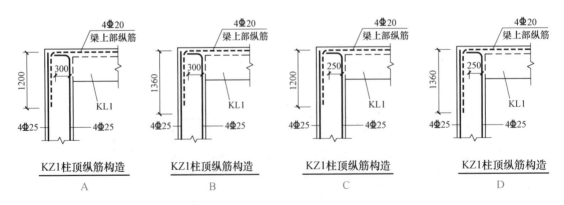

KZ1柱顶纵筋构造 A

KZ1柱顶纵筋构造 B

KZ1柱顶纵筋构造 C

KZ1柱顶纵筋构造 D

6. KZ1~KZ4 柱纵筋采用焊接连接，请选择加密区范围满足规范要求的一项。（   ）

CHAPTER 9

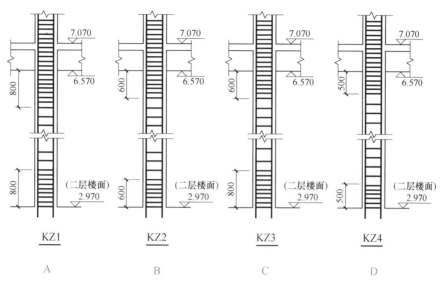

注: KZ1~KZ2抗震等级均为三级，截面尺寸均为 600 mm×800 mm。
KZ3~KZ4抗震等级均为四级，截面尺寸均为 600 mm×800 mm。

7. 该工程抗震等级为四级，截面尺寸均为 500mm×650mm；混凝土为 C25。框架柱 KZ1 纵筋采用焊接连接，请选择满足规范要求的一项。（　　　）

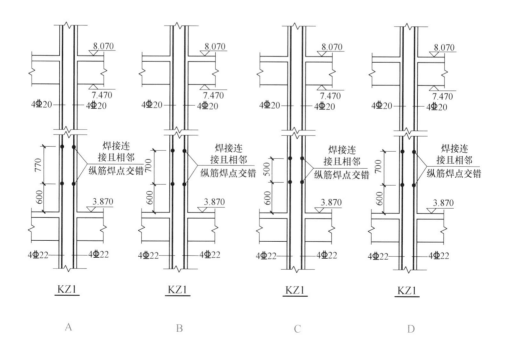

8. 请选择图中框架柱纵筋锚固长度 L_1 符合平法图集要求且经济合理的一项。（　　　）

受拉钢筋基本锚固长度 l_{ab}、l_{abE}

钢筋种类	抗震等级	混凝土强度等级	
		C25	C30
HRB335	三级(l_{abE})	35d	31d
	四级(l_{abE}) 非抗震(l_{ab})	33d	29d
HRB400	三级(l_{abE})	42d	37d
	四级(l_{abE}) 非抗震(l_{ab})	40d	35d

受拉钢筋锚固长度 l_a、l_{aE}

非抗震	抗震	注:
$l_a=\zeta_a l_{ab}$	$l_{aE}=\zeta_{aE} l_a$	1.l_a不应小于200。 2.ζ_a为锚固长度修正系数。本工程中取1.00。 3.ζ_{aE}为抗震锚固长度修正系数，抗震等级为一、二取1.15，三级取1.05、四级取1.00。

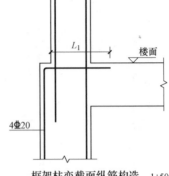

框架柱变截面纵筋构造 1:50

注:本工程为框架结构，抗震等级三级；本工程混凝土为C30。

A.L_1=780mm   B.L_1=740mm   C.L_1=700mm   D.L_1=655mm

9. 请选择抗震框架柱封闭箍筋不符合要求的一项。( )

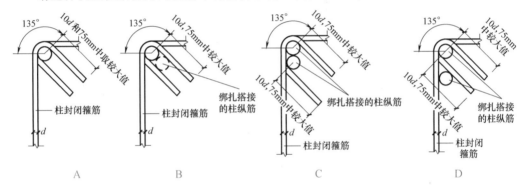

A   B   C   D

任务5　剪力墙的平法识读训练

1. 如下图所示，请选择 LL2 构造正确的一项。( )

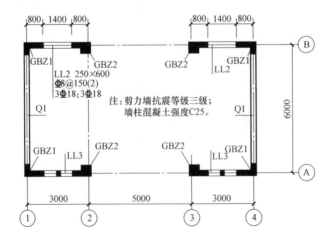

顶层剪力墙平法施工图　1:100

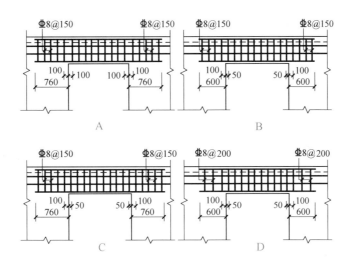

2. 该工程混凝土为 C25，抗震等级三级，请选择剪力墙的墙身水平筋构造做法正确的一项。（　　　）

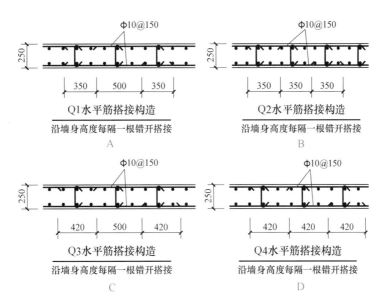

3. 该工程 Q1~Q4 剪力墙混凝土均为 C25，抗震等级三级，请选择剪力墙的墙身水平筋构造做法正确的一项。（　　　）

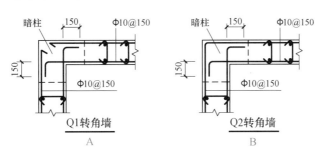

项目九　建筑工程结构图识图技能训练

223

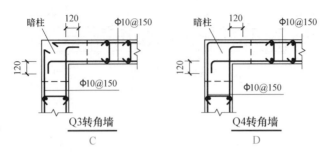

Q3转角墙
C
Q4转角墙
D

4. 该工程混凝土为 C30，抗震等级三级，剪力墙厚度为 200mm，请选择剪力墙构造边缘构件纵筋焊接连接正确且经济合理的一项。（　　　）

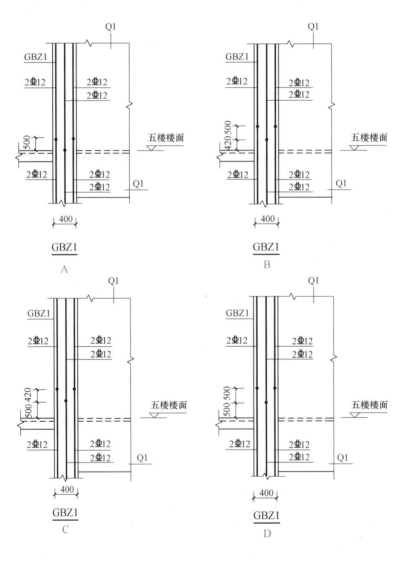

5. 该工程墙身混凝土为 C25，抗震等级三级，图中剪力墙竖向钢筋锚入连梁中，选择正确且经济合理的一项。（　　　）

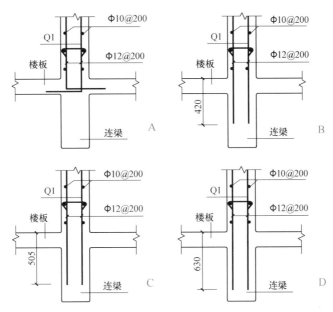

6. 该工程墙身混凝土为 C25，抗震等级三级，请选择剪力墙的墙身竖向筋连接正确的一项。（   ）

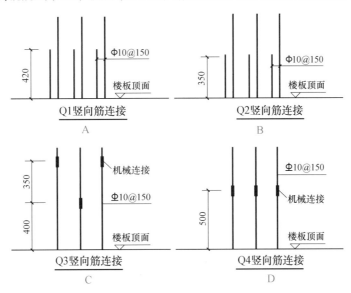

7. 该工程墙身混凝土为 C25，抗震等级三级，请选择图中剪力墙变截面处竖向分布钢筋构造做法正确的一项。（   ）

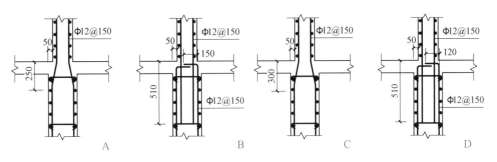

8. 该工程墙身混凝土为 C25，抗震等级三级，请选择剪力墙水平钢筋构造做法正确的一项。（　　）

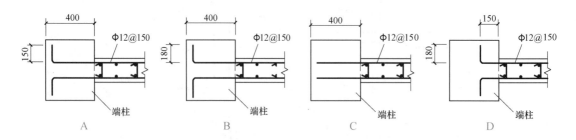

9. 该工程混凝土为 C30，抗震等级三级，请选择剪力墙竖向筋锚固长度 L_1 符合平法要求且经济合理的一项。（　　）

受拉钢筋基本锚固长度 l_{ab}、l_{abE}

钢筋种类	抗震等级	混凝土强度等级	
		C25	C30
HRB400	三级(l_{abE})	42d	37d
	四级(l_{abE}) 非抗震(l_{ab})	40d	35d

受拉钢筋锚固长度 l_a、l_{aE}

非抗震	抗震
$l_a=\zeta_a l_{ab}$	$l_{aE}=\zeta_{aE} l_a$

注：
1. l_a 不应小于200。
2. ζ_a 为锚固长度修正系数。本工程中取1.00。
3. ζ_{aE} 为抗震锚固长度修正系数，抗震等级为一、二级取1.15，三级取1.05，四级取1.00。

剪力墙竖向筋顶部构造 1:50

A. L_1=390mm 　　　B. L_1=370mm 　　　C. L_1=330mm 　　　D. L_1=310mm

10. 该工程墙身混凝土为 C25，抗震等级三级，请选择剪力墙变截面处竖向分布钢筋构造做法正确的一项。（　　）

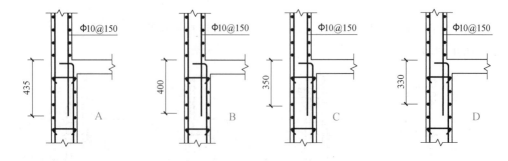

11. 该工程混凝土为 C30，抗震等级三级，请选择剪力墙竖向钢筋顶部构造做法正确的一项。（　　）

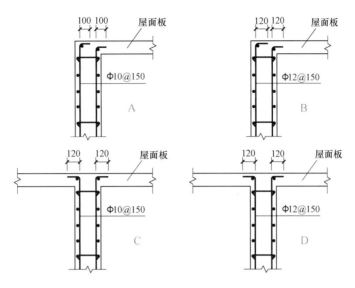

12. 该工程 Q1~Q4 剪力墙混凝土均为 C25，抗震等级 3 级，请选择剪力墙的墙身水平筋构造做法正确的一项。（　　）

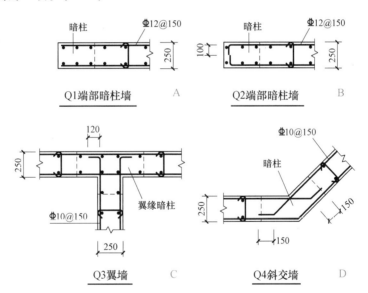

项目十　柱、梁配筋图绘制

项目分析

熟能生巧，技能练到极致就是绝招。

只有反复训练，找出柱、梁中各种钢筋的特点和规律，才能熟练绘制。

任务目标

了解柱、梁配筋图的绘制要求。

能力目标

能够按图纸指定剖面位置绘制柱、梁配筋图。

任务1　柱、梁配筋图的绘制要求

一、考纲要求

本项目参照《2023年山东省春季高考统一考试招生专业类别考试标准》中的土建类（土建方向）专业技能考试说明项目四中的第4条编写，第4条具体内容如下：能根据给定图纸及条件绘制柱、梁配筋图。

绘制柱、梁配筋图主要是指柱、梁截面配筋图。

二、绘图要求

根据《房屋建筑制图统一标准》（GB/T 50001—2017）和《建筑结构制图标准》（GB/T 50105—2010）要求，绘制柱、梁配筋图具体要求如下：

（1）图线宽度 b 应按现行国际标准《房屋建筑制图统一标准》（GB/T 50001—2017）中的有关规定选用。每个图样应根据复杂程度与比例大小，先选用适当基本线宽度 b，再选用相应的线宽。根据表达内容的层次，基本线宽 b 和线宽比可适当地增加或减少。建筑结构专业制图应选用表10-1所列的图线。在同一张图纸中，相同比例的各图样，应选用相同的线宽组。

表 10-1　图线

名称		线型	线宽	一般用途
实线	粗	——————	b	螺栓、钢筋线、结构平面图中的单线结构构件线,钢木支撑及系杆线,图名下横线、剖切线
	中粗	——————	$0.7b$	结构平面图及详图中剖到或可见的墙身轮廓线、基础轮廓线、钢、木结构轮廓线、钢筋线
	中	——————	$0.5b$	结构平面图及详图中剖到或可见的墙身轮廓线、基础轮廓线、可见的钢筋混凝土构件轮廓线、钢筋线
	细	——————	$0.25b$	标注引出线、标高符号线、索引符号线、尺寸线
虚线	粗	- - - - - - -	b	不可见的钢筋线、螺栓线、结构平面图中不可见的单线结构构件线及钢、木支撑线
	中粗	- - - - - - -	$0.7b$	结构平面图中的不可见构件、墙身轮廓线及不可见钢、木结构构件线、不可见的钢筋线
	中	- - - - - - -	$0.5b$	结构平面图中的不可见构件、墙身轮廓线及不可见钢、木结构构件线、不可见的钢筋线
	细	- - - - - - -	$0.25b$	基础平面图中的管沟轮廓线、不可见的钢筋混凝土构件轮廓线

（2）详图绘图时根据图样的用途和被绘物体的复杂程度，选用 1:10、1:20、1:50 的常用比例。当构件的纵、横向断面尺寸相差悬殊时，可在同一详图中的纵、横向选用不同的比例绘制。轴线尺寸与构件尺寸也可选用不同的比例绘制。

（3）图纸上所有的文字、数字和符号等，应字体端正、排列整齐、清楚正确，避免重叠。图样及说明中的汉字宜采用仿宋体，图样下的文字高度不宜小于 5mm，说明中的文字高度不宜小于 3mm。拉丁字母、阿拉伯数字、罗马数字的高度不应小于 2.5mm。

（4）普通钢筋的一般表示方法应符合表 10-2 的规定。

表 10-2　普通钢筋的一般表示方法

名称	图例	说明
钢筋端部截断		表示长、短钢筋投影重叠时,短钢筋的端部用 45° 斜划线表示
钢筋搭接连接		—
钢筋焊接		—
钢筋机械连接		—
端部带锚固板的钢筋		—

任务 2　柱、梁配筋图的绘制

一、框架梁的配筋图绘制

框架梁的配筋图主要根据梁的钢筋变化进行绘制。框架梁断面剖切图绘制主要考虑钢筋如下变化：

（1）在框架梁的端部净跨 1/4 范围内，主要考虑集中标注与原位标注所包含的钢筋，其中角筋要放在梁的角部，箍筋在加密区范围内按加密间距进行标注。

（2）在框架梁的端部净跨 1/4~1/3 范围内，主要考虑支座上部第二排非通长筋已被截断。

（3）在跨中 1/3 范围内，上部只剩下通长筋，有时会根据构造要求增设架立筋。

（4）受扭钢筋、纵向构造钢筋、下部钢筋按照原位标注（或集中标注）要求进行绘制。特别注意原位标注的变化（包括截面尺寸的变化），拉筋根据构造要求设置。

（5）绘制时，要注意所在楼层有无楼板，本书附录图纸中 −0.050m 处梁配筋图无楼板，而 4.150m 处梁配筋图有楼板，有楼板的要在截面配筋图上绘上楼板。

【例 10-1】　绘制 KL2 的截面配筋图，如图 10-1 所示。

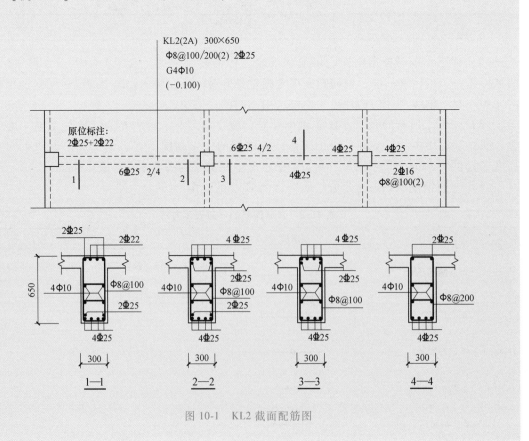

图 10-1　KL2 截面配筋图

二、框架柱的配筋图绘制

框架柱的配筋图绘制主要根据柱的钢筋变化进行，框架柱断面剖切图绘制主要考虑钢筋如下变化：

（1）框架柱的受力钢筋主要考虑连接位置。

1）在嵌固部位处第一批钢筋连接方式及位置和第二批钢筋连接方式及错开位置。

2）在其他楼层第一批钢筋连接连接方式及位置和第二批钢筋连接方式及错开位置。

3）在各层的钢筋截断位置。

（2）剖切位置箍筋主要是在加密区还是非加密区。

（3）特别注意框架柱的截面尺寸变化、受力钢筋变化和箍筋变化。

【例 10-2】 绘制附录 A 图纸中 KZ4 中的-1.00、2.00、7.00 处截面钢筋配筋图。

根据图纸可以得出，KZ4 主筋在-1.000m、2.000m 处为 8 Φ 20 的钢筋，在 7.000m 处角筋为 4 Φ 18，b 和 h 侧受力筋共 4 Φ 16。箍筋为-1.000m 和 7.000m 处，箍筋加密，标高 2.000m 处不加密，绘制剖面图如图 10-2 所示。

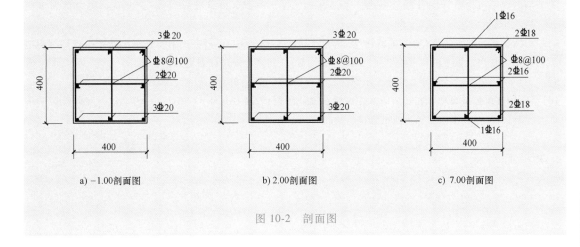

a)-1.00剖面图　　　　b) 2.00剖面图　　　　c) 7.00剖面图

图 10-2　剖面图

复习思考题

1. 绘制附录 A 图纸-0.050m 处 KL4 各段钢筋截面图。

2. 绘制附录 A 图纸 4.150m 处 KL4 各段钢筋截面图。

3. 绘制附录 A 图纸 KZ2 中的-1.000m、3.000m、8.000m 截面钢筋配筋图。

参 考 文 献

［1］ 中华人民共和国住房和城乡建设部. 混凝土结构设计规范：GB 50010—2010［S］. 北京：中国建筑工业出版社，2011.

［2］ 中华人民共和国住房和城乡建设部. 建筑抗震设计规范：GB 50011—2010［S］. 北京：中国建筑工业出版社，2010.

［3］ 中华人民共和国住房和城乡建设部. 高层建筑混凝土结构技术规程：JGJ 3—2010［S］. 北京：中国建筑工业出版社，2011.

［4］ 中华人民共和国住房和城乡建设部. 建筑结构制图标准：GB/T 50105—2010［S］. 北京：中国建筑工业出版社，2011.

［5］ 中国建筑标准设计研究院. 国家建筑标准设计图集：22G101-1混凝土结构施工图平面整体表示方法制图规则和构造详图（现浇混凝土框架、剪力墙、梁、板）［M］. 北京：中国计划出版社，2022.

［6］ 中国建筑标准设计研究院. 国家建筑标准设计图集：22G101-2 混凝土结构施工图平面整体表示方法制图规则和构造详图（现浇混凝土板式楼梯）［M］. 北京：中国计划出版社，2022.

［7］ 中国建筑标准设计研究院. 国家建筑标准设计图集：22G101-3 混凝土结构施工图平面整体表示方法制图规则和构造详图（独立基础、条形基础、筏形基础、桩基础）［M］. 北京：中国计划出版社，2022.

［8］ 中国建筑标准设计研究院. 国家建筑标准设计图集：18G901-1 混凝土结构施工钢筋排布规则与构造详图（现浇混凝土框架、剪力墙、梁、板）［M］. 北京：中国计划出版社，2018.

［9］ 王仁田，林红剑. 建筑结构施工图识读［M］. 北京：高等教育出版社，2015.

［10］ 中国建筑标准设计研究院. 国家建筑标准设计图集：23G101-11 G101 系列图集常见问题答疑图解［M］. 北京：中国建筑工业出版社，2023.

3. （附录 A 图纸）计算 KZ1 底层非加密区高度（基础顶面标高-1.850m，4.150m 标高处框架梁高度取 600mm，设-0.050m 处无框架梁）

4. （附录 A 图纸）确定 KZ8 在柱顶是否满足直锚，该柱顶屋面框架梁高度为 600mm（假设）。

5. （附录 A 图纸）若 4.15m 层梁配筋图中①轴线处 KL1 次梁放置位置处设置吊筋，确定吊筋下部宽度、上部平直段宽度和斜段钢筋角度。

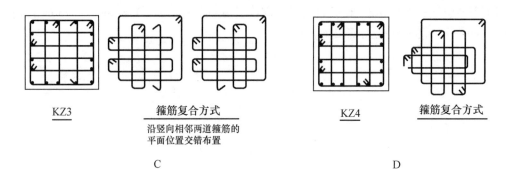

| KZ3 | 箍筋复合方式 | KZ4 | 箍筋复合方式 |

沿竖向相邻两道箍筋的
平面位置交错布置

             C   D

25. 柱在基础中的插筋弯折长度根据柱基础厚度 h_j 与 l_{aE} 大小比较，当 $h_j \leq l_{aE}$，则弯折（　　）。

A. $15d$　　　　　　B. $12d$　　　　　　C. 150mm　　　　　　D. l_{aE}

26. 框架柱内无（　　）钢筋。

A. 架立钢筋　　　　B. b 侧受力钢筋　　　C. 箍筋　　　　　　D. 角筋

27. 梁中箍筋的起步距离为（　　）。

A. 15mm　　　　　　B. 25mm　　　　　　C. 50mm　　　　　　D. 100mm

28. 机械连接错开距离为（　　）。

A. $35d$　　　　　　B. max($35d$, 500)　　C. l_{1E}　　　　　　D. l_{aE}

29. 基础 DJ$_J$01 解释为（　　）。

A. 01 号阶型普通独立基础　　　　　　　　B. 01 号坡型普通独立基础

C. 01 号阶型杯口独立基础　　　　　　　　D. 01 号坡型杯口独立基础

30. 下列哪个不是代号（　　）。

A. KBL　　　　　　B. KZL　　　　　　C. XL　　　　　　D. JL

31. 请选择框架柱的底层柱根加密区范围满足规范要求且经济合理的一项（　　）。该柱抗震等级为四级，截面尺寸均为 400mm×500mm；柱纵筋采用焊接连接。

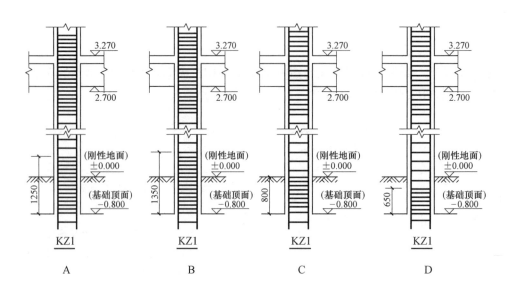

     A   B   C   D

二、基本知识填空（每题 2 分，共 50 分）

1. 梁平法中标注分为 ＿＿＿＿＿＿＿＿ 和 ＿＿＿＿＿＿＿＿ 两种，本工程采用 ＿＿＿＿＿＿＿，
＿＿＿＿＿＿＿取值优先。

13. 有抗震要求时，梁柱箍筋的弯钩长度应为（　　　）。

A. 5d

B. 10d 和 75mm 的较大值

C. 10d 和 100mm 的较大值

D. 5d 和 75mm 的较大值

14. 当抗震框架梁的上部通长筋与支座负筋直径不相同时，则通长筋与支座负筋的搭接长度为（　　　）。

A. l_{aE}

B. l_1

C. 150mm

D. 1.6l_{aE}

15. 抗震中柱顶层节点构造，当不能直锚时需要伸到节点顶后弯折，其弯折长度为（　　　）。

A. 15d

B. 12d

C. 150mm

D. 250mm

16. 当柱变截面需要设置插筋时，插筋应该从变截面处节点顶向下插入的长度为（　　　）。

A. 1.6l_{aE}

B. 1.5l_{aE}

C. 1.2l_{aE}

D. 0.5l_{aE}

17. 梁上柱 LZ 纵筋构造，柱纵筋伸入梁底弯折，弯折长度为（　　　）。

A. 12d

B. 15d

C. 150mm

D. 6d

18. 柱相邻纵向钢筋连接接头相互错开，错开距离焊接连接比机械连接多考虑的条件是（　　　）。

A. 500mm

B. 柱长边尺寸

C. 35d

D. l_{aE}

19. 板中抗裂构造钢筋自身及其与受力钢筋搭接长度为（　　　）。

A. 100mm

B. 150mm

C. 200mm

D. l_1

20. 板贯通纵筋的连接要求为同一连接区段内钢筋接头百分率不宜大于（　　　）。

A. 25%

B. 35%

C. 50%

D. 20%

21. 平法识图方法适用于（　　　）。

A. 建筑施工图

B. 结构施工图

C. 水电施工图

D. 暖通施工图

22. 下列哪种不是钢筋的连接方式（　　　）。

A. 焊接连接

B. 搭接连接

C. 机械连接

D. 铆接连接

23. 由踏步段和低端平板组成的梯板，称为（　　　）楼梯。

A. AT

B. BT

C. CT

D. DT

24. 请选择矩形箍筋复合方式错误的一项（　　　）。

KZ1　　　　　　箍筋复合方式　　　　　　KZ2　　　　　箍筋复合方式

沿竖向相邻两道箍筋的
平面位置交错布置

A　　　　　　　　　　　　　　　　　　　　　　　B

五、绘制柱钢筋排布图（10 分）

已知某框架柱列表注写见表 D-1，按列表注写内容绘制 KZ1、KZ2 截面配筋排布图，并标注尺寸。

表 D-1

柱号	截面尺寸 $\dfrac{b \times h}{\text{mm} \quad \text{mm}}$	全部纵筋	角筋	b 边一侧中部筋	h 边一侧中部筋	箍筋类型 $(m \times n)$	箍筋
KZ1	750×700	24C25				5×4	A8@ 100/200
KZ2	650×600		4C22	5C22	4C20	4×4	A10@ 100/200

六、计算题（5×2 分 = 10 分）

识读图 D-3，计算表 D-2 中 KZ2 的钢筋（按中柱计算）。

表 D-2

层号	顶标高/m	层高/m	顶梁高/mm
4	15.87	3.6	500
3	12.27	3.6	500
2	8.67	4.2	500
1	4.47	4.5	500
基础	-0.97	基础厚 800mm	—

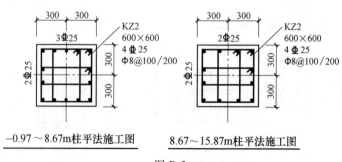

图 D-3

设：$l_{aE} = 34d$，嵌固部位在基础顶面，柱纵筋采用机械连接。

_____向肢数。

8. 抗震框架柱中柱柱顶纵向钢筋可以直锚时，伸至柱顶且长度不少于_____。

9. 某圆柱箍筋为 LA10@ 100/200 表示箍筋采用钢筋等级为_____级的螺旋箍筋，直径为_____mm，加密区间距_____mm，非加密区间距为_____mm。

10. 确定箍筋肢数时应满足对柱纵筋_____以及_____的要求。

11. 当柱纵向受力钢筋采用并筋时，设计应采用_____绘制柱平法施工图。

12. _____及_____柱内的纵向钢筋不得采用绑扎搭接接头。

13. 梁上起 KZ 时，柱在梁内的插筋高度应同时满足_____、_____和_____三个条件。

14. 矩形复合箍筋沿复合箍周边，箍筋局部重叠不宜多于_____层。

三、识读柱截面图（图 D-2）并填空（10×1 分 = 10 分）

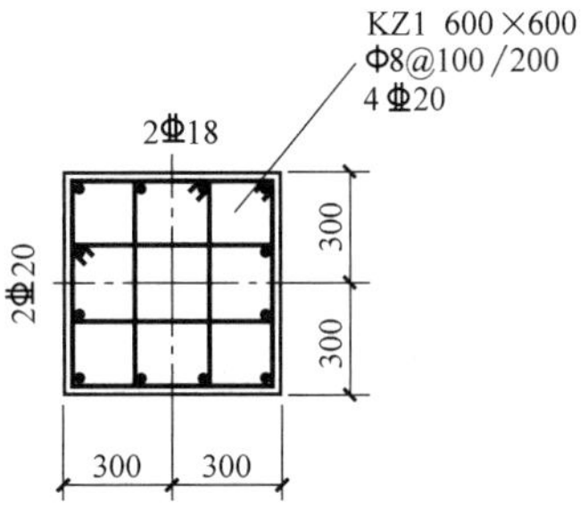

图 D-2

1. KZ1 的名称为_____柱。

2. KZ1 截面尺寸为_____，角筋为_____，b 边一侧中部筋为_____，h 边一侧中部筋为_____，箍筋为_____，肢数为_____，非加密区间距为_____。

3. 如果该柱作为角柱，则外侧钢筋的数量为_____根；如果该柱作为边柱，则外侧钢筋的数量为_____根。

四、判断题（10×1 分 = 10 分）

1. 柱平法施工图的注写方式有平面注写方式和截面注写方式。 （　　）

2. 两根柱在平面图上布置的位置（轴线正中或偏中）不同，不影响编为同一编号。 （　　）

3. 抗震框架柱中，确定框架柱箍筋肢数时要满足对柱纵筋"隔一拉一"的要求。 （　　）

4. 柱净高与柱截面短边尺寸或圆柱直径之比 $H_n/h_c \leq 4$ 时，其箍筋沿柱全高加密。 （　　）

5. 框架柱纵筋的断点位置，底层在距基础顶面 $\geq H_n/3$ 处，其他层断点位置距楼面的高度为 $\geq$ max（$H_n/3$，500mm，柱截面长边尺寸）。 （　　）

6. 如果柱下层钢筋在变截面处弯折，上层采用插筋构造，插筋伸入下层 $1.5 l_{aE}$，从梁顶处开始计算。 （　　）

7. 图集 22G101-1 中所注的 h_c 是指矩形柱的截面长边尺寸，H_n 是指柱所在楼层的结构层标高。 （　　）

8. 抗震框架柱中纵筋采用搭接时，搭接长度范围内箍筋也应加密。 （　　）

9. 当圆柱采用螺旋箍筋时，需在箍筋前加"L"。 （　　）

10. 顶层柱分为角柱、边柱和中柱。 （　　）

一、单项选择题（30×1 分＝30 分）

1. 下列关于柱平法施工图制图规则论述中错误的是（　　）。

A. 柱平法施工图是指在柱平面布置图上采用列表注写方式或截面注写方式

B. 柱平法施工图中应按规定注明各结构层的楼面标高、结构层高及相应的结构层号

C. 柱编号由类型代号和序号组成

D. 注写各段柱的起止标高，自柱根部往上以变截面位置为界分段注写，截面未变但配筋改变处无须分界

2. 上层柱和下层柱纵向钢筋根数相同，当上层柱配置的钢筋直径比下层柱钢筋直径大时，柱的纵筋搭接区域应在（　　）。

A. 上层柱　　　　　B. 柱和梁的相交处　　C. 下层柱　　　　　D. 不受限制

3. 柱变截面一侧有梁时，且 $\triangle/h_b > 1/6$ 时，下柱钢筋伸到梁顶部弯折，弯折长度为（　　）。

A. $5d$　　　　　　B. $10d$　　　　　　C. $12d$　　　　　　D. $15d$

4. 柱的截面注写方式是在柱的截面布置图上同一编号的柱选择一个截面进行标注，下面各项不属于截面注写标注内容的是（　　）。

A. 柱的保护层厚度　　B. 柱的箍筋及间距　　C. 柱的截面尺寸　　D. 柱的编号

5. 某框架三层柱截面尺寸 300mm×500mm，柱净高 3m，该柱在楼面处得箍筋加密区高度为（　　）。

A. 400mm　　　　　B. 500mm　　　　　　C. 600mm　　　　　　D. 无法确定

6. 柱在基础中的插筋弯折长度根据柱基础厚度 h_j 与 l_{aE} 大小确定，当 $h_j - c \geq l_{aE}$ 时，则弯折（　　）。

A. 15d　　　　　　B. 6d 和 150 取大值　　C. 10d　　　　　　D. 12d

7. 一般情况下柱中四个角筋应错开，其余的隔一错一，错开的距离：机械连接为（　　）。

A. ≥15d　　　　　B. ≥35d　　　　　　C. ≥250mm　　　　　D. ≥500mm

8. 顶层边柱、角柱柱内侧纵筋应伸至柱顶并弯折（　　）。

A. 8d　　　　　　B. 12d　　　　　　C. 150mm　　　　　　D. 300mm

9. 柱编号 ZHZ 表示的柱类型为（　　）。

A. 框架柱　　　　　B. 芯柱　　　　　　C. 构造柱　　　　　D. 转换柱

10. 框架柱纵向钢筋的净间距不应小于（　　）。

A. 25mm　　　　　B. 50mm　　　　　　C. 30mm　　　　　　D. 300mm

11. 框架柱在顶层端节点外侧上角处，在柱宽范围内的柱箍筋内侧设置间距小于（　　），且不少于 3 根直径不小于（　　）的角部附加钢筋。

A. 100mm；15mm　B. 100mm；20mm　　C. 150mm；15mm　　D. 150mm；10mm

12. 不属于柱纵筋连接形式的是（　　）。

A. 绑扎搭接　　　　B. 机械连接　　　　　C. 非接触搭接　　　　D. 焊接连接

13. 柱插筋在基础中锚固构造在（　　）中找到依据。

A. 22G101-1　　　B. 22G101-2　　　　　C. 22G101-3　　　　　D. 22G101-4

2. 悬挑板都是单向板，布筋方向与悬挑方向垂直。　　　　　　　　　　　　　（　　）

3. 板的上部非贯通纵筋下方需要布置分布筋。　　　　　　　　　　　　　　　（　　）

4. 悬挑板的代号是 XB。　　　　　　　　　　　　　　　　　　　　　　　　（　　）

5. 板钢筋标注分为集中标注和原位标注，集中标注的主要内容是板的贯通筋，原位标注主要是针对板的非贯通筋的。　　　　　　　　　　　　　　　　　　　　　　　　　　　　　　（　　）

6. 有梁楼盖的制图规则仅适用于以梁为支座的楼面板平法施工图设计。　　　　（　　）

7. 板编为同一编号的条件为板块的类型、板厚和贯通纵筋均应相同。　　　　　（　　）

8. 板支座上部非贯通纵筋自支座中线向跨内的伸出长度，注写在线段的下方位置。（　　）

9. 当轴网向心布置时，径向为 X 向，切向为 Y 向。　　　　　　　　　　　　（　　）

10. 当为单向板时，分布筋可不必注写，而在图中统一说明。　　　　　　　　　（　　）

五、计算题（5×2 分 = 10 分）

LB2 采用 C30 混凝土，板内钢筋采用 HRB400 级钢筋，板保护层厚 15mm，梁保护层厚 20mm，板内钢筋如图 C-4 所示。试计算板下部贯通筋。（提示：锚固长度 l_a 取 35d）

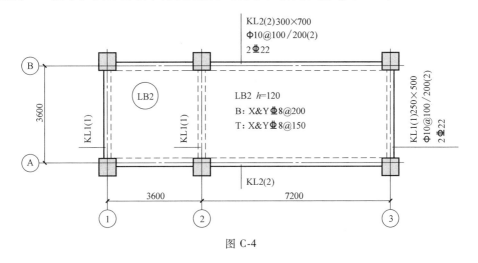

图 C-4

（1）X 向上部贯通纵筋长度 =

X 向上部贯通纵筋根数 =

（2）Y 向上部贯通纵筋长度 =

①～②轴板 Y 向上部贯通纵筋根数 =

②～③轴板 Y 向上部贯通纵筋根数 =

合计根数：

一、单项选择题（20×1.5分=30分）

1. 板块编号中 XB 表示（　　）。

A. 现浇板　　　　　B. 悬挑板　　　　　C. 延伸悬挑板　　　　D. 屋面现浇板

2. 下列板块编号错误的是（　　）。

A. 楼板板 LB　　　B. 屋面板 WB　　　C. 悬挑板 XTB　　　D. 悬挑板 XB

3. 计算图 C-1②号非贯通筋的水平段长度为（　　）。（梁宽均为 200mm）

A. 1800mm　　　　B. 1400mm　　　　C. 3800mm　　　　D. 3600mm

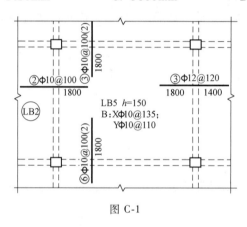

图 C-1

4. 板的集中标注为：LB1　　 h = 100

　　　　　　　　　　B：X&YA10@ 150

　　　　　　　　　　T：X&YA12@ 250

同时该跨 Y 方向原位标注的上部支座非贯通纵筋为⑤A12@ 250，则该支座上部 Y 方向设置的纵向钢筋实际为（　　）。

A. A10@ 150　　　B. A12@ 125　　　C. A12@ 250　　　D. A10@ 250

5. 22G101-1 注明板端部为梁时，板顶钢筋（够直锚）伸入支座的长度为（　　）。

A. 支座宽−保护层+15d　　　　　　B. 支座宽/2+5d+15d

C. 支座宽/2+5d　　　　　　　　　D. l_a

6. 22G101-1 注明有梁楼盖楼、屋面板下部受力筋伸入支座的长度为（　　）。

A. 支座宽−保护层　　　B. 5d　　　C. 支座宽/2+5d　　　D. 支座宽/2 和 5d 取大值

7. 板中的钢筋标注方法可以分为：传统标注和平法标注，其中在传统标注表示贯通纵筋时，如图 C-2 所示，表示的是板的（　　）钢筋。

A. 上部贯通筋　　　B. 下部纵筋

C. 端支座非贯通筋　　D. 架立筋

8. 当板的端支座为梁时，板上部贯通纵筋在构造要求应伸至（　　）的内侧，再弯直钩 15d。

A. 梁中线　　　　　B. 梁内侧角筋

C. 梁外侧角筋　　　D. 箍筋

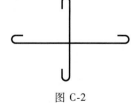

图 C-2

六、计算题（5×2分=10分）

计算图 B-3 所示框架梁钢筋工程量。

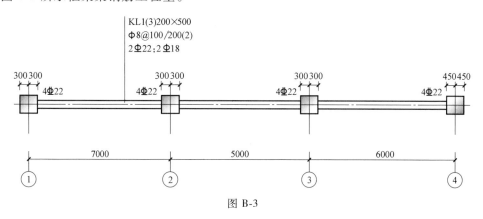

KL1(3)200×500
Φ8@100/200(2)
2Φ22;2Φ18

图 B-3

计算参数：①柱、梁保护层厚度 $c = 20$mm，②$l_{aE} = 34d$，③三级抗震。

1. 上部通长筋

2. ②支座非贯通筋

3. ②~③跨下部纵筋

4. 箍筋长度

5. ③~④轴箍筋根数

25. 某框架梁在跨中下部原位标注 6C25 2 (-2)/4，表示（   ）。

A. 框架梁配有 1 排下部纵筋，6C25，全部伸入支座

B. 框架梁配有 1 排下部纵筋，6C25，其中 2C25 伸入支座，4C25 不伸入支座

C. 框架梁配有 2 排下部纵筋，上排为 4C25 伸入支座，下排为 2C25，不伸入支座

D. 框架梁配有 2 排下部纵筋，下排为 4C25 伸入支座，上排为 2C25，不伸入支座

26. 框架梁中间支座第一排非贯通筋的截断点应在距支座边不小于 $l_n/3$ 处，其中 $l_n/3$ 指（   ）。

A. 该跨梁两端轴线间的距离　　　　　　B. 该跨梁两端柱子间的距离

C. 该跨梁的净距　　　　　　　　　　　D. 支座两边较大的净跨

27. 楼层框架梁，当上部通长筋直径与非贯通钢筋直径相同时，连接位置宜位于（   ）。

A. 在距柱边 $l_n/3$ 范围内进行　　　　　B. 在跨中 $l_n/3$ 范围内进行连接

C. 在跨中 $l_n/4$ 范围内连接进行连接　　D. 只能采用绑扎搭接接长

28. 以下梁中拉筋根数计算正确的是：（   ）。

A. 根数 $= \dfrac{梁净跨-50}{非加密区箍筋间距\times 2}+1$

B. 根数 $= \dfrac{梁净跨-50\times 2}{非加密区箍筋间距\times 2}+1$

C. 根数 $= \dfrac{梁净跨-50\times 2}{非加密区箍筋间距\times 2}-1$

D. 根数 $= \dfrac{梁净跨-50\times 2}{非加密区箍筋间距}+1$

29. 框架梁中吊筋的高度按主梁高计算，吊筋上部平直段长度为（   ）。

A. 15d　　　　　　B. 20d　　　　　　C. 25d　　　　　　D. 50d

30. 框架梁中箍筋的起步距离为（   ）。

A. 15mm　　　　　　B. 25mm　　　　　　C. 50mm　　　　　　D. 100mm

二、填空题（30×1 分 = 30 分）

1. 梁平面集中标注内容为梁编号、_____、_____、梁侧面构造钢筋或受扭钢筋五项必注内容和_____选注内容。

2. 梁平面注写包括_____和_____，集中标注表达梁的_____，原位标注表达梁的_____。

3. 当梁的截面尺寸、箍筋、上部通长筋或架立筋等一项或几项不适用于某跨或某悬挑部位时，将其不同数值_____在该跨或该悬挑部位，施工时应按_____。

4. 井字梁通常由_____构成，并以_____为支座，因此为区分井字梁与作为井字梁支座的梁，井字梁用_____表示，作为井字梁支座的梁用_____表示。

5. 梁的纵向钢筋除架立筋和不深入支座的下部钢筋外，都有锚固长度，受力钢筋锚固形式优先采用_____，也就是规范所说的能_____，不能_____。

6. 在主次梁相交处常设置_____或_____，将其直接画在平面图中的_____上，用线引注_____。

7. 某楼面框架梁的集中标注中有 G 6B12，其中 G 表示是_____，6B12 表示梁的两个侧面每边配置_____根 B12 钢筋。

8. 框架梁集中标注的箍筋为 10B16@ 150/250(6)，表示箍筋为 HRB335 级钢筋，直径 B16，从_____布置，按间距 150mm 两端各设置_____道，其余间距为 250mm，均为六肢箍。

9. 某跨框架梁平面注写如图 B-1 所示，②轴右侧支座梁上部第一排非通长筋可在距柱边 ≥_____mm 处截断，第二排非通长筋可在距柱边 ≥_____mm 处截断。③轴支座上部钢筋共有_____根，分_____排配置，其中有_____钢筋是通长筋。

度为（　　）。

A. $l_n/5+$锚固　　　　　B. $l_n/4+$锚固　　　　　C. $l_n/3+$锚固　　　　D. 其他值

13. 梁下部不伸入支座钢筋在（　　）位置断开。

A. 距支座边 $0.05l_n$　　B. 距支座边 $0.5l_n$　　C. 距支座边 $0.01l_n$　　D. 距支座边 $0.1l_n$

14. 一级抗震框架梁箍筋加密区判断条件是（　　）。

A. $1.5h_b$（梁高）和 500mm 中取大值　　　　B. $2h_b$（梁高）和 500mm 中取大值

C. 1200mm　　　　　　　　　　　　　　　　D. 1500mm

15. 非框架梁、悬挑梁、井字梁采用不同的箍筋间距及肢数时，用"/"将其分隔开来。注写时，在"/"前后分别注写（　　）的箍筋。

A. 梁支座端部/梁跨中部分　　　　　　　　　B. 梁跨中部分

C. 梁支座端部　　　　　　　　　　　　　　　D. 梁跨中部分/梁支座端部

16. 梁平法配筋图集中标注中，G2A14 表示（　　）。

A. 梁侧面构造钢筋每边两根　　　　　　　　　B. 梁侧面构造钢筋每边一根

C. 梁侧面受扭钢筋每边两根　　　　　　　　　D. 梁侧面受扭钢筋每边一根

17. 梁下部纵筋两排，上排 2C22，下排 4C25，应注写为（　　）。

A. 2C22+4C25　　　B. 2C22+4C25　4/2　　C. 2C22+4C25　2/4　　D. 2C22/4C25

18. 框架梁平法施工图中原位标注内容有（　　）。

A. 梁编号　　　　　B. 梁支座上部钢筋　　　C. 梁箍筋　　　　　　D. 梁截面尺寸

19. 在结构施工图中，梁的上方有这样的集中标注 2C22+(4C12)，请问括号内的标注表示梁的（　　）。

A. 箍筋　　　　　　　B. 下部纵筋　　　　　　C. 支座负筋　　　　　D. 架立筋

20. 一单跨梁，支座为 600mm×600mm 的框架柱，轴线居中，梁跨长 3300mm，箍筋为 10A10@100/200，箍筋加密区的根数为（　　）根，非加密区的根数为（　　）根。

A. 20；4　　　　　　B. 10；9　　　　　　　C. 20；3　　　　　　D. 10；8

21. 当梁的腹板高度 h_w 大于（　　）时必须配置构造钢筋，其间距不得大于（　　）。

A. 450mm；250mm　　　　　　　　　　　　B. 800mm；250mm

C. 450mm；200mm　　　　　　　　　　　　D. 800mm；200mm

22. 梁有侧面钢筋时需要设置拉筋，当设计没有给出拉筋直径时如何设置？（　　）

A. 当梁高≤350 时为 6mm，梁高>350mm 时为 8mm

B. 当梁高≤450 时为 6mm，梁高>450mm 时为 8mm

C. 当梁宽≤350 时为 6mm，梁宽>350mm 时为 8mm

D. 当梁宽≤450 时为 6mm，梁宽>450mm 时为 8mm

23. 梁侧面构造钢筋锚入支座的长度为（　　）。

A. $15d$　　　　　　　B. $12d$　　　　　　　　C. 150　　　　　　　　D. l_{aE}

24. 某框架梁，截面尺寸为 300mm×600mm，其箍筋为 A10@100/200(2)，配有侧向构造钢筋，则构造钢筋的拉筋应当配置为（　　）。

A. A6@200　　　　　B. A6@400　　　　　　C. A8@400　　　　　　D. A10@400

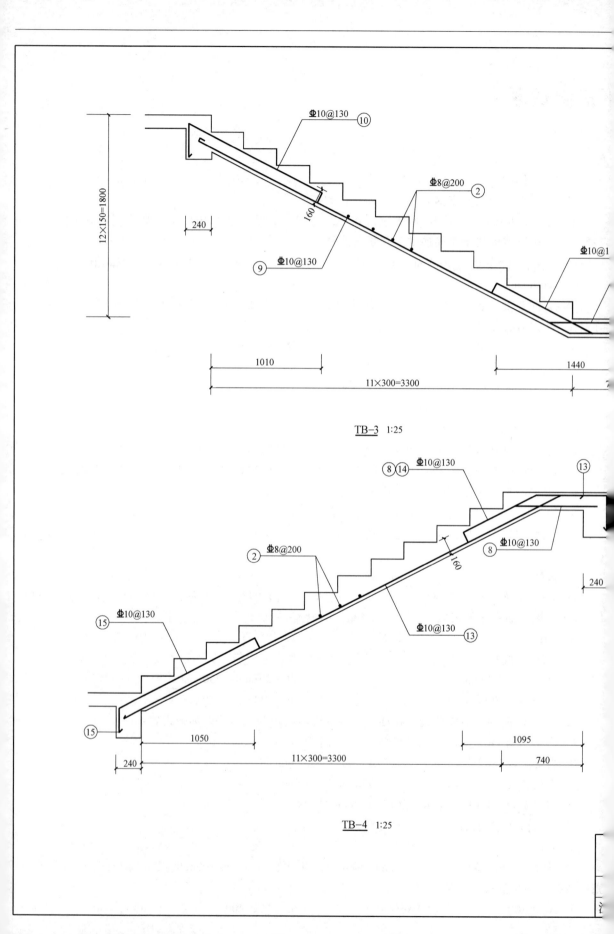

Φ10@130 ⑩

Φ8@200 ②

Φ10@1

12×150=1800

240

160

⑨ Φ10@130

1010

1440

11×300=3300

TB−3 1:25

⑧⑭ Φ10@130

② Φ8@200

⑬

Φ10@130

⑧

160

240

⑮ Φ10@130

Φ10@130 ⑬

⑮

1050

1095

240

11×300=3300

740

TB−4 1:25

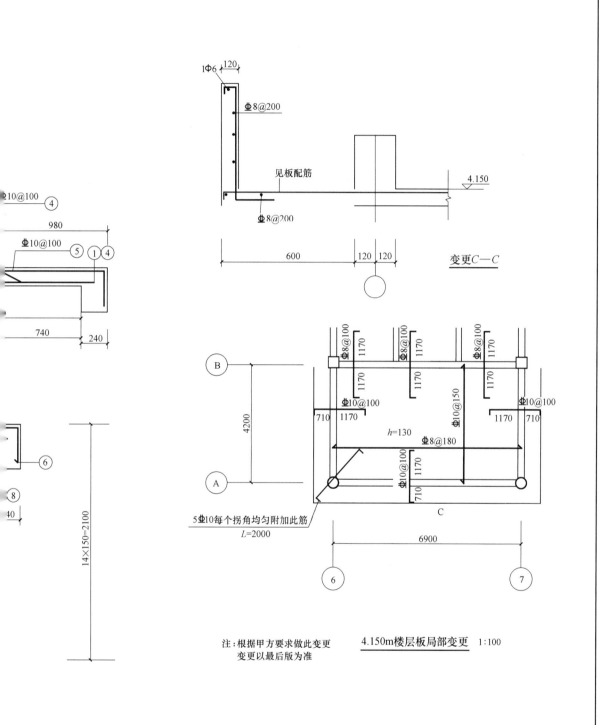

变更C—C

注：根据甲方要求做此变更   4.150m楼层板局部变更   1:100
变更以最后版为准

5Φ10每个拐角均匀附加此筋
L=2000

见板配筋

筑设计有限公司	批准		审定		综合楼	图号	
	项目负责人		审核			专业	结构
正书编号	专业负责人		校对		楼梯详图及	日期	2022.06
印章编号	注册师		设计		变更图	第 20 张 共 21 张	

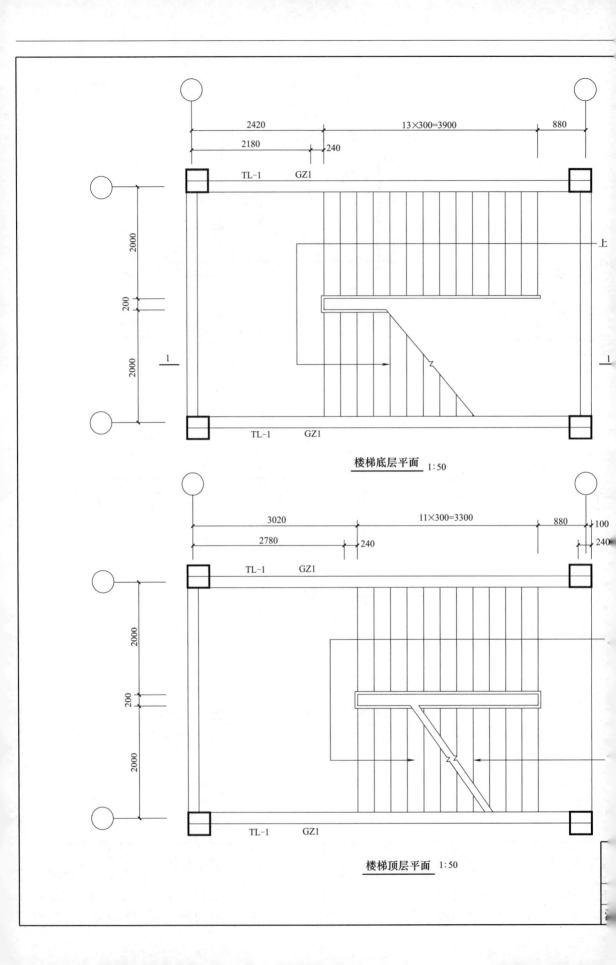

2420

13×300=3900

880

2180

240

TL-1   GZ1

2000

200

2000

上

1

1

TL-1   GZ1

楼梯底层平面 1:50

3020

11×300=3300

880

100

2780

240

240

TL-1   GZ1

2000

200

2000

TL-1   GZ1

楼梯顶层平面 1:50

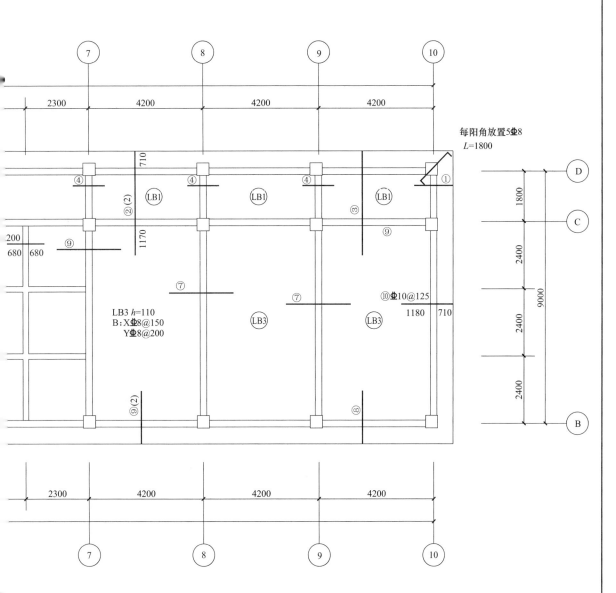

每阳角放置5Φ8
L=1800

LB3 h=110
B:XΦ8@150
YΦ8@200

⑩Φ10@125

结构平面图1:100

筑设计有限公司	批准		审定		综合楼	图号	
	项目负责人		审核			专业	结构
证书编号	专业负责人		校对		板配筋图	日期	2022.06
印章编号	注册师		设计			第 18 张　共 21 张	

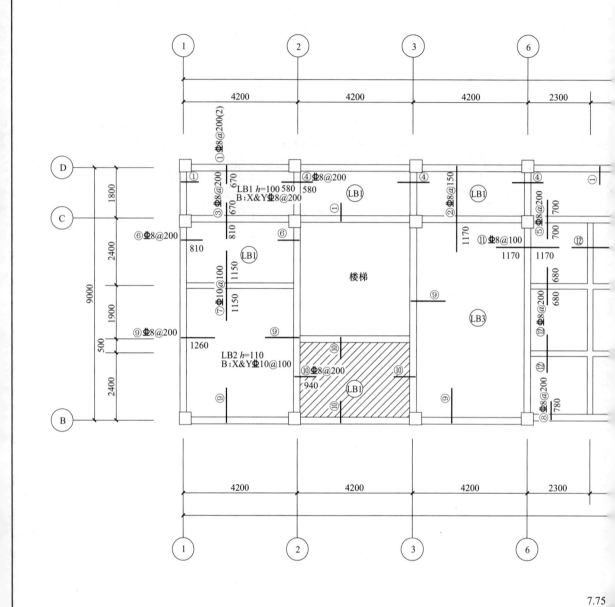

7.75

卫生间楼面结构标高根据建筑施工图要求现场调节
相同房间洞口的洞口加强筋相同，定位见建筑

区格的板顶标高为5.950m

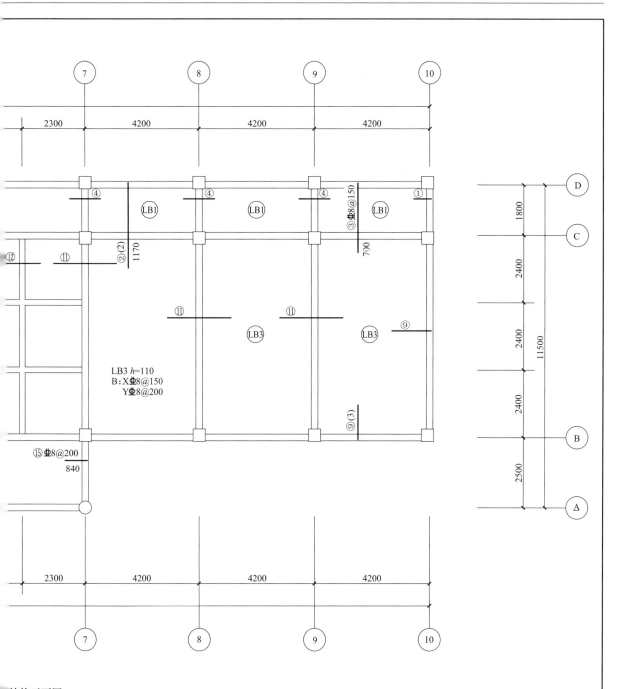

LB3 h=110
B:XΦ8@150
　YΦ8@200

⑮Φ8@200
840

结构平面图 1:100

筑设计有限公司	批准		审定		综合楼	图号	
	项目负责人		审核			专业	结构
证书编号	专业负责人		校对		板配筋图	日期	2022.06
师印章编号	注册师		设计			第16张　共21张	

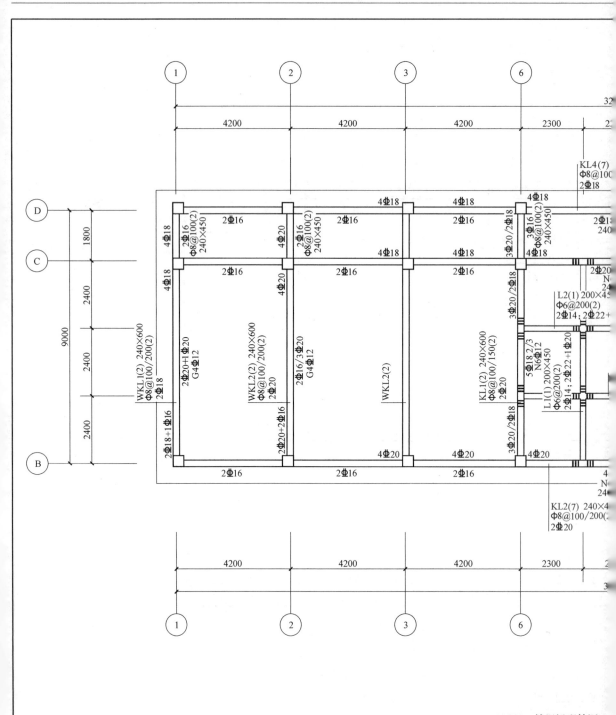

11.350m 楼层梁配筋图

除注明者外梁与梁相交附加箍筋均为6根直

除注明者外梁沿轴线居中或与柱边齐

梁边跨只在跨中标注钢筋，表示该钢筋在本

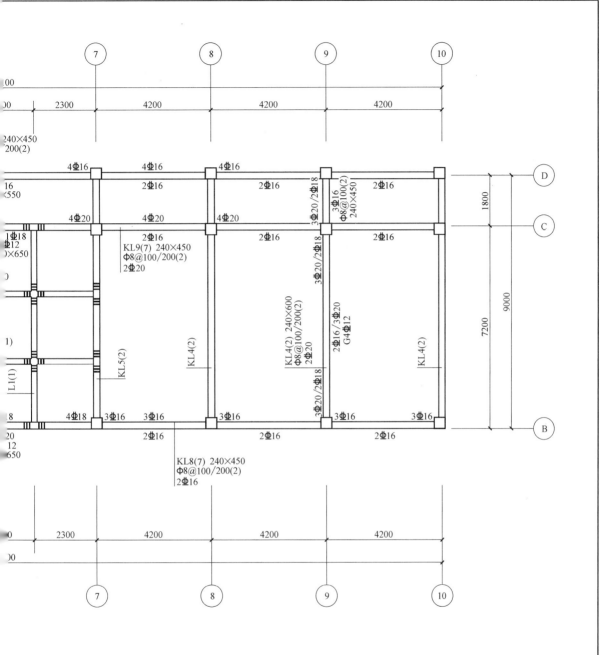

筑设计有限公司	批准		审定		综合楼		图号	
	项目负责人		审核				专业	结构
证书编号	专业负责人		校对		梁配筋图		日期	2022.06
印章编号	注册师		设计				第14张	共21张

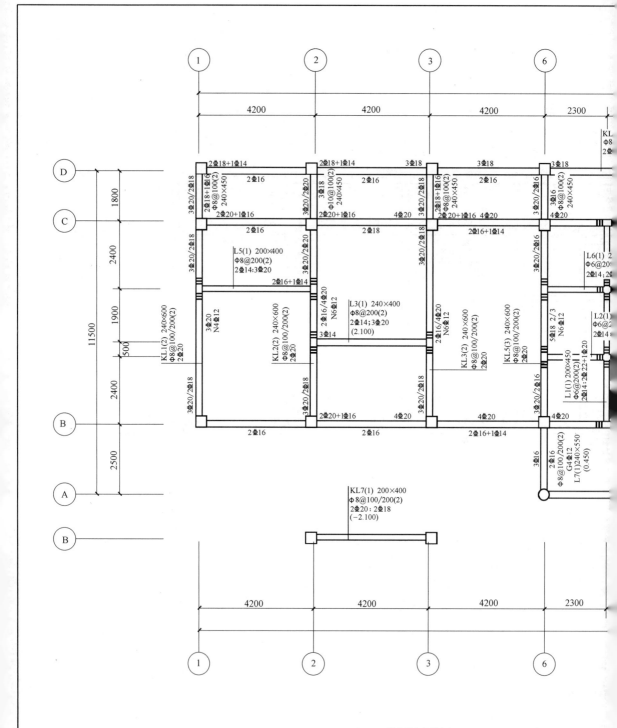

4.150m楼层梁配筋图   1:100

除注明者外梁与梁相交附加箍筋均为6根直径及肢数同所在梁
除注明者外梁沿轴线居中或与柱边齐
梁边跨只在跨中标注钢筋，表示该钢筋在本跨通长

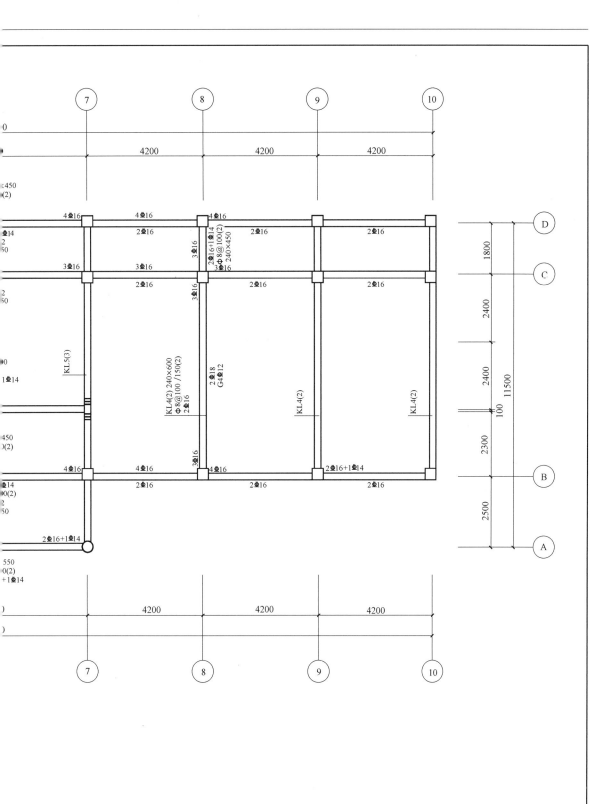

柱号	标高	$b×h(b_i×b_i)$（圆柱直径D)/mm	b_1/mm	b_2/mm	h_1/mm	h_2/mm	全部纵筋	角筋	b边一侧中部筋	h边一侧中部筋	箍筋类型号	
KZ-11	基础顶~-0.050	400×400	200	200	300	100	8 Φ 18				1.(3×3)	
	-0.050~4.150	400×400	200	200	300	100	8 Φ 18				1.(3×3)	Φ
	4.150~11.350	400×400	200	200	300	100	8 Φ 16				1.(3×3)	Φ
KZ-12	基础顶~-0.050	D400	200	200	0	0	4 Φ 18+4 Φ 16				6.	
	-0.050~4.150	D400	200	200	0	0	4 Φ 18+4 Φ 16				6.	Φ
KZ-13	基础顶~-0.050	400×400	200	200	120	280	12 Φ 22				1.(4×4)	
	-0.050~4.150	400×400	200	200	120	280	12 Φ 22				1.(4×4)	Φ
	4.150~7.750	400×400	200	200	120	280		4 Φ 20	1 Φ 20	1 Φ 18	1.(3×3)	Φ
	7.750~13.850	400×400	200	200	120	280	8 Φ 16				1.(3×3)	Φ
KZ-14	基础顶~-0.050	400×400	200	200	300	100		4 Φ 22	2 Φ 20	2 Φ 20	1.(4×4)	
	-0.050~4.150	400×400	200	200	300	100		4 Φ 22	2 Φ 20	2 Φ 20	1.(4×4)	Φ
	4.150~7.750	400×400	200	200	300	100		4 Φ 20	1 Φ 18	1 Φ 18	1.(3×3)	Φ
	7.750~13.850	400×400	200	200	300	100	8 Φ 16				1.(3×3)	Φ
KZ-15	基础顶~-0.050	400×400	200	200	120	280	8 Φ 16				1.(3×3)	
	-0.050~13.850	400×400	200	200	120	280	8 Φ 16				1.(3×3)	Φ
KZ-16	基础顶~-0.050	400×400	280	120	120	280		4 Φ 18	1 Φ 18	1 Φ 16	1.(3×3)	
	-0.050~11.350	400×400	280	120	120	280		4 Φ 18	1 Φ 18	1 Φ 16	1.(3×3)	Φ
KZ-17	基础顶~-0.050	400×400	280	120	300	100	8 Φ 18				1.(3×3)	
	-0.050~4.150	400×400	280	120	300	100	8 Φ 18				1.(3×3)	Φ
	4.150~11.350	400×400	280	120	300	100	8 Φ 16				1.(3×3)	Φ
KZ-18	基础顶~-0.050	400×400	280	120	120	280	8 Φ 16				1.(3×3)	
	-0.050~11.350	400×400	280	120	120	280	8 Φ 16				1.(3×3)	Φ

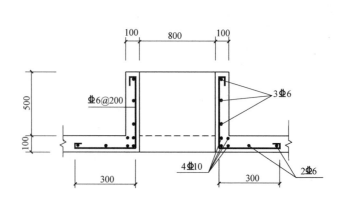

屋面上人孔配筋剖面

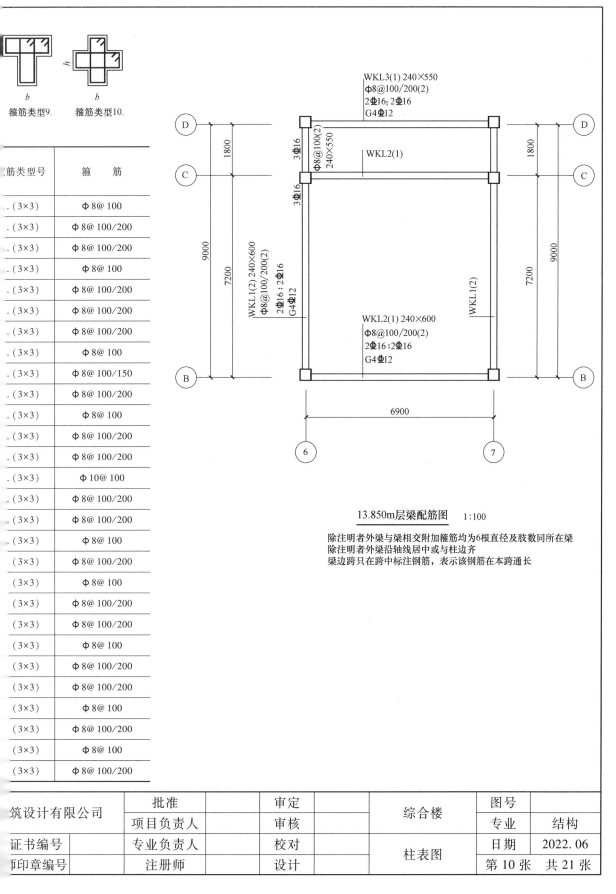

箍筋类型9.　箍筋类型10.

箍筋类型号	箍　　筋
. (3×3)	Φ8@100
. (3×3)	Φ8@100/200
. (3×3)	Φ8@100/200
. (3×3)	Φ8@100
. (3×3)	Φ8@100/200
. (3×3)	Φ8@100/200
. (3×3)	Φ8@100/200
. (3×3)	Φ8@100
. (3×3)	Φ8@100/150
. (3×3)	Φ8@100/200
. (3×3)	Φ8@100
. (3×3)	Φ8@100/200
. (3×3)	Φ8@100/200
. (3×3)	Φ10@100
. (3×3)	Φ8@100/200
. (3×3)	Φ8@100/200
. (3×3)	Φ8@100
(3×3)	Φ8@100/200
(3×3)	Φ8@100
(3×3)	Φ8@100/200
(3×3)	Φ8@100/200
(3×3)	Φ8@100
(3×3)	Φ8@100/200
(3×3)	Φ8@100/200
(3×3)	Φ8@100
(3×3)	Φ8@100/200
(3×3)	Φ8@100
(3×3)	Φ8@100/200

WKL3(1) 240×550
Φ8@100/200(2)
2Φ16; 2Φ16
G4Φ12

3Φ16
Φ8@100(2)
240×550

WKL2(1)

3Φ16

WKL1(2) 240×600
Φ8@100/200(2)
2Φ16; 2Φ16
G4Φ12

WKL1(2)

WKL2(1) 240×600
Φ8@100/200(2)
2Φ16; 2Φ16
G4Φ12

1800　9000　7200

6900

13.850m层梁配筋图　　1:100

除注明者外梁与梁相交附加箍筋均为6根直径及肢数同所在梁
除注明者外梁沿轴线居中或与柱边齐
梁边跨只在跨中标注钢筋，表示该钢筋在本跨通长

筑设计有限公司	批准		审定		综合楼		图号	
	项目负责人		审核				专业	结构
证书编号	专业负责人		校对		柱表图		日期	2022.06
印章编号	注册师		设计				第10张　共21张	

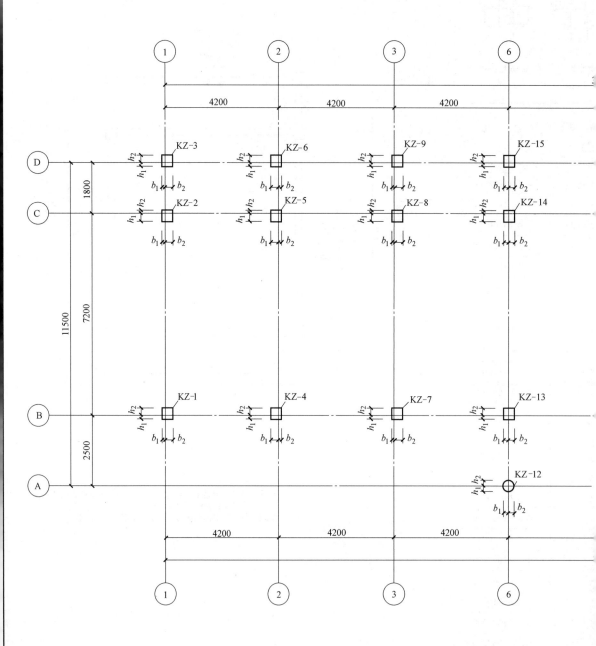

柱配筋平面图 1:100

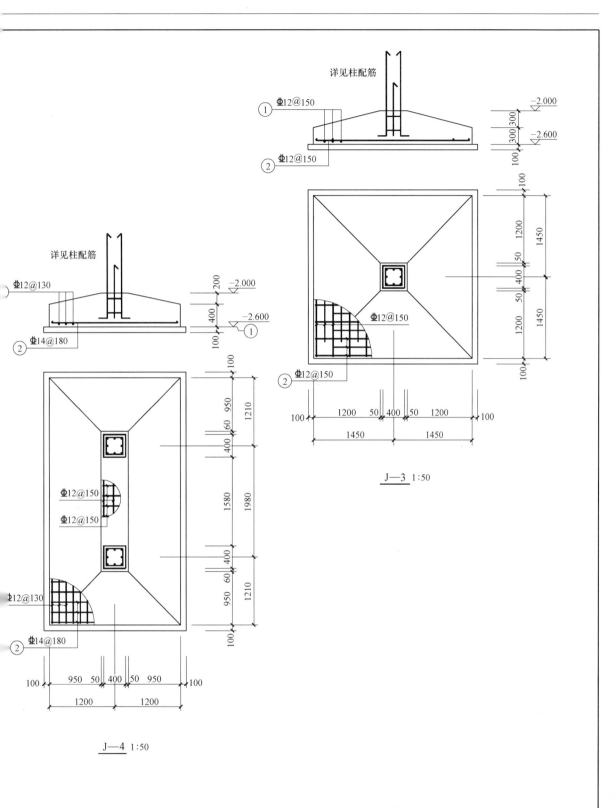

详见柱配筋

Φ12@150 ①

Φ12@150 ②

−2.000

300 300

−2.600

100

详见柱配筋

Φ12@130

−2.000

200

400

−2.600

100

Φ14@180 ②

①

100

1200

1450

50

400

50

1200

1450

100

J—3 1:50

100

1200 50 400 50 1200 100

1450 1450

100

Φ12@150

Φ12@150 ②

950

1210

60

400

Φ12@150

Φ12@150

1580

1980

400

950

1210

60

100

Φ12@130

Φ14@180 ②

100

950 50 400 50 950 100

1200 1200

J—4 1:50

筑设计有限公司	批准		审定		综合楼		图号	
	项目负责人		审核				专业	结构
正书编号	专业负责人		校对		基础平面布置图		日期	2022.06
印章编号	注册师		设计				第 8 张 共 21 张	

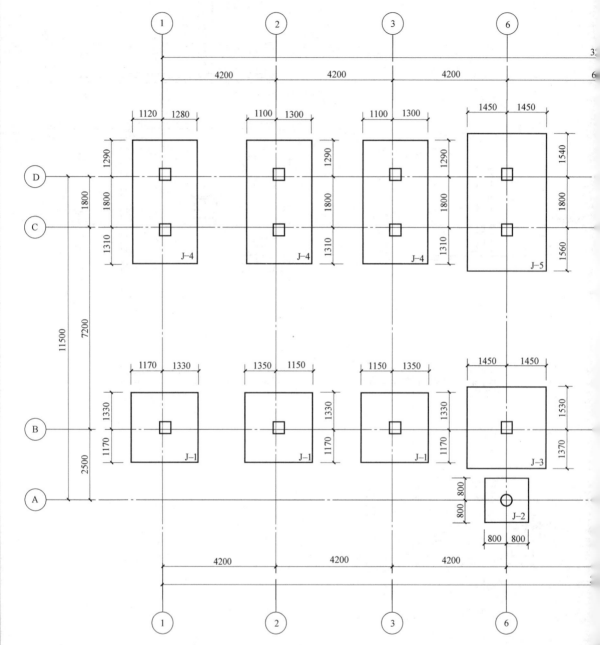

基础平面

注：1. 框架柱纵筋在独基内和地梁的锚固
　　　框架柱纵筋伸到基础底再水平弯折，弯折后的水平段长度≥12d（d为柱纵筋直线）。
　　2. 框架柱纵筋在独基内的附加箍筋根数见各独基断面，插筋直径及数量同底层柱，箍筋直径同底层柱。
　　3. 本工程地基承载力特征值为 $f_{ak} = 160kPa$ 基抗开挖至设计标高以后进行钎探，探孔深 2.0m 呈梅花形布置。
　　4. 钎探要做好记录，退知设计部门验槽后方可进行下步施工。
　　5. 混凝土强度等级为 C30。
　　6. 独立基础的边长≥2.5m 时，底板受力筋的长度取边长的 0.9 倍，并交错布置，垫层混凝土 C10。
　　7. 结构做法：基础钢筋保护层厚 40mm，自然地面以下混凝土柱保护层均向外增加 10mm。

十一、其他

1. 本工程图示尺寸以毫米（mm）为单位，标高以米（m）为单位。

2. 防雷接地做法详见电施图。

3. 设备定货与土建关系

（1）梯机房设计。门洞边的预留孔洞、电梯机房楼板、检修吊钩等，需待电梯定货后，经核实无误后方能施工。

（2）地下室设备基础待设备定货后再行设计施工。

4. 所有管道井后封均预留 8@200 胡子筋，后封时采用 C30 混凝土 100mm 厚封堵。

5. 不大于 300mm，夯实后的干重度应不小于 16kN/m^3，压实系数不小于 0.95。回填土不得掺杂建筑垃圾，室内外填土需同时进行。

6. 未经技术鉴定或设计许可，不得改变结构的用途和使用环境。

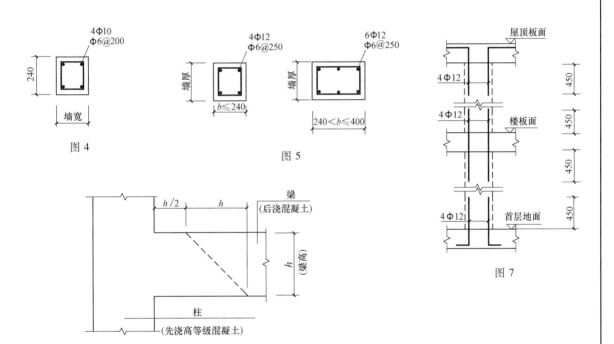

图 4

图 5

图 6

图 7

	批准		审定		综合楼	图号	
筑设计有限公司	项目负责人		审核			专业	结构
证书编号	专业负责人		校对		结构设计总说明	日期	2022.06
师印章编号	注册师		设计			第 6 张　共 21 张	

10. 钢筋混凝土剪力墙

（1）当墙体厚度<400mm 时，墙内分布筋均为双排，钢筋之间用拉结钢筋连接，拉结钢筋直径：墙厚<250m 时为 6~8mm，墙厚>250mm 时为 8mm，横向和竖向间距均不大于 600mm，采用梅花型布置。

（2）墙上孔洞必须预留，不得后凿。除按结构施工图纸预留孔洞外，还应由各工种的施工人员根据各工种的施工图纸认真核对，确定无遗漏后才能浇灌混凝土。内钢筋由洞图中未注明洞边加筋者，按下述要求：如洞口尺寸<200mm 时，洞边不再设附加筋，墙边绕过，不得截断；当洞口尺寸>200mm 时设置洞口加筋。

11. 当柱混凝土强度等级高于梁混凝土一个等级时，梁柱节点处混凝土可随梁混凝土强度等级浇筑。当柱混凝土强度等级高于梁混凝土两个等级时，梁柱节点处混凝土应按柱混凝土强度等级浇筑。此时，应先浇筑柱的高等级混凝土，然后再浇筑梁的低等级混凝土。也可以同时浇筑，但应特别注意，不应使低等级混凝土扩散到高等级混凝土的结构部位中去，以确保高强混凝土结构质量，见图六。

12. 填充墙

（1）填充墙的材料平面位置见建筑图，不得随意更改。

（2）当首层填充墙下无基础梁或结构梁板时，墙下应做基础见图 1。

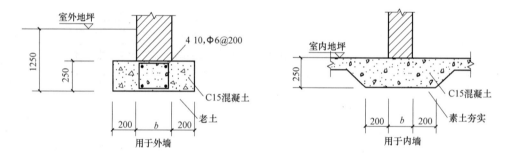

图 1

（3）砌体填充墙应沿墙体高度每隔 500mm 设 2φ6 拉筋，拉筋深入填充墙内长度不应小于墙长 1/5 且不小于 700mm，隔墙板构造及与主体结构的拉接做法详见各隔墙板相应构造图集。

（4）当砌体填充墙长度大于层高 2 倍或 5m 时，应在墙中部设置钢筋混凝土构造柱，且间距构造不大于 4m，柱配筋见图 5。构造柱上下端楼层处 400mm 高度范围内，箍筋间距加密到 @100。构造柱与楼面相交处在施工楼面时应留出相应插筋，见图 7。构造柱钢筋绑完后，应先砌墙，后浇筑混筑混凝土，在构造柱处，墙体中应留好拉结筋。浇筑构造柱混凝土前，应将柱根处杂物清理干净，压力水冲洗，后才浇筑。

（5）砌体

a. 外墙墙体。分户墙及楼梯间墙体均采用 06 级粉煤灰加气混凝土砌块厚度 200mm，其密度不应大于 700kg/m³，凡与土壤接触的砌体采用砖砌体。

梁	板	屋顶承重构件
.50	1.00	1.00

土女儿墙、挂板、栏板、沿口
2m 时，应设置伸缩缝。伸缩缝

严格遵守建筑施工图，不可随

，模板按跨度的 0.3% 起拱。

其余采用封闭形式，并做成
直线段弯钩在两排或三排钢筋

梁边 50mm 起。
筋应贯通布置，凡未在次梁两
3 组箍筋，箍筋肢数、直径同
梁配筋图中表示。吊筋大样见平

的下部纵向钢筋应置于主梁下

接头时，底部钢筋应在距支座
应在跨中 1/3 跨度范围内接

的洞，洞的位置应在梁跨中的
内，洞边及洞上下的配筋见平法

，模板按跨度的 0.2% 起拱：悬
高度不小于 20mm。
于柱截面在该方向宽度的 1/4
筋钢筋。
于 450mm 时，梁两侧应增设纵
详见平法图集，梁配筋平面图

梁两侧构造钢筋（二级）选用表

h_w/mm 梁宽/mm	450	500	550	600	650	700	750
小于等于 250	2Φ10	4Φ0			4Φ12	6Φ10	
300	2Φ14	4Φ10	4Φ12			6Φ10	
350	2Φ16	4Φ12				6Φ12	
400	2Φ16	4Φ12		4Φ14	4Φ14	6Φ12	
40	2Φ18	4Φ12		4Φ14		6Φ12	

梁腹板高度 h_w：当梁两侧为现浇板时，h_w 为梁有效高度减去板厚，其他情况取梁有效高度，介于两者之间时，按高度大者取用。

（10）各类悬挑梁的构造做法见平法图集。

8. 钢筋混凝土柱

（1）柱箍筋一般为复合箍，除拉结钢筋外均采用封闭形并作成 135° 弯钩，直钩长度为 10d。

（2）柱应按建筑施工图中填充墙的位置预留拉结筋。

（3）柱与现浇过梁、圈梁连接处，在柱内预留插铁，插铁伸出柱外皮长度为 1.2l_a（l_{aE}）锚入柱内长度为 l_a（l_{aE}）。

9. 柱的箍筋加密范围及间距

（1）柱根部：取柱截面高度、底层柱净高的 1/3 及 500mm 三者最大值。

（2）柱上、下端：取柱截面高度、柱净高的 1/6 及 500mm 三者最大值。

（3）刚性地坪上下各 500mm 范围内。

（4）柱净高与柱截面高度之比小于 4 的柱，取柱全高。

（5）柱受力筋搭接范围内箍筋加密。

（6）柱箍筋加密区的箍筋间距为 100mm，非加密区箍筋间距为 200mm。

筑设计有限公司	批准		审定		综合楼	图号	
	项目负责人		审核			专业	结构
证书编号	专业负责人		校对		结构设计总说明	日期	2022.06
师印章编号	注册师		设计			第 4 张 共 21 张	

2）钢板、型钢、钢管：Q235B Q345B 钢。

2. 焊条：HPB300 钢筋采用 E43××，HRB335、HRB400 钢筋采用 E50××型，钢筋与钢材焊接随钢筋定焊条。

3. 混凝土

项目名称	构件部位	混凝土强度等级	备注
全部	基础±0.000 及以下梁板柱	C30	
	其余梁柱板	C30	
所有项目	基础垫层	C15	
	圈梁 构造柱 现浇过梁	C25	
	标准构件		按标准图要求
	后浇带 膨胀带	采用高一级的膨胀混凝土	

注：地下部分混凝土最大碱含量应小于 3kg/m，最大氯离子含量应小于 0.2%，最小水泥用量 275kg/m，最大水灰比 0.55；地上工程混凝土最大氯离子含量应小于 1.0%，最小水泥用量 225kg/m，最大水灰比 0.65 二 a 类环境的混凝土最大碱含量应小于 3kg/m，最大氯离子含量应小于 0.3%，最小水泥用量 250kg/m，最大水灰比 0.60。

4. 砌体

构件部位	砌块强度等级	砂浆强度等级	备注
室内地面以下	MU10 蒸压灰砂砖	M5 水泥砂浆	
外墙及楼 电梯墙	MU5.0 加气混凝土砌块	M5 混合砂浆	
内隔墙	MU5.0 加气混凝土砌块	M5 混合砂浆	

十、钢筋混凝土结构构造
本工程混凝土主体结构体系类型及抗震等级见下表。

项目名称	结构类型	框架抗震等级	底部加强区范围
所有项目	框架	三	

本工程采用国家标准图《混凝土结构施工图平面整体表示方法制图规则和构造详图（现浇混凝土框架、剪力墙、梁、板)》（22G101-1）的表示方法。施工图中未注明的构造要求应按照标准图的有关要求执行。

7.《建筑地基基础设计规范》（GB 50007—2011）

8.《砌体结构设计规范》（GB 50003—2011）

本工程按现行国家设计标准进行设计，施工时除应遵守本说明及各设计图纸说明外，尚应严格遵守现行国家及工程所在地区的有关规范或规程。

六、本工程设计计算所采用的计算程序

采用"中国建筑科学研究院 PKPM 系列设计软件"进行结构整体分析。

七、设计采用的均布活载标准值

部　　位	活荷载 kN/m²	组合值系数	频遇值系数	准永久值系数
上人屋面	2.0	0.7	0.5	0.4
不上人屋面	0.5	0.7	0.5	0
办公室 宿舍 卫生间	2.0	0.7	0.5	0.4
挑出阳台	2.5	0.7	0.6	0.5
楼梯　走廊	2.5	0.7	0.6	0.5

八、地基基础

1. 本工程采用天然地基，持力层为第二层　地基承载力特征值为 $f_{ak} = 160 \text{kPa}$。

2. 当单柱独立基础的边长 $L \geqslant 2500$ 时，底板钢筋长度可取 $0.9L$，并交错布置。

3. 防潮层做法：20 厚的 1∶2.5 水泥砂浆内掺 5% 防水剂（质量比）。

4. 基底有高差时错台连接。

5. 基槽开挖至基底标高以上 200mm 时，应进行普遍钎探，并通知地质勘探监理设计等有关单位共同验槽，确定持力层准确无误后，方可进行下一道工序。

6. 本工程基坑较浅，开槽时应根据勘察报告提供的参数以及设计要求的标高进行。

7. 根据《建筑地基基础设计规范》（GB 50007—2011）要求，本工程不需进行沉降观测。

九、主要结构材料

1. 钢筋及钢材

1）钢筋为 HR400 热轧钢筋。

注：普通钢筋的抗拉强度实测值与屈服强度的实测值的比值不应小于 1.25；且钢筋的屈服强度实测值与强度标准值的比值不应大于 1.3，且钢筋在最大拉力下的总伸长率实测值不应小于 9%。

办公楼图纸目录

序号	图例	图号	图纸名称
1	结构	第 1 张	结构设计总说明
2	结构	第 2 张	结构设计总说明
3	结构	第 3 张	结构设计总说明
4	结构	第 4 张	结构设计总说明
5	结构	第 5 张	结构设计总说明
6	结构	第 6 张	结构设计总说明
7	结构	第 7 张	基础平面布置图
8	结构	第 8 张	基础平面布置图
9	结构	第 9 张	柱配筋图
10	结构	第 10 张	柱表图
11	结构	第 11 张	柱表及详图
12	结构	第 12 张	-0.050 层梁配筋图
13	结构	第 13 张	4.150 层梁配筋图
14	结构	第 14 张	7.750 层梁配筋图
15	结构	第 15 张	11.350 层梁配筋图
16	结构	第 16 张	4.150 层板配筋图
17	结构	第 17 张	7.750 层板配筋图
18	结构	第 18 张	11.350 层板配筋图
19	结构	第 19 张	楼梯详图
20	结构	第 20 张	楼梯详图及变更
21	结构	第 21 张	楼梯详图及变更

录

框架结构图纸实例

类别	设计编号	洞口尺寸/mm		采用标准图集	编号	备注
		宽	高			
门	M-1	6500	3500			塑钢门
	M-2	1200	2800			塑钢门
	M-3	1200	2400			用户自理
	M-4	800	2100			用户自理
	M-5	1000	2400			用户自理
	FM-1	1200	2400			乙级防火门
窗	C-1	1800	2600			塑钢窗
	C-2	1200	2600			塑钢窗
	C-3	1800	2000			塑钢窗
	C-4	1200	2000			塑钢窗
	FC-1	3800	2600			乙级防火窗
	MQ-1	6500	6200			塑钢窗

注：1. 门窗详图所注尺寸均为洞口尺寸，施工下料时须注意留出安装尺寸。

2. 玻璃为中空玻璃（6+9+6），气密性须满足要求。

3. 防火门性能必须符合防火规范要求，以满足防火要求。

4. 所采用玻璃均应由专业厂家经过强度计算后方可下料施工。

5. 外墙窗偏外安装，窗内留出用户自装防盗网的位置。

一、工程概况

高度/m	结构形式	基础类型	建筑面积/m²
11.400	框架	独立基础	

二、建筑结构的安全等级及设计使用年限

建筑结构的安全等级：二级设计使用年限：50 年

建筑抗震设防类：丙类

地基基础设计等级：丙级

三、自然条件

1. 基本风压：$W_0 = 0.55 \text{kN/m}^2$

地面粗糙度：B 类

2. 基本雪压：$S_0 = 0.40 \text{kN/m}^2$

3. 场地地震基本烈度；7 度设计地震分组：第二组抗震设防烈度；7 度建筑物场地土类别Ⅱ类设计基本地震加速度：0.10g 设计特征周期值：0.4s。

建筑设计有限公司	批准		审定		综合楼		图号	
	项目负责人		审核				专业	结构
证书编号	专业负责人		校对		结构设计总说明		日期	2022.06
师印章编号	注册师		设计				第 1 张	共 21 张

4. 场地标准冻深：0.50m。

5. 场地的工程地质及地下水条件：

（1）依据的岩土工程勘查报告为大地岩土有限公司提供的《办公楼场地岩土工程勘察报告书》。

（2）地形地貌：

本工程场地地貌地形较平坦，±0.000 地面绝对标高为 60.600m。

（3）地层岩性：地层岩性见下表。

层号	岩性	厚/m	ES200/MPa	ES300/MPa	f_{ak}/kPa	q_{sik}/kPa	q_{pk}/kPa
1	素填土	0.980					
2	粉土	1.670			160		
3	粗砂	0.700			180		
4	残积土	1.02			250		
5	强风化片麻岩	1.550			400		

（4）地下水：未见地下水出露。

（5）建筑场地类别：Ⅱ。

（6）地基基础方案建设：勘察报告中建议：该工程采用天然地基，以第（2）层做持力层，地基承载力特征值为：$f_{ak}=160$kPa。

6. 本工程 ±0.000 以上的混凝土结构为一类环境，厕所、卫生间混凝土结构为二 a 类环境 ±0.000 以下及露天环境的混凝土结构为二 b 类环境。

四、本工程相对标高 ±0.000 相当于绝对高程 60.600

五、本工程设计遵循的标准 规范 规程：

1.《建筑结构可靠性设计统一标准》（GB 50068—2018）

2.《建筑工程抗震设防分类标准》（GB 50223—2008）

3.《建筑结构荷载规范》（GB 50009—2012）

4.《混凝土结构设计规范》（2015 年版）（GB 50010—2010）

5.《建筑抗震设计规范》及 2016 年局部修订（GB 50011—2010）

6.《高层建筑钢筋混凝土结构技术规程》（JGJ 3—2010）

1. 受力钢筋的混凝土保护层最小厚度

环境类别		板、墙		梁、柱	
		≤C25	C30~C45	≤C25	C25~C45
一		20	15	25	20
二	a	—	20	—	25
	b	—	25	—	35
三 a		—	30	—	40

注：1. 最外层钢筋筋外边缘至混凝土表面的距离，除符合表中的规定外，不应小于钢筋的公称直径。

2. 机械连接接头连接件的混凝土保护层厚度应满足受力钢筋最小保护层厚度的要求，连接件间的横向净距不宜小于 25mm。

3. 本工程地处沿海地区，受轻微海风影响，梁、柱混凝土保护层厚度取值 25mm。

2. 钢筋接头形式及要求

（1）框架梁、框架柱、剪力墙、暗柱主筋采用直螺纹机械连接接头。其余构件当受力钢筋直径>22mm 时，应采用直螺纹机械连接接头；当受力钢筋直径<22mm 时，可采用绑扎连接接头。

（2）接头位置宜设置在受力较小处，在同一根钢筋上宜少设接头。

（3）受力钢筋接头的位置应相互错开，当采用机械接头时，在任一 $35d$ 区段内，和当采用绑扎搭接接头时，在任一 1.3 倍搭接长度的区段内，有接头的受力钢筋截面面积占受力钢筋总截面面积的百分率应符合下表要求。

接头形式	受拉区接头数量(%)	受压区接头数量(%)
机械连接	50	不限
绑扎连接	25	50

筑设计有限公司	批准		审定		综合楼	图号	
	项目负责人		审核			专业	结构
证书编号	专业负责人		校对		结构设计总说明	日期	2022.06
师印章编号	注册师		设计			第 3 张　共 21 张	

3. 纵向钢筋的锚固长度搭接长度

（1）纵向钢筋的锚固长度见平法图集。

（2）纵向钢筋的搭接长度。

纵向钢筋的搭接接头百分（%）	<25	50	100
纵向受拉钢筋的搭接长度	$1.2l_a(l_{aE})$	$1.4l_a(l_{aE})$	$1.6l_a(l_{aE})$
纵向受压钢筋的搭接长度	$0.85l_a(l_{aE})$	$1.0l_a(l_{aE})$	$1.13l_a(l_{aE})$

受拉钢筋搭接长度不应小于 300mm，受压钢筋搭接长度不应小于 200mm。

4. 现浇钢筋混凝土板除施工图中有特别规定者外，板的施工应符合以下要求：

（1）板的底部钢筋伸入支座长度应 >5d，且应伸入到支座中心线。

（2）板的边支座和中间支座板顶标高不同时，负筋在梁或墙内的锚固应满足受拉钢筋最小锚固长度 l_a。

（3）双向板的底部钢筋，短跨钢筋置于下排，长跨钢筋置于上排。

（4）当板底与梁底平时，板的下部钢筋伸入梁内须弯折置于梁下部纵向钢筋之上。

（5）板上孔洞应预留，一般结构平面图中只表示出洞口尺寸 >300mm 的孔洞，施工时各工种必须根据各专业图纸配合土建预留全部孔洞，不得后凿。当孔洞尺寸 <300mm 时，洞边不再另加钢筋，板内外钢筋由洞边绕过，不得截断；当洞口尺 >300mm 时，应设洞边加筋，按平面图示出的要求施工。未交代时，一般要求加筋的长度为：单向板受力方向或双向板的两个方向沿跨度通长，并锚入支座 >5d，到支座中心线。单向板非受力方向的洞口加筋长度为洞口宽加两侧各 40d，且应放置在受力钢筋之上。

（6）图中注明的后浇板，当注明配筋时，钢筋不断；未注明配筋时，均双向配 10@200 置于板底，待设备安装完毕后，再用同强度等级的混凝土浇筑，板厚同周围板。

（7）板内分布钢筋，除注明者外见下表。

楼板厚度/mm	80~90	100~150	150~200	200~250
分布钢筋/mm	6@200	8@200	8@150	10@200

5. 建筑物的耐火等级：2 级

6. 建筑构件的耐火极限（h

名称	柱
耐火极限/h	2.50

（1）对于外露的现浇钢筋混等构件，当其水平直线长度超过间距 <12m。

（2）楼板上后砌隔墙的位置意砌筑。

（3）板跨度大于或等于 5m

7. 钢筋混凝土梁：

（1）梁内箍筋除单肢箍夕135°，纵向钢筋为多排时，应增以下弯折。

（2）梁内第一根箍筋距柱边

（3）主梁内在次梁作用处，侧注明箍筋者，均在次梁两侧各梁箍筋，间距 50mm。次梁吊筋法图集。

（4）主次梁高度相同时，次部纵向钢筋之上。

（5）梁的纵向钢筋需要设1/3 跨度范围内接头，上部钢头 50%。

（6）在梁跨中开不大于 φ2/3 范围内，梁高的中间 1/3 范图集。

（7）梁跨度大于或等于 4m臂梁按悬臂长度的 0.4% 起拱，

（8）梁、柱中心线之偏心时，梁在水平方向加掖，并配置

（9）当梁腹板高度 h_w 大于向构造钢筋，配筋总数详下表中不再另行标注。

b. 粉煤灰加气混凝土砌体：采用 06 级粉煤灰加气混凝土砌块与 M5 混合砂浆砌筑。

砖砌体：地面以下采用 M5 水泥砂浆砌 MU10 蒸压灰砂砖，地面以上采用 M5 混合砂浆砌 MUl0 蒸压灰砂砖。

c. 砌体施工质量控制等级为 B 级。

（6）填充墙应在主体结构施工完毕后，由上而下逐层砌筑，或将填充墙砌筑至梁、板底附近，见图 2，最后再由上而下按下述（8）条要求完成。

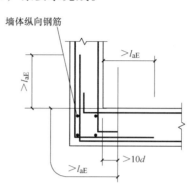

图 2

（7）填充墙洞口过梁可根据建施图纸的洞口尺寸按《钢筋混凝土过梁》（G322—1~4）选用，荷载按一级取用。当洞口紧贴柱或钢筋混凝土墙时，过梁改为现浇，施工主体结构时，在柱（墙）内预留插筋。现浇过梁截面下表。

门窗过梁选用表

门窗洞口宽度/mm	<1200			>1200 且<2400			>2400 且<3600		
断面 $\frac{b}{mm} \times \frac{h}{mm}$	$b \times 150$			$b \times 180$			$b \times 300$		
配筋 墙厚/mm	①	②	③	①	②	③	①	②	③
$b=150$	2Φ10	2Φ12	Φ6@200		2Φ12	Φ6@200	2Φ12	3Φ12	Φ6@200
150<b<240	2Φ10	3Φ12	Φ6@200	2Φ12	3Φ12	Φ6@200	2Φ12	3Φ14	Φ6@150
$b=300$	2Φ12	3Φ12	Φ6@200	2Φ12	3Φ14	Φ6@200	2Φ12	4Φ14	Φ8@200

筑设计有限公司	批准		审定		综合楼	图号	
	项目负责人		审核			专业	结构
正书编号	专业负责人		校对		结构设计总说明	日期	2022.06
印章编号	注册师		设计			第 5 张	共 21 张

当门窗过梁与框架梁重叠时，按图3（右图）施工。

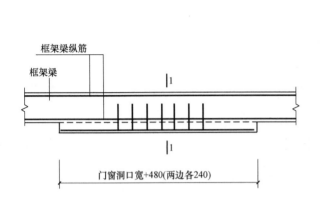
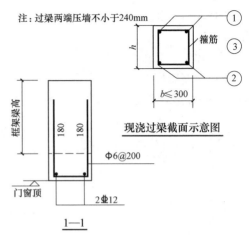

注：过梁两端压墙不小于240mm

箍筋

现浇过梁截面示意图

门窗顶

2Φ12

Φ6@200

框架梁纵筋

框架梁

门窗洞口宽+480(两边各240)

1—1

图3

（8）当砌体填充墙高度大于4m时，应设钢筋混凝土圈梁。做法为：内墙门洞上设一道，兼作过梁；外墙窗及窗顶处各设一道。内墙圈梁宽度同墙厚，高度120mm。外墙圈梁宽度见建筑墙身剖面图，高度180mm。圈梁宽度 $b<240$mm 时，配筋上下各 2Φ12，Φ6@200 箍；$b>240$mm 时，配筋上下各 2Φ14，Φ6@200 箍。圈梁兼作过梁时，应在洞口上方按过梁要求确定截面并另加钢筋。

（9）填充墙砌至板、梁底附近后，应待砌体沉实后再用斜砌法把下部砌体与上部板、梁间用砌块逐块敲紧填实，构造柱顶采用干硬性混凝土捻实。对于长度大于5.0m的填充墙，应按相关标准设连接件紧固。

（10）除图中所示位置，砌体填充墙在下列情况下应设置钢筋混凝土构造柱：

1）宽度大于2m的洞口两侧。

2）长度超过2.5m的独立墙体的端部。

3）当墙体长度超过2倍层高或5m时，应在墙中间设置构造柱，且间距不大于4m。

4）外墙的阳角（包括悬挑结构的阳角）应设置构造柱。

构造柱详图见图7。

构造柱钢筋在上、下梁或女儿墙压顶内应满足锚固长度要求，女儿墙压顶详图4。

（11）屋顶女儿墙内设女儿墙构造柱，在框架柱处设置一道另外由框架梁设增强构造柱，间距不大于3.0m，截面尺寸配筋见图5。

13. 预埋件

所有钢筋混凝土构件均应符合各工种的要求，如建筑吊顶、门窗、栏杆、管道吊架等设置预埋埋件。各工种应配合土建施工，将需要的埋件留全。

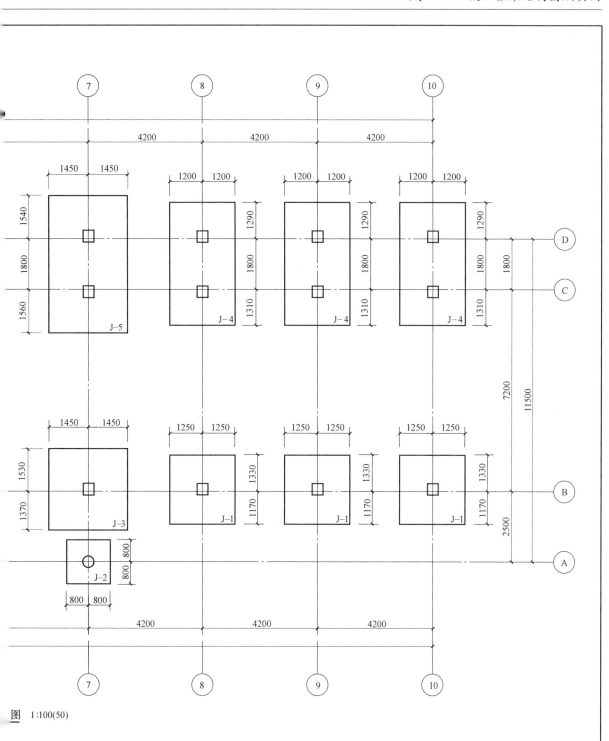

图　1:100(50)

筑设计有限公司	批准		审定		综合楼		图号	
	项目负责人		审核				专业	结构
正书编号	专业负责人		校对		基础平面布置图		日期	2022.06
师印章编号	注册师		设计				第 7 张　共 21 张	

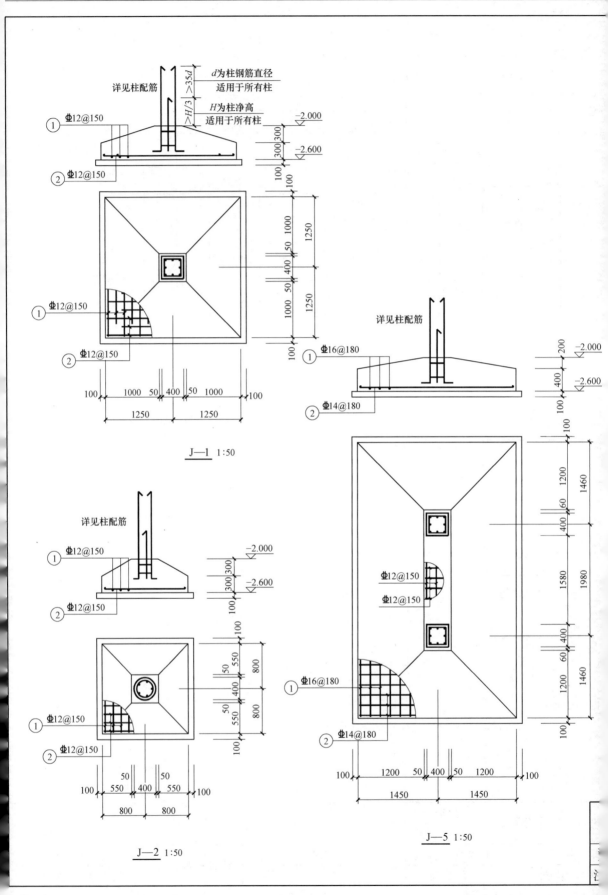

详见柱配筋

Ⓛ ⊕12@150

Ⓛ ⊕12@150

② ⊕12@150

*d*为柱钢筋直径
适用于所有柱

*H*为柱净高
适用于所有柱

>35*d*

>*H*/3

−2.000

−2.600

② ⊕12@150

Ⓛ ⊕12@150

② ⊕12@150

J—1 1:50

详见柱配筋

Ⓛ ⊕16@180

② ⊕14@180

−2.000

−2.600

详见柱配筋

Ⓛ ⊕12@150

② ⊕12@150

−2.000

−2.600

Ⓛ ⊕12@150

② ⊕12@150

⊕12@150

⊕12@150

Ⓛ ⊕16@180

② ⊕14@180

J—2 1:50

J—5 1:50

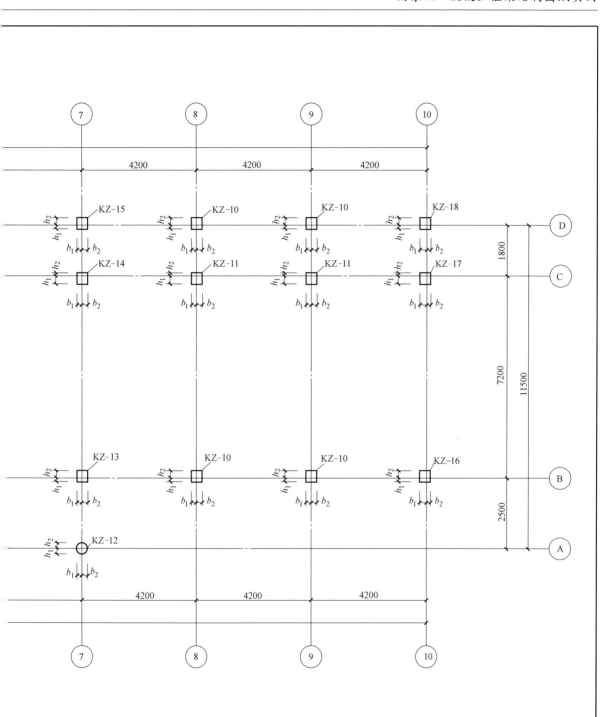

筑设计有限公司	批准		审定		综合楼		图号	
	项目负责人		审核				专业	结构
E书编号	专业负责人		校对		柱配筋图		日期	2022.06
印章编号	注册师		设计				第 9 张	共 21 张

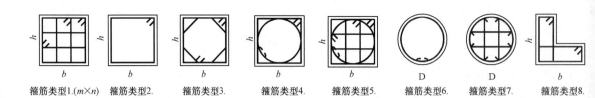

箍筋类型1.(m×n)　　箍筋类型2.　　箍筋类型3.　　箍筋类型4.　　箍筋类型5.　　箍筋类型6.　　箍筋类型7.　　箍筋类型8.

柱号	标　　高	$b×h(b_i×b_i)$（圆柱直径 D）/mm	b_1/mm	b_2/mm	h_1/mm	h_2/mm	全部纵筋	角筋	b 边一侧中部筋	h 边一侧中部筋
KZ-1	基础顶~-0.050	400×400	120	280	120	280	8 Φ 18			
	-0.050~4.150	400×400	120	280	120	280	8 Φ 18			
	4.150~11.350	400×400	120	280	120	280		4 Φ 18	1 Φ 16	1 Φ 16
KZ-2	基础顶~-0.050	400×400	120	280	300	100		4 Φ 20	1 Φ 20	1 Φ 18
	-0.050~4.150	400×400	120	280	300	100		4 Φ 20	1 Φ 20	1 Φ 18
	4.150~7.750	400×400	120	280	300	100		4 Φ 18	1 Φ 16	1 Φ 16
	7.750~11.350	400×400	120	280	300	100	8 Φ 16			
KZ-3	基础顶~-0.050	400×400	120	280	120	280	8 Φ 16			
	-0.050~4.150	400×400	120	280	120	280	8 Φ 16			
	4.150~11.350	400×400	120	280	120	280	8 Φ 16			
KZ-4	基础顶~-0.050	400×400	300	100	120	280	8 Φ 20			
	-0.050~4.150	400×400	300	100	120	280	8 Φ 20			
	4.150~11.350	400×400	300	100	120	280		4 Φ 18	1 Φ 16	1 Φ 16
KZ-5	基础顶~-0.050	400×400	300	100	300	100	8 Φ 22			
	-0.050~4.150	400×400	300	100	300	100	8 Φ 22			
	4.150~11.350	400×400	300	100	300	100	8 Φ 18			
KZ-6	基础顶~-0.050	400×400	300	100	120	280	8 Φ 16			
	-0.050~11.350	400×400	300	100	120	280	8 Φ 16			
KZ-7	基础顶~-0.050	400×400	100	300	120	280		4 Φ 18	1 Φ 18	1 Φ 16
	-0.050~4.150	400×400	100	300	120	280		4 Φ 18	1 Φ 18	1 Φ 16
	4.150~11.350	400×400	100	300	120	280	8 Φ 16			
KZ-8	基础顶~-0.050	400×400	100	300	300	100		4 Φ 20	1 Φ 18	1 Φ 18
	-0.050~4.150	400×400	100	300	300	100		4 Φ 20	1 Φ 18	1 Φ 18
	4.150~11.350	400×400	100	300	300	100	8 Φ 16			
KZ-9	基础顶~-0.050	400×400	100	300	120	280	8 Φ 16			
	-0.050~11.350	400×400	100	300	120	280	8 Φ 16			
KZ-10	基础顶~-0.050	400×400	200	200	120	280	8 Φ 16			
	-0.050~11.350	400×400	200	200	120	280	8 Φ 16			

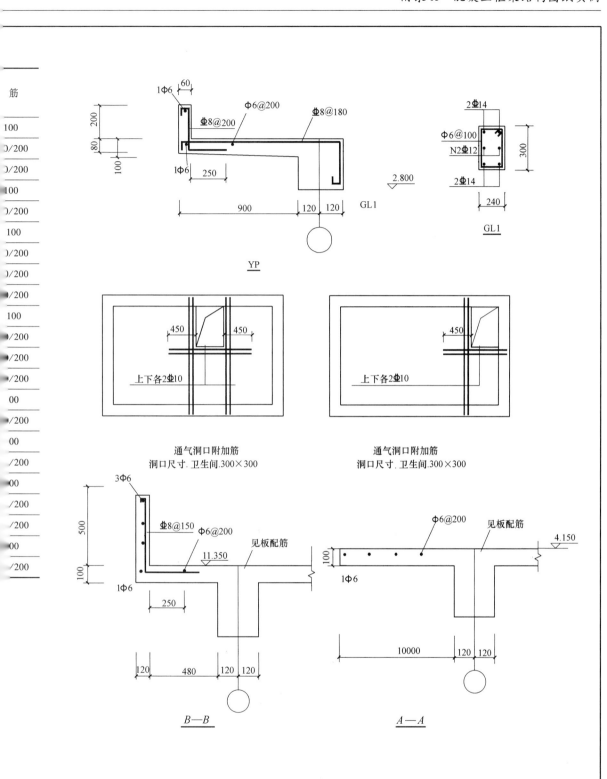

YP

GL1

GL1

通气洞口附加筋
洞口尺寸.卫生间.300×300

通气洞口附加筋
洞口尺寸.卫生间.300×300

上下各2Φ10

上下各2Φ10

B—B

A—A

见板配筋

见板配筋

筑设计有限公司	批准		审定		综合楼	图号	
	项目负责人		审核			专业	结构
正书编号	专业负责人		校对		柱表及详图	日期	2022.06
印章编号	注册师		设计			第 11 张　共 21 张	

11

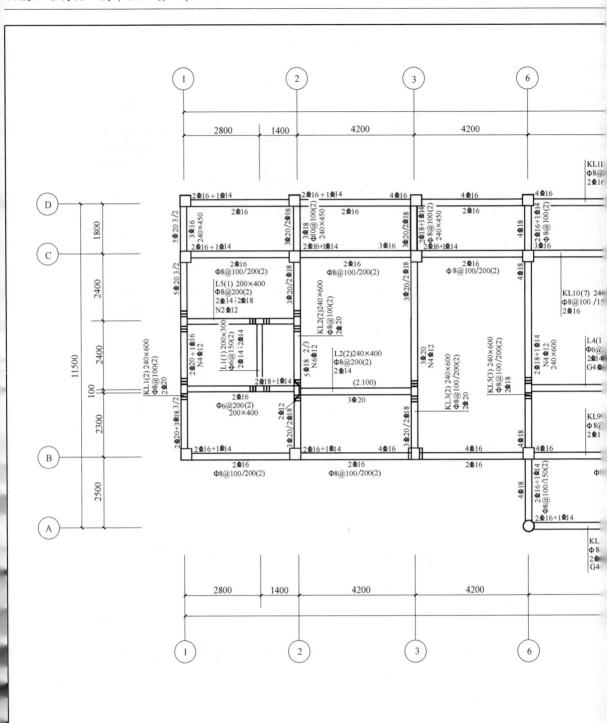

−0.050m楼层梁配筋图 1:100

除注明者外梁与梁相交附加箍筋均为根直径及肢数同所在梁
除注明者外梁沿轴线居中或与柱边齐
梁边跨只在跨中标注钢筋,表示该钢筋在本跨通长
外围梁底换填300厚炉渣

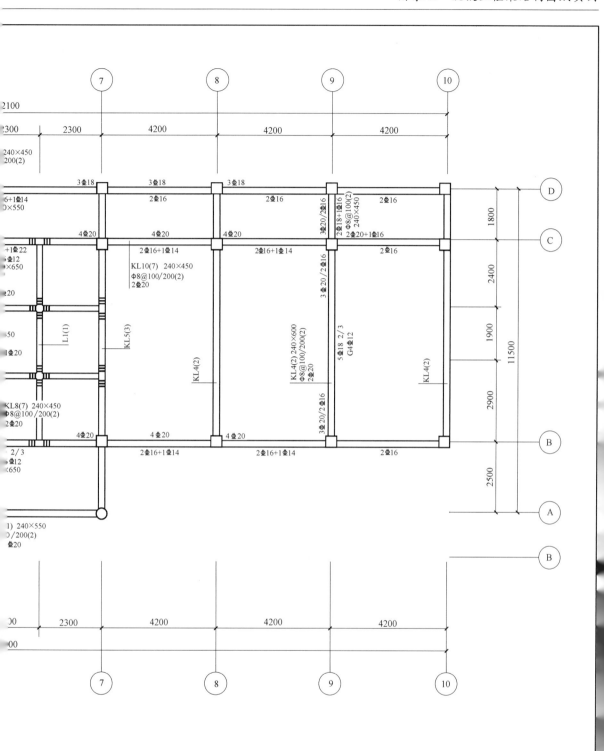

筑设计有限公司	批准		审定		综合楼	图号	
	项目负责人		审核			专业	结构
E书编号	专业负责人		校对		梁配筋图	日期	2022.06
印章编号	注册师		设计			第 13 张　共 21 张	

13

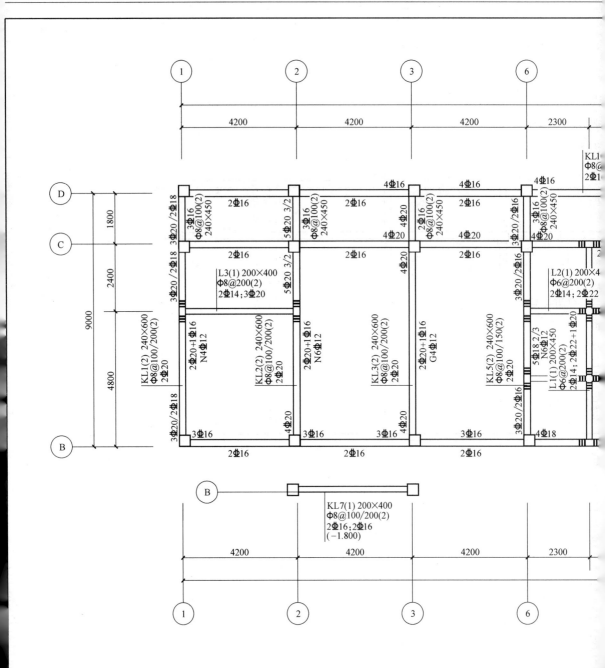

7.750m 楼层梁配筋

除注明者外梁与梁相交附加箍筋均为6根

除注明者外梁沿轴线居中或柱边齐

梁边跨只在跨中标注钢筋，表示该钢筋在

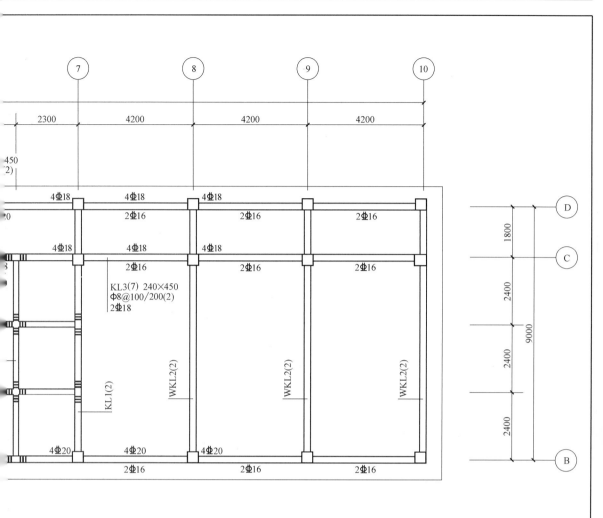

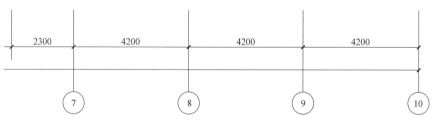

同所在梁

设计有限公司	批准		审定		综合楼	图号	
	项目负责人		审核			专业	结构
书编号	专业负责人		校对		梁配筋图	日期	2022.06
印章编号	注册师		设计			第 15 张	共 21 张

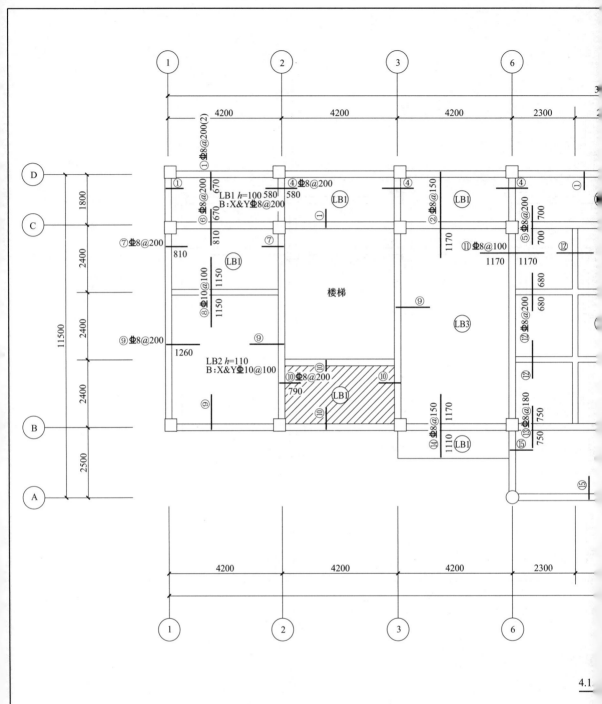

卫生间楼面结构标高根据建筑施工图要求现场调节
相同房间洞口的洞口加强筋相同，定位见建筑

 区格的板顶标高为2.050m

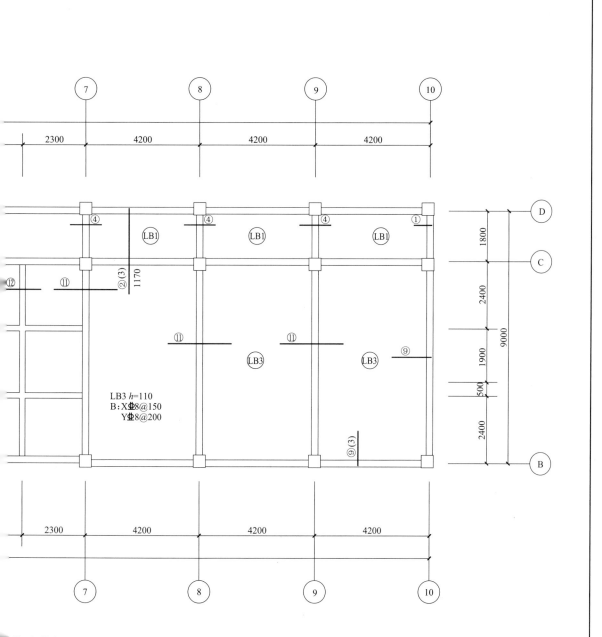

结构平面图 1:100

LB3 h=110
B:XΦ8@150
YΦ8@200

设计有限公司	批准		审定		综合楼		图号	
	项目负责人		审核				专业	结构
书编号	专业负责人		校对		板配筋图		日期	2022.06
印章编号	注册师		设计				第 17 张　共 21 张	

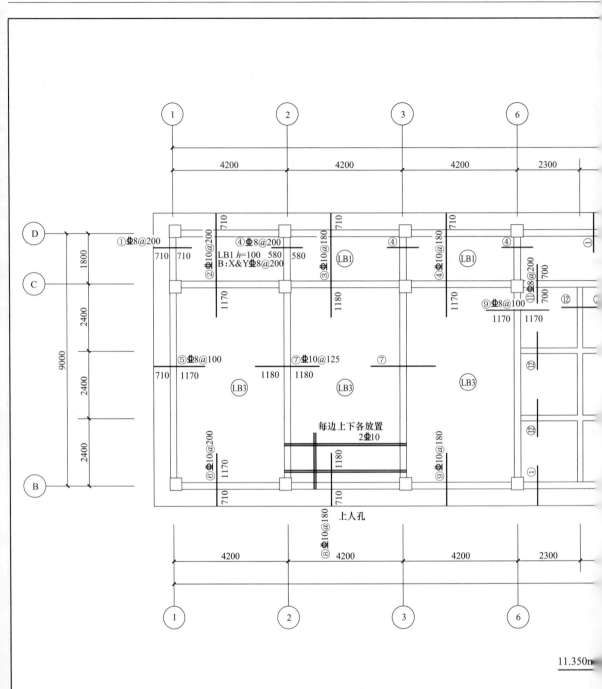

相同房间洞口的洞口加强筋相同，定位见建筑

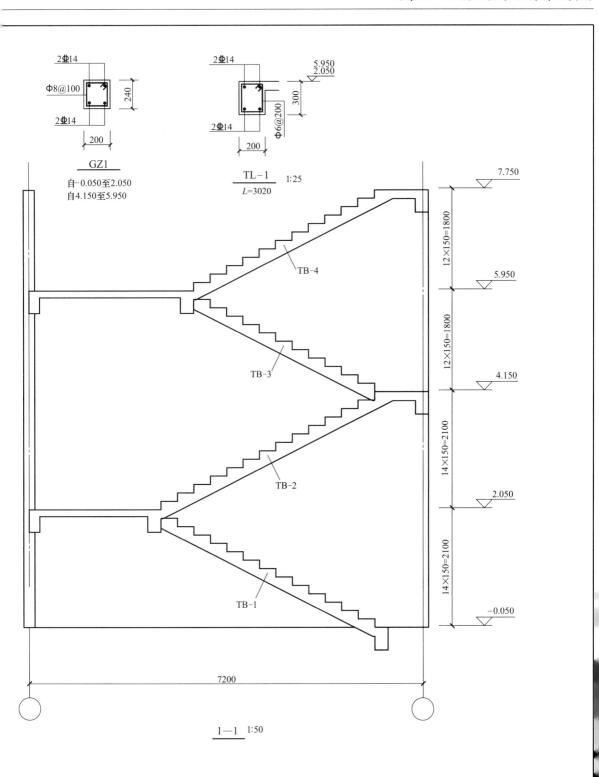

GZ1

自-0.050至2.050
自4.150至5.950

$\dfrac{TL-1}{L=3020}$ 1:25

$\dfrac{1-1}{}$ 1:50

设计有限公司	批准		审定		综合楼		图号	
	项目负责人		审核				专业	结构
书编号	专业负责人		校对		楼梯详图		日期	2022.06
印章编号	注册师		设计				第 19 张	共 21 张

19

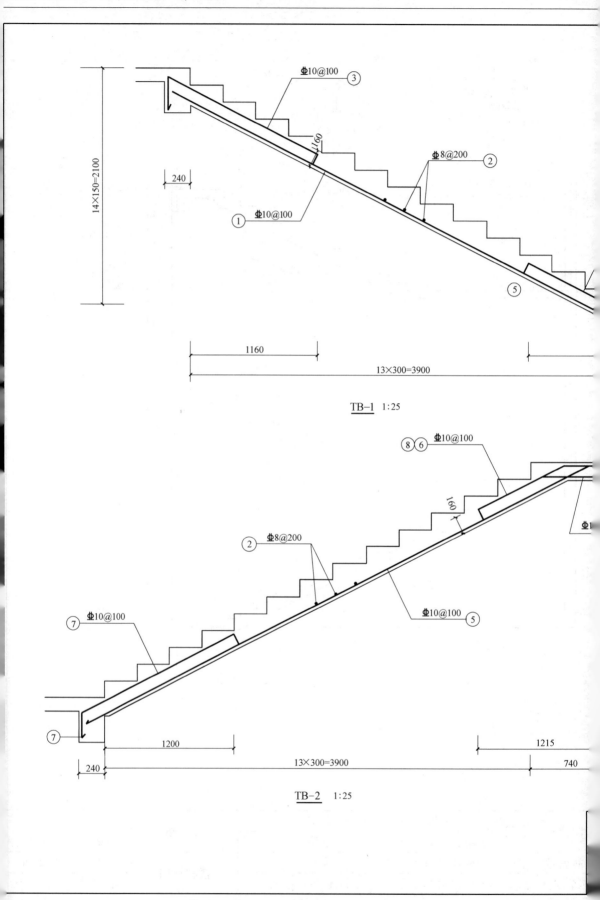

TB–1 1:25

TB–2 1:25

根据甲方要求，A、B轴间尺寸由2500mm改为4200mm

1.基础图中J-3尺寸由2900mm×2900mm改为3100mm×3100mm,配筋不变

2.KZ-14纵筋全部改为8Φ20

3.梁板配筋做如下调整

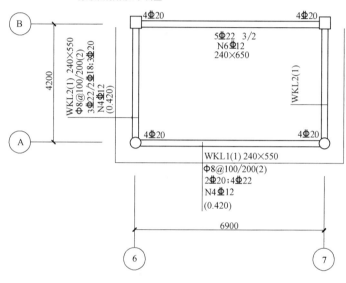

4.150m楼层梁局部变更　1:100

梁上筋不能直通时 伸至柱远边并弯下

其长度应满足l_{aE}

本层梁单独编号

注:根据甲方要求做此变更
变更以最后版为准

设计有限公司	批准		审定		综合楼		图号	
	项目负责人		审核				专业	结构
书编号	专业负责人		校对		楼梯详图及		日期	2022.06
印章编号	注册师		设计		变更图		第 21 张	共 21 张

一、单项选择题（30×1 分 = 30 分）

1. 下列关于梁平法施工图制图规则的论述中正确的是（　　）。

A. 梁采用平面注写方式时，集中标注取值优先

B. 梁原位标注的支座上部纵筋是指该部位不含通长筋在内的所有纵筋

C. 梁集中标注中受扭钢筋用 G 打头表示

D. 梁编号由梁类型代号、序号、跨数及有无悬挑代号几项组成

2. 梁编号为 WKL 代表（　　）。

A. 屋面框架梁　　　　　B. 框架梁　　　　　C. 框支梁　　　　　D. 悬挑梁

3. 下面说法错误的是（　　）。

A. KL1（4）表示第 1 号框架梁，4 跨，无悬挑

B. WKL1（3A）表示第 1 号屋面框架梁，3 跨，一端有悬挑

C. XL2 表示第 2 号现浇梁

D. L 表示非框架梁

4. JZL1（2A）表示（　　）。

A. 第 1 号井字梁，2 跨，一端有悬挑　　　　B. 第 1 号井字梁，2 跨，两端有悬挑

C. 第 1 号简支梁，2 跨，一端有悬挑　　　　D. 第 1 号简支梁，2 跨，两端有悬挑

5. 图纸中标注的 KL7（3）300×700 Y500×250 表示（　　）。

A. 第 7 号框架梁，3 跨，截面尺寸为宽 300、高 700，第 3 跨变截面根部高 500、端部高 250

B. 第 7 号框架梁，3 跨，截面尺寸为宽 700、高 300，第 3 跨变截面根部高 500、端部高 250

C. 第 7 号框架梁，3 跨，截面尺寸为宽 300、高 700，水平加腋，腋长 500、腋宽 250

D. 第 7 号框架梁，3 跨，截面尺寸为宽 300、高 700，竖向加腋，腋长 500、腋高 250

6. 当梁上部纵筋多于一排时，用（　　）符号将各排钢筋自上而下分开。

A. ／　　　　　　　B. ；　　　　　　　C. ×　　　　　　　D. +

7. 梁中同排纵筋直径有两种时，用（　　）符号将两种纵筋相连，注写时将角部纵筋写在前面。

A. ／　　　　　　　B. ；　　　　　　　C. ×　　　　　　　D. +

8. 框架梁平法施工图中集中标注内容的选注值为（　　）。

A. 梁编号　　　　　B. 梁截面尺寸　　　　　C. 梁箍筋　　　　　D. 梁顶面标高高差

9. 平法表示中，若某梁箍筋为 A8@ 100/200(4)，则括号中 4 表示（　　）。

A. 有四根箍筋间距 200　　　　　　　　B. 箍筋肢数为四肢

C. 有四根箍筋加密　　　　　　　　　　D. 都不对

10. 梁的上部有 4 根纵筋，2C25 放在角部，2C12 放在中部作为架立筋，在集中标注中应注写（　　）。

A. 2C25+2C12　　　B. 2C25+（2C12）　　　C. 2C25；2C12　　　D. 2C25；（2C12）

11. 架立钢筋同梁支座上部非贯通纵筋的搭接长度为（　　）。

A. 15d　　　　　　　B. 12d　　　　　　　C. 150　　　　　　　D. 250

12. 梁的上部钢筋第一排全部为 4 根通长筋，第二排为 2 根支座非贯通筋，2 根支座非贯通筋

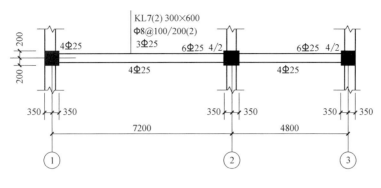

图 B-1

三、解释下列梁标注的含义（5×2 分 = 10 分）

1. KL8（6A）：

2. 悬挑梁截面 300×700/500：

3. 梁箍筋 A10@ 100/200（4）：

4. 梁支座上部纵筋注写为 6C25 4/2：

5. 梁下部纵筋注写为 6C25 2（-2）/4：

四、判断题（10×1 分 = 10 分）

1. KL8（5A）表示第 8 号框架梁，5 跨，一端有悬挑。　　　　　　　　　　　　　（　　）
2. 梁集中标注中的（-0.100）表示梁顶面比楼板顶面低 0.100m。　　　　　　　　（　　）
3. 图集 22G101-1 规定，悬挑梁 XL 根部与端部截面高度不同时，梁平法施工图中注写为 h_1/h_2，中 h_1 表示悬挑端部的截面高度，h_2 表示悬挑根部的截面高度。　　　　　　（　　）
4. 梁中的架立钢筋属于上部受力钢筋。　　　　　　　　　　　　　　　　　　　（　　）
5. 同一编号的多跨梁结构中，当某一跨的钢筋信息不同于其他跨的时候，此根梁不适合进行集标注。　　　　　　　　　　　　　　　　　　　　　　　　　　　　　　　　　　（　　）
6. 缺省对称原则是指当某跨梁两边的支座上部纵筋相同时，可仅在一边的支座标注配筋值，另边省去不注。　　　　　　　　　　　　　　　　　　　　　　　　　　　　　　　　（　　）
7. 梁侧面抗扭纵筋在端支座的锚固长度为 $l_{aE}(l_a)$，锚固方式同框架梁下部纵筋。　（　　）
8. 梁附加吊筋弯起角度有 30°、45°和 60°。　　　　　　　　　　　　　　　　　（　　）
9. 图集 22G101-1 规定，梁支座负筋标注为 2B16+2B18 时，则 2B16 应为角部钢筋，2B18 应为部筋。　　　　　　　　　　　　　　　　　　　　　　　　　　　　　　　　　　（　　）
10. 纯悬挑梁（XL）和各类梁的悬挑端的受力钢筋是上部纵筋。　　　　　　　　（　　）

五、绘制梁钢筋排布图（2×5 分 = 10 分）

依据梁配筋平面图（图 B-2），画出截面 1、截面 2 的钢筋排布图。

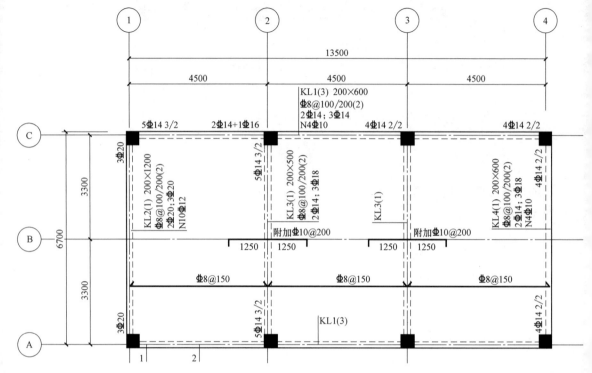

图 B-2　梁配筋平面图

9. 有梁楼盖楼面板下部钢筋的接头位置宜在距支座（　　）净跨内。

A. 1/2　　　　　　　B. 1/4　　　　　　　C. 1/3　　　　　　　D. 1/5

10. 当板纵向钢筋采用非接触方式的搭接连接时，其搭接部位的钢筋净距不宜小于（　　），且筋中心距不应大于 $0.2l_1$ 及 150 的较小者。

A. 20mm　　　　　　B. 25mm　　　　　　C. 30mm　　　　　　D. 50mm

11. 板中抗裂构造钢筋自身及其与受力主筋搭接长度为（　　）。

A. 100mm　　　　　B. 150mm　　　　　C. 200mm　　　　　D. l_1

12. 板中钢筋根数的计算，由于板的第一根钢筋距离梁边为（　　）钢筋排布间距，所以板的数都是梁的净跨/板间距。

A. 1/2　　　　　　　B. 1/3　　　　　　　C. 2/3　　　　　　　D. 1/4

13. 补强钢筋应注写规格、数量和长度，当设计未注写时，x 向和 y 向分别每边配置（　　）直不小于（　　）且不小于同向被切断的纵向钢筋总截面积的50%补强。

A. 1 根；10mm　　　B. 1 根；12mm　　　C. 2 根；10mm　　　D. 2 根；12mm

14. 板贯通纵筋的连接要求为同一连接区段内钢筋接头百分率不宜大于（　　）。

A. 25%　　　　　　　B. 35%　　　　　　　C. 50%　　　　　　　D. 20%

15. 板开洞的引注，当矩形洞口边长尺寸或圆形洞口直径（　　）时，且洞边无集中荷载作用洞口补强钢筋可按标准构造的规定设置。

A. ≤300mm　　　　　B. ≤500mm　　　　　C. ≤800mm　　　　　D. ≤1000mm

16. 关于楼板配筋错误的是（　　）。

A. 楼板的配筋有"单向板"和"双向板"两种

B. 单向板在一个方向上布置"受力钢筋"，而在另一个方向上配置"分布钢筋"

C. 双向板在两个互相垂直的方向上都布置"受力钢筋"

D. 双层双向布筋就是在板的下部布置贯通纵筋，在板上部周边布置"板支座非贯通钢筋"

17. 当板的端支座为剪力墙时（中间层），板上部贯通纵筋在构造要求应伸至（　　）的内侧，向下弯折15d。

A. 墙中线　　　　　　　　　　　　B. 墙身外侧水平分布筋

C. 墙身外侧垂直分布筋　　　　　　D. 拉筋

18. 当板的端支座为剪力墙时（中间层），板支座上部非贯通纵筋伸入支座内平直段长度不小于（　　）。

A. 5d　　　　　　　　　　　　　　B. 墙厚/2

C. 墙厚-保护层-墙外侧竖向分布筋直径　　D. $0.4l_{ab}$

19. 悬挑板原位标注的内容是（　　），这些钢筋是垂直于梁（墙）的，是悬挑板的主要受力方。

A. 上部贯通纵筋　　　　　　　　　B. 下部贯通纵筋

C. 构造钢筋　　　　　　　　　　　D. 上部非贯通纵筋

20. 关于板结构平面的坐标方向说法正确的是。（　　）

A. 当两向轴网正交布置时，图面从左至右为 x 向，从上至下为 y 向

B. 当轴网转折时，局部坐标方向顺轴网转折角度做相应转折

C. 当轴网向心布置时，切向为 X 向，径向为 Y 向

D. 对于平面布置比较复杂的区域，其平面坐标方向应由设计者另行规定并在图上明确表示

二、填空题（15×2 分＝30 分）

1. 在平法施工图上，板的上部钢筋用大写字母_____表示，下部钢筋用大写字母_____表示。

2. 板支座原位标注的钢筋，应在配置相同跨的_____。垂直于板支座绘制一段适宜长的_____，以该段线段代表支座上部非贯通筋。

3. 板的上部已配置有贯通纵筋，但需增配板支座上部非贯通纵筋时，应结合以配置的同向贯纵筋的直径与间距采取_____方式布置。

4. 与支座同向的楼板下部贯通纵筋，第一根钢筋在距支座边_____处开始设置。

5. 单向板的长短边之比_____，双向板的长短边之比_____。

6. 板平面注写主要包括_____和_____。

7. 板中的贯通筋采用两种规则钢筋"隔一布一"方式时，表达为_____。

8. 当板支座为弧形，支座上部非贯通纵筋呈放射状分布时，设计者应注明配筋间距的度量位并加注_____四字。

9. 当相邻两跨的板上部贯通纵筋配置相同，且跨中部位有足够空间连接时，可在两跨任意一的_____部位连接。

10. 板支座原位标注的内容为_____和_____。

三、解释代号的含义（5×4 分＝20 分）

1. 解释下列板标注的含义

（1）⑦A12@100（5B）和 1500：

（2）A10/12@100：

（3）板上部已配置贯通纵筋 A12@250，该同向跨配置的上部支座非贯通纵筋为⑤A12@2和 800：

2. 图 C-3 板钢筋标注各表达什么含义。

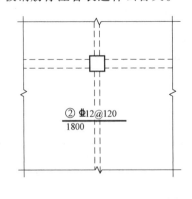
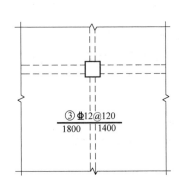

图 C-3

四、判断题（10×1 分＝10 分）

1. 现浇板式结构中，长向钢筋应放置在短向钢筋的下方。　　　　　　　　　　（

14. 中柱顶层节点构造，当不能直锚时需要伸到节点顶后弯折，其弯折长度为（　　　）。

A. 15d　　　　　　B. 12d　　　　　　C. 150　　　　　　D. 250

15. 柱的第一根箍筋距基础顶面的距离是（　　　）。

A. 50mm　　　　　B. 100mm　　　　　C. 箍筋加密区间距　　D. 箍筋加密区间距/2

16. 下柱钢筋比上柱钢筋多时，下柱比上柱多出的钢筋应如何构造？（　　）

A. 到节点底向上伸入 l_{aE}　　　　　　　　B. 伸至节点顶减保护层弯折 15d

C. 到节点底向上伸入 1.2l_{aE}　　　　　　D. 到节点底向上伸入 1.5l_{aE}

17. 上柱钢筋比下柱钢筋多时，上柱比下柱多出的钢筋应如何构造？（　　）

A. 从楼面向下插 1.5l_{aE}

B. 从楼面向下插 1.6l_{aE}

C. 从楼面向下插 1.2l_{aE}

D. 单独设置插筋，从楼面向下插 1.2l_a，和上柱多出钢筋搭接

18. 某框架柱截面钢筋布置如下图所示，请选择钢筋布置经济合理的是（　　　）。

19. 图集 22G101-1 规定，框架柱相邻纵向钢筋连接接头相互错开，在同一连接区段内钢筋接头面积百分率不宜大于（　　　）。

A. 40%　　　　　B. 50%　　　　　C. 60%　　　　　D. 不受限制

20. 抗震框架边柱顶部的外侧钢筋采用不少于 65% 锚固入顶层梁中的连接方式时，该 65% 的钢自梁底起锚入顶层梁中的长度不应少于（　　　）。

A. 0.4l_{abE}　　　B. 1.5l_{abE}　　　C. 1.0l_{abE}　　　D. 2l_{abE}

21. 某框架底层柱如图 D-1 所示，柱截面尺寸为 300mm×500mm，该柱在基础顶面处得加密区高为（　　　）。

A. 500mm　　　　　　　　　　　B. 1000mm

C. 1500mm　　　　　　　　　　　D. 2000mm

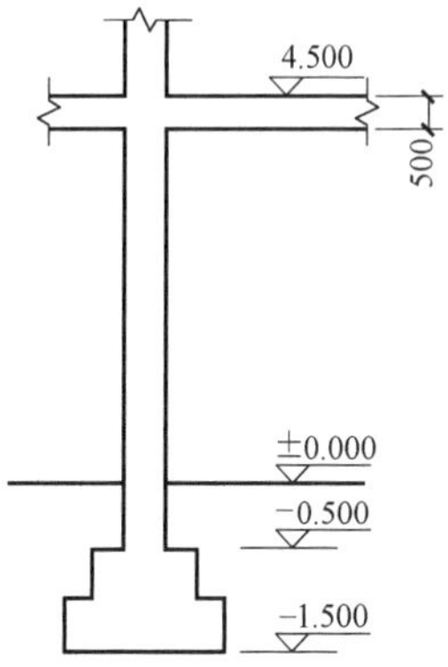

22. 梁上起框架柱 KZ 时，在梁内设设置间距不大于 500mm，且至少（　　）道箍筋。

A. 两道　　　　　　　　　　　B. 三道

C. 一道　　　　　　　　　　　D. 四道

23. 框架柱的纵筋如采用绑扎搭接，则相邻接头应错开（　　　）。

A. l_{lE}　　　　　　　　　　　B. 0.3l_{lE}

C. 1.3l_{lE}　　　　　　　　　　D. 500mm

图 D-1

24. 关于框架边柱或角柱柱顶钢筋构造，当柱外侧纵向钢筋配筋率>1.2%时，柱外侧纵筋弯折后伸入梁内且应分（　　）批截断。

A. 一　　　　　　　B. 两　　　　　　　C. 三　　　　　　　D. 四

25. 某抗震框架中，5层 KZ1 配置 4C22 角筋，6层 KZ1 配置 4C25 角筋，则该 KZ1 的 C25 角筋可以在（　　）位置连接。

A. 6层楼面上 ≥ 500、$\geq h_c$、$\geq H_n/6$

B. 6层楼面下 ≥ 500、$\geq h_b$、$\geq H_n/6$

C. 6层楼面梁底下 ≥ 500、$\geq h_c$、$\geq H_n/6$

D. 无法确定

26. 框架柱上层柱与下层柱钢筋直径相同，但是下层柱比上层柱截面大，则纵筋错误的做法是（　　）。

A. 若上柱和下柱钢筋位置对齐，可将下层柱纵筋直接伸入上层柱。

B. 若截面变化小（$\triangle/h_b<1/6$），可将下层柱纵筋直接伸入上层柱。（斜通）

C. 若截面变化大（$\triangle/h_b>1/6$），则将钢筋伸至梁顶弯折 $12d$（截断），上层柱钢筋自梁顶面向下插入 $1.2l_{aE}$

D. 下层柱在梁顶位置全部弯折 $12d$ 后截断，上层柱钢筋钢筋自梁顶面全部向下插入 $1.2l_{aE}$

27. 框架柱内无（　　）钢筋。

A. 架立钢筋　　　B. 截面 b 边中部筋　　　C. 箍筋　　　　　　D. 角筋

28. 当现浇板厚不小于 100mm 时，柱顶钢筋可伸入板内锚固，锚固长度伸入板内长度不小于（　　）。

A. $5d$　　　　　　　B. $10d$　　　　　　　C. $12d$　　　　　　　D. $15d$

29. 两个柱编成统一编号必须相同的条件不包含（　　）。

A. 柱的总高相同　　　　　　　　　　B. 分段截面尺寸相同

C. 截面和轴线的位置关系相同　　　　D. 配筋相同

30. 柱在楼面处节点上下非连接区的判断条件不包含（　　）。

A. 500mm　　　B. $1/6H_n$　　　C. H_c（柱截面长边尺寸）　　　D. $1/3H_n$

二、填空题（30×1 分 = 30 分）

1. 柱平法施工图是在柱平面图上采用_____和_____进行表达，目前工程上常采用_____。

2. 柱截面注写方式是在柱平面布置图上，分别在同一编号的柱中选择一个截面，以直接注写_____和_____的方式进行表示。

3. 当柱纵筋直径相同，各边根数也相同时，将纵筋注写在_____一栏中；除上述情况外，柱纵筋应分_____、_____和_____三项分别注写。

4. 注写柱箍筋，包括钢筋级别、直径与间距，当为抗震设计时，用_____区分_____与_____长度范围内箍筋的不同间距。

5. 在柱平法说明，施工图中，应注明上部结构嵌固部位位置，无地下室结构在_____。

6. 已知某框架抗震设防等级为三级，当框架柱截面为 750mm×700mm，柱净高 H_n 为 3600mm 时，柱在楼面以上、梁底以下部位的箍筋加密区高度不小于_____mm。

7. 在框架柱的平法图中，复合箍筋的肢数注写为 $m×n$ 时，m 表示_____向肢数，n 表

（1）基础内插筋长度（高位、低位）

（2）1 层纵筋（高位、低位）

（3）2 层纵筋（高位、低位及多出钢筋长度，多出钢筋长度按低位计算）

（4）外箍筋长度计算

（5）外箍筋数量计算

说明：本试题根据 2022 年山东省春季高考技能考试真题及模拟考试编写。

本试题结合本书附录图纸第 3、9、10、13、16 张编写。部分条件假设。

一、基本知识选择（每题 2 分，共 60 分）

1. 梁高为 700mm 时，吊筋弯起角度为（　　　）。

A. 30°　　　　　　　B. 45°　　　　　　　C. 60°　　　　　　　D. 90°

2. KL2 的净跨长为 7200mm，梁截面尺寸为 300mm×700mm，箍筋的集中标注为 10@ 100/

（2）三级抗震，箍筋的非加密区长度为（　　　）。

A. 4400mm　　　　　B. 4300mm　　　　　C. 4200mm　　　　　D. 5100mm

3. 楼层框架梁纵向钢筋构造，端支座处钢筋不能直锚时，需伸至柱对边下弯，弯折长度为（　　　

A. 15d　　　　　　　B. 12d　　　　　　　C. 梁高−保护层　　　D. 梁高−保护层×2

4. 纯悬挑梁下部带肋钢筋伸入支座长度为（　　　）。

A. 15d　　　　　　　B. 12d　　　　　　　C. l_{aE}　　　　　　　D. 支座宽

5. 当图纸标有：JZL1（2B）表示（　　　）。

A. 1 号井字梁，两跨一端带悬挑　　　　　　B. 1 号井字梁，两跨两端带悬挑

C. 1 号剪支梁，两跨一端带悬挑　　　　　　D. 1 号剪支梁，两跨两端带悬挑

6. 300×00 PY500×250 表示（　　　）。

A. 竖向加腋，腋长 500mm，腋高 250mm　　　B. 水平加腋，腋长 500mm，腋高 250mm

C. 竖向加腋，腋高 500mm，腋宽 250mm　　　D. 水平加腋，腋宽 500mm，腋长 250mm

7. 某框架三层柱截面尺寸 300mm×500mm，柱净高 3.6m，该柱在楼面处箍筋加密区高度为（　　　

A. 400mm　　　　　　B. 500mm　　　　　　C. 550mm　　　　　　D. 600mm

8. 下列关于梁、柱平法施工图制图规则的论述中正确的是（　　　）。

A. 梁采用平面注写方式时，集中标注取值优先

B. 梁原位标注的支座上部纵筋是指该部位不含通长筋在内的所有纵筋

C. 梁集中标注中受扭钢筋用 N 打头表示

D. 梁编号由梁类型代号、序号及有无悬挑代号几项组成

9. l_{aE} 数值不能用于下列构件（　　　）。

A. 框架柱　　　　　　B. 楼板　　　　　　　C. 剪力墙　　　　　　D. 框架梁

10. 当板的端支座为梁时，底筋伸进支座的长度为（　　　）。

A. 10d　　　　　　　　　　　　　　　　　B. 支座宽/2+5d

C. max（支座宽/2，5d）　　　　　　　　　D. 12d

11. 框架梁中吊筋的高度按主梁高计算，吊筋为 2C12，上部平直段长度为（　　　）。

A. 144mm　　　　　　B. 180mm　　　　　　C. 240mm　　　　　　D. 300mm

12. 框架柱箍筋距楼面部位的起步距离为（　　　）。

A. 25mm　　　　　　　B. 50mm　　　　　　　C. 75mm　　　　　　　D. 100mm

2. 井字梁通常由_____构成，并以_____为支座，因此为区分井字梁与作为井字梁支的梁，井字梁用_____表示，作为井字梁支座的梁用_____表示。

3. 解释下列代号的含义：BKL _____，XZ _____，TZL _____，_____。

4. 剪力墙拉筋的布置方式分为_____和_____两种。

5. 本工程柱的最小保护层厚度为_____。

6. 柱平面注写方式分为_____和_____两种，本工程采用_____。

7. 如图 E-1 所示：

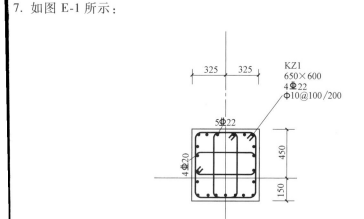

图 E-1

该柱的类型为_____，柱四角的角部配筋为_____，柱箍筋箍筋级别为_____。

8.（附录 A 图纸）该工程结构类型为_____，抗震等级为_____，框架柱主筋的连接为_____，板的钢筋连接当直径为 12mm，连接方式为_____。

三、解释题（每题 15 分，共 30 分）

1.（附录 A 图纸）4.15m 层梁配筋图中 3 轴线处集中标注为梁编号为_____，_____截面尺寸为高_____，宽_____，箍筋直径为_____，箍筋非加密区间距为_____。该梁 BC 跨，侧面钢筋为_____。CD 跨截面尺寸为_____，箍筋间距为_____，直径为_____。

2. 如图 E-2 所示，解释楼板 5 的集中标注和②、③钢筋的原位标注。

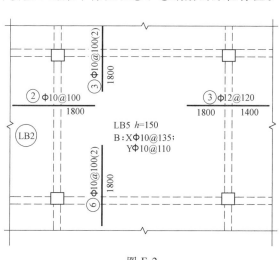

图 E-2

四、绘图题（每题20分，共40分）

1. （附录A图纸）绘制4.15m层梁配筋图中9轴线处KL4 BC跨中和CD跨中截面配筋图。

2. （附录A图纸）依照本工程柱表，绘制KZ2 -0.050~4.150m 和7.750~11.350m 段钢筋截配筋图。

五、计算题（每题10分，共50分）

1. （附录A图纸）计算4.15m层梁配筋图中D轴线处KL11②轴线支座上部非通长筋单根长

2. （附录A图纸）计算4.15m层梁配筋图中⑨轴线处KL4 B~C轴线架立钢筋单根长度。